최고수준S

▼

[최고수준S] 초등 수학

기획총괄　박금옥
편집개발　지유경, 정소현, 조선영, 최윤석, 김장미, 유혜지
디자인총괄　김희정
표지디자인　윤순미, 김주은
내지디자인　박희춘
제작　황성진, 조규영

발행일　2023년 4월 15일 초판 2025년 4월 15일 3쇄
발행인　(주)천재교육
주소　서울시 금천구 가산로9길 54
신고번호　제2001-000018호
고객센터　1577-0902

상위권 진입 비결
최고수준
S
6-2

구성과 특징 🔍

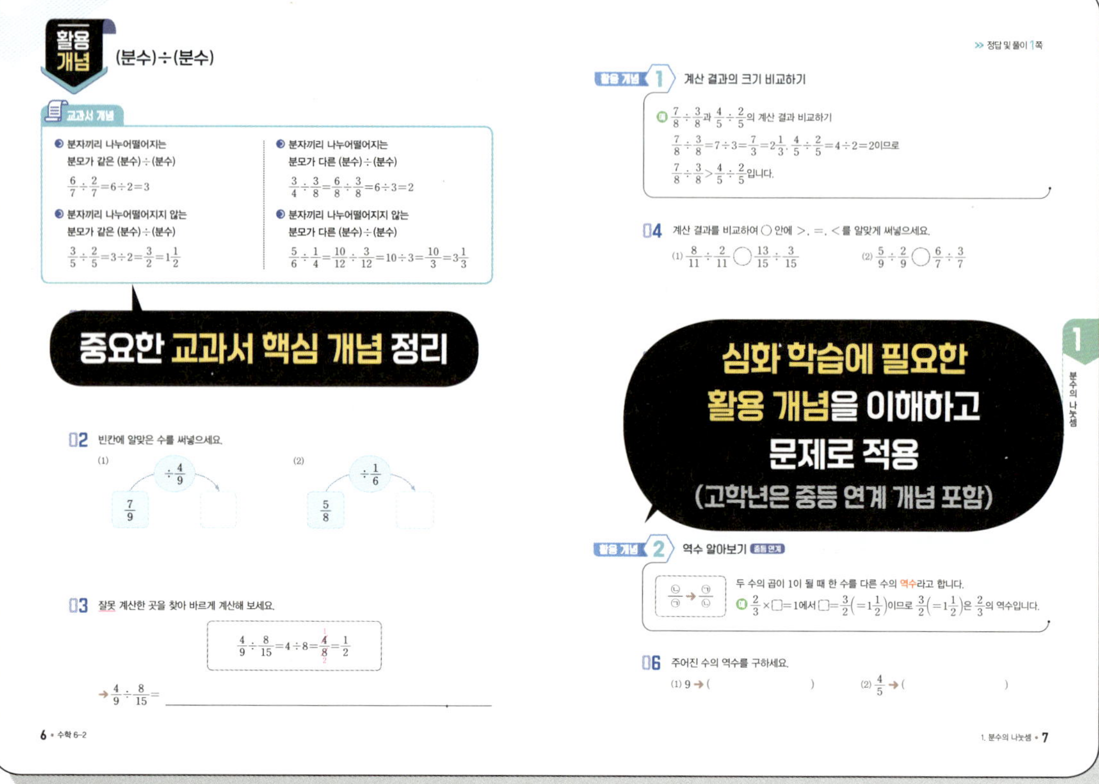

중요한 교과서 핵심 개념 정리
심화 학습에 필요한 활용 개념을 이해하고 문제로 적용
(고학년은 중등 연계 개념 포함)

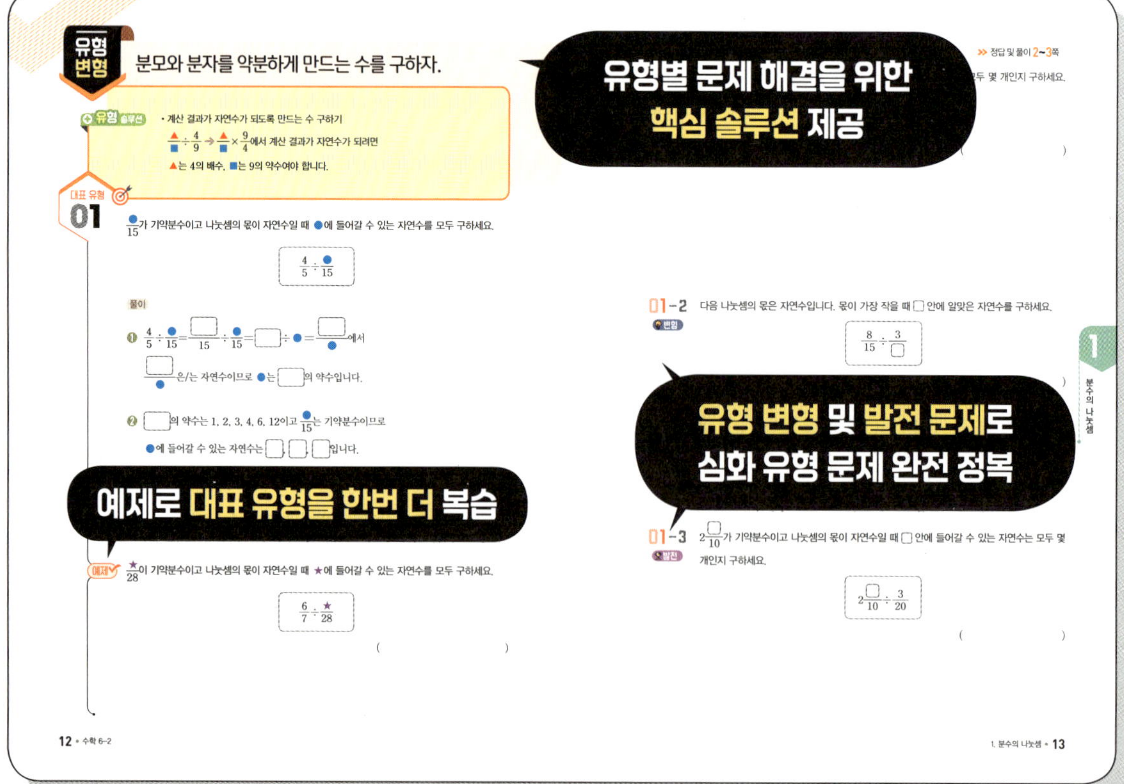

유형별 문제 해결을 위한 핵심 솔루션 제공
예제로 대표 유형을 한번 더 복습
유형 변형 및 발전 문제로 심화 유형 문제 완전 정복

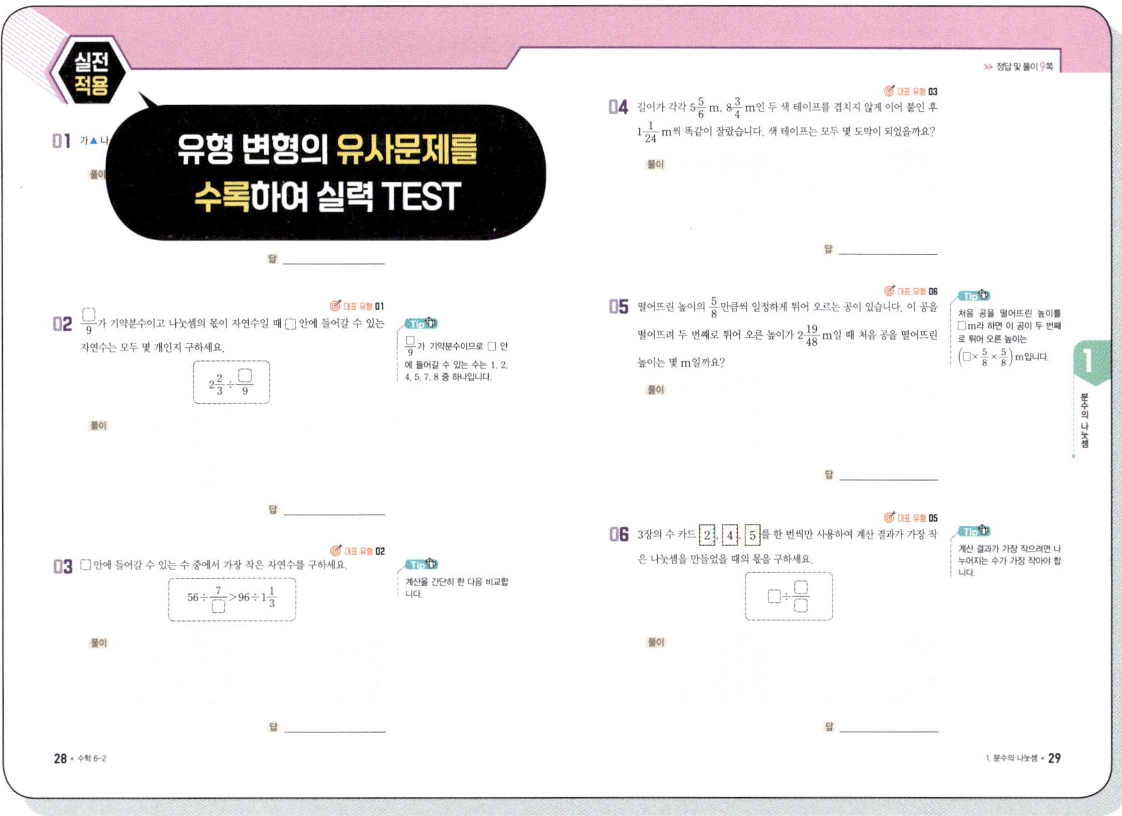

복습책

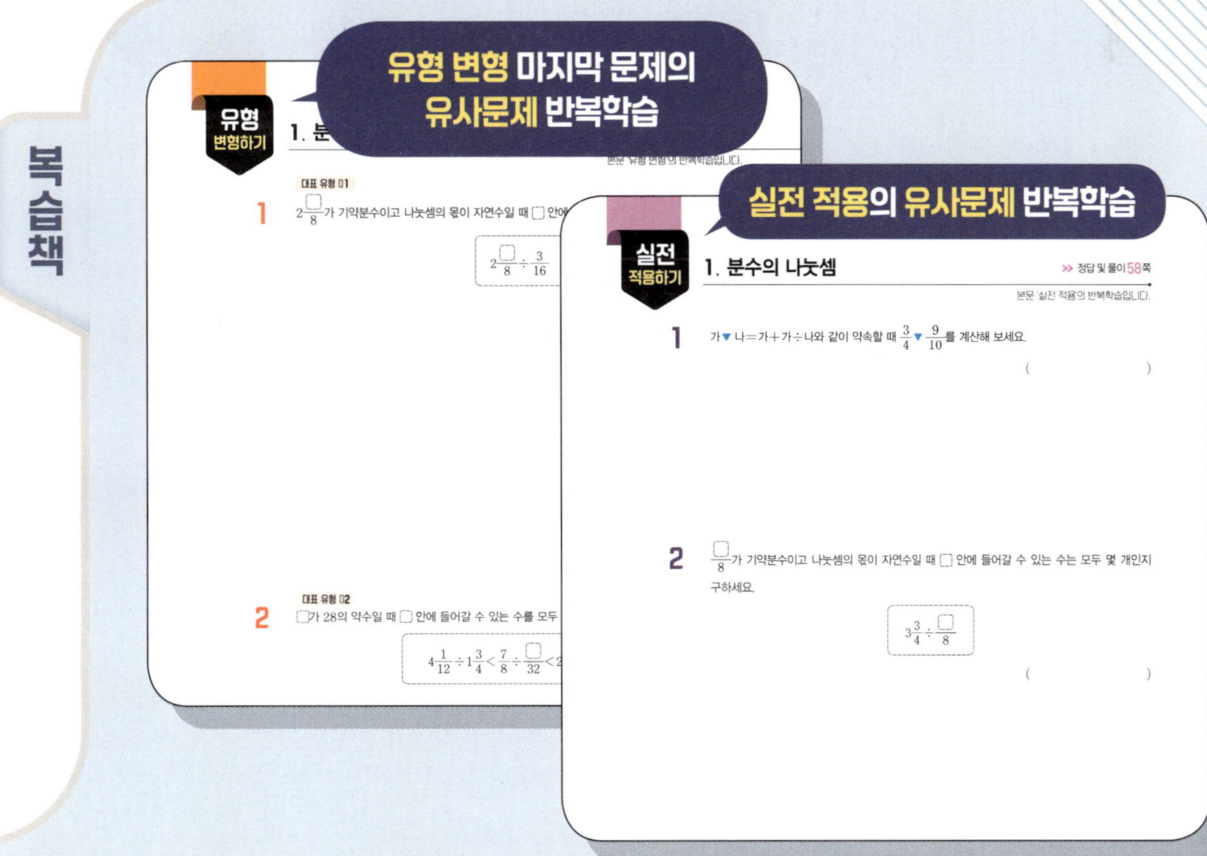

실전 적용
유형 변형의 유사문제를 수록하여 실력 TEST
1. 분수의 나눗셈

유형 변형하기
유형 변형 마지막 문제의 유사문제 반복학습
실전 적용하기
실전 적용의 유사문제 반복학습
1. 분수의 나눗셈

1

분수의 나눗셈

(분수)÷(분수)

교과서 개념

● 분자끼리 나누어떨어지는
분모가 같은 (분수)÷(분수)

$$\frac{6}{7} \div \frac{2}{7} = 6 \div 2 = 3$$

● 분자끼리 나누어떨어지지 않는
분모가 같은 (분수)÷(분수)

$$\frac{3}{5} \div \frac{2}{5} = 3 \div 2 = \frac{3}{2} = 1\frac{1}{2}$$

● 분자끼리 나누어떨어지는
분모가 다른 (분수)÷(분수)

$$\frac{3}{4} \div \frac{3}{8} = \frac{6}{8} \div \frac{3}{8} = 6 \div 3 = 2$$

● 분자끼리 나누어떨어지지 않는
분모가 다른 (분수)÷(분수)

$$\frac{5}{6} \div \frac{1}{4} = \frac{10}{12} \div \frac{3}{12} = 10 \div 3 = \frac{10}{3} = 3\frac{1}{3}$$

01 ☐ 안에 알맞은 수를 써넣으세요.

(1) $\dfrac{9}{10} \div \dfrac{3}{10} = 9 \div \boxed{} = \boxed{}$

(2) $\dfrac{5}{6} \div \dfrac{5}{12} = \dfrac{\boxed{}}{12} \div \dfrac{5}{12} = \boxed{}$

02 빈칸에 알맞은 수를 써넣으세요.

(1)

$\dfrac{7}{9}$ → $\div \dfrac{4}{9}$ → ☐

(2)

$\dfrac{5}{8}$ → $\div \dfrac{1}{6}$ → ☐

03 잘못 계산한 곳을 찾아 바르게 계산해 보세요.

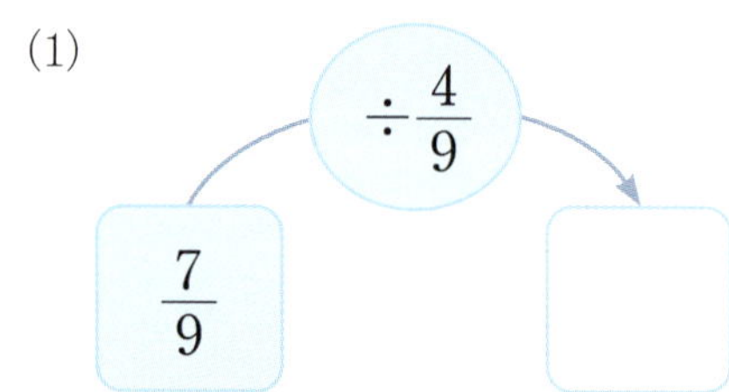

$$\frac{4}{9} \div \frac{8}{15} = 4 \div 8 = \frac{\overset{1}{4}}{\underset{2}{8}} = \frac{1}{2}$$

→ $\dfrac{4}{9} \div \dfrac{8}{15} =$ ______________

활용 개념 1 계산 결과의 크기 비교하기

(예) $\dfrac{7}{8} \div \dfrac{3}{8}$ 과 $\dfrac{4}{5} \div \dfrac{2}{5}$ 의 계산 결과 비교하기

$$\dfrac{7}{8} \div \dfrac{3}{8} = 7 \div 3 = \dfrac{7}{3} = 2\dfrac{1}{3},\ \dfrac{4}{5} \div \dfrac{2}{5} = 4 \div 2 = 2\ \text{이므로}$$

$$\dfrac{7}{8} \div \dfrac{3}{8} > \dfrac{4}{5} \div \dfrac{2}{5}\ \text{입니다.}$$

04 계산 결과를 비교하여 ◯ 안에 $>$, $=$, $<$를 알맞게 써넣으세요.

(1) $\dfrac{8}{11} \div \dfrac{2}{11}$ ◯ $\dfrac{13}{15} \div \dfrac{3}{15}$

(2) $\dfrac{5}{9} \div \dfrac{2}{9}$ ◯ $\dfrac{6}{7} \div \dfrac{3}{7}$

05 계산 결과가 큰 순서대로 기호를 써 보세요.

$$\bigcirc\ \dfrac{5}{6} \div \dfrac{3}{4} \qquad \bigcirc\ \dfrac{19}{20} \div \dfrac{3}{10} \qquad \bigcirc\ \dfrac{1}{3} \div \dfrac{4}{7}$$

( )

활용 개념 2 역수 알아보기 중등 연계

두 수의 곱이 1이 될 때 한 수를 다른 수의 **역수**라고 합니다.

(예) $\dfrac{2}{3} \times \square = 1$ 에서 $\square = \dfrac{3}{2}\left(= 1\dfrac{1}{2}\right)$ 이므로 $\dfrac{3}{2}\left(= 1\dfrac{1}{2}\right)$ 은 $\dfrac{2}{3}$ 의 역수입니다.

06 주어진 수의 역수를 구하세요.

(1) $9 \rightarrow ($)

(2) $\dfrac{4}{5} \rightarrow ($)

(자연수)÷(단위분수), (자연수)÷(분수)

교과서 개념

● (자연수)÷(단위분수)

방법 1 통분을 이용하여 계산하기

$$3 \div \frac{1}{2} = \frac{6}{2} \div \frac{1}{2} = 6 \div 1 = 6$$

방법 2 분수의 곱셈으로 나타내 계산하기

$$3 \div \frac{1}{2} = 3 \times 2 = 6$$

● (자연수)÷(분수)

$$6 \div \frac{2}{3} = 6 \div 2 \times 3 = 3 \times 3 = 9$$

---

01 ☐ 안에 알맞은 수를 써넣으세요.

(1) $9 \div \dfrac{3}{5} = 9 \div \boxed{} \times \boxed{} = \boxed{}$

(2) $8 \div \dfrac{4}{7} = 8 \div \boxed{} \times \boxed{} = \boxed{}$

02 $5 \div \dfrac{1}{4}$ 을 두 가지 방법으로 계산해 보세요.

방법 1 통분을 이용하여 계산하기	**방법 2** 분수의 곱셈으로 나타내 계산하기

03 계산 결과가 자연수가 <u>아닌</u> 것을 찾아 기호를 써 보세요.

$$\text{㉠ } 24 \div \frac{3}{8} \qquad \text{㉡ } 28 \div \frac{4}{9} \qquad \text{㉢ } 12 \div \frac{8}{15}$$

(   )

활용 개념 1 곱셈과 나눗셈의 관계를 이용하여 모르는 수 구하기

예 $\square \times \dfrac{2}{5} = 8$에서 $\square$ 안에 알맞은 수 구하기

$$\square \times \dfrac{2}{5} = 8 \ \rightarrow \ \square = 8 \div \dfrac{2}{5} = 8 \div 2 \times 5 = 20$$

04 $\square$ 안에 알맞은 수를 구하세요.

(1)
$$\square \times \dfrac{1}{4} = 12$$

(2)
$$\square \times \dfrac{5}{6} = 15$$

(   )   (   )

활용 개념 2 도형의 넓이를 이용하여 변의 길이 구하기

예 넓이가 $6 \, \text{m}^2$이고 세로가 $\dfrac{2}{3} \, \text{m}$인 직사각형의 가로 구하기

$\dfrac{2}{3}\,\text{m}$

(가로)=(직사각형의 넓이)÷(세로)
$$= 6 \div \dfrac{2}{3} = 6 \div 2 \times 3 = 9 \,(\text{m})$$

05 넓이가 $9 \, \text{m}^2$이고 가로가 $\dfrac{3}{5} \, \text{m}$인 직사각형의 세로는 몇 m일까요?

(   )

06 넓이가 $16 \, \text{m}^2$이고 높이가 $\dfrac{8}{9} \, \text{m}$인 평행사변형의 밑변의 길이는 몇 m일까요?

(   )

(분수)÷(분수)를 (분수)×(분수)로 나타내기, (대분수)÷(분수)

교과서 개념

◑ (분수)÷(분수)를 (분수)×(분수)로 나타내기

나눗셈을 곱셈으로 바꿉니다.

$$\frac{5}{6} \div \frac{2}{5} = \frac{5}{6} \times \frac{5}{2} = \frac{25}{12} = 2\frac{1}{12}$$

나누는 분수의 분모와 분자를 바꿉니다.

◑ (대분수)÷(진분수)

방법 1 통분을 이용하여 계산하기

$$2\frac{2}{3} \div \frac{5}{6} = \frac{8}{3} \div \frac{5}{6} = \frac{16}{6} \div \frac{5}{6}$$
$$= 16 \div 5 = \frac{16}{5} = 3\frac{1}{5}$$

방법 2 분수의 곱셈으로 나타내 계산하기

$$2\frac{2}{3} \div \frac{5}{6} = \frac{8}{3} \div \frac{5}{6} = \frac{8}{3} \times \frac{\overset{2}{6}}{5}$$
$$= \frac{16}{5} = 3\frac{1}{5}$$

◑ (대분수)÷(대분수)

방법 1 통분을 이용하여 계산하기

$$2\frac{1}{4} \div 1\frac{7}{8} = \frac{9}{4} \div \frac{15}{8} = \frac{18}{8} \div \frac{15}{8}$$
$$= 18 \div 15 = \frac{18}{15} = \frac{6}{5} = 1\frac{1}{5}$$

방법 2 분수의 곱셈으로 나타내 계산하기

$$2\frac{1}{4} \div 1\frac{7}{8} = \frac{9}{4} \div \frac{15}{8} = \frac{\overset{3}{9}}{\underset{1}{4}} \times \frac{\overset{2}{8}}{\underset{5}{15}}$$
$$= \frac{6}{5} = 1\frac{1}{5}$$

01 계산해 보세요.

(1) $5\frac{5}{6} \div \frac{7}{8}$

(2) $1\frac{3}{5} \div 1\frac{1}{15}$

02 잘못 계산한 곳을 찾아 바르게 계산해 보세요.

$$1\frac{3}{7} \div 3\frac{3}{4} = 1\frac{\overset{1}{3}}{7} \times 3\frac{4}{\underset{1}{3}} = 3\frac{4}{7}$$

→ $1\frac{3}{7} \div 3\frac{3}{4} = $ ________________

활용 개념 **1** **가장 큰 수를 가장 작은 수로 나눈 몫 구하기**

예 $2\frac{6}{11}$, $1\frac{5}{9}$, $2\frac{5}{8}$ 중 가장 큰 수를 가장 작은 수로 나눈 몫 구하기

$1\frac{5}{9}$가 가장 작은 수이고, $2\frac{6}{11}\left(=2\frac{48}{88}\right) < 2\frac{5}{8}\left(=2\frac{55}{88}\right)$이므로 $2\frac{5}{8}$가 가장 큰 수입니다.

→ $2\frac{5}{8} \div 1\frac{5}{9} = \frac{21}{8} \div \frac{14}{9} = \frac{\overset{3}{21}}{8} \times \frac{9}{\underset{2}{14}} = \frac{27}{16} = 1\frac{11}{16}$

03 가장 큰 수를 가장 작은 수로 나눈 몫을 구하세요.

$$5\frac{5}{8} \qquad 4\frac{4}{5} \qquad 5\frac{1}{4}$$

(   )

활용 개념 **2** **몇 배인지 알아보기**

예 $5\frac{1}{3}$은 $\frac{4}{9}$의 몇 배인지 알아보기

$5\frac{1}{3} \div \frac{4}{9} = \frac{16}{3} \div \frac{4}{9} = \frac{\overset{4}{16}}{\underset{1}{3}} \times \frac{\overset{3}{9}}{\underset{1}{4}} = 12$이므로 $5\frac{1}{3}$은 $\frac{4}{9}$의 12배입니다.

04 $6\frac{3}{7}$은 $4\frac{1}{2}$의 몇 배인지 구하세요.

(   )

05 큰 수는 작은 수의 몇 배인지 구하세요.

$$1\frac{2}{5} \qquad 5\frac{1}{4}$$

(   )

분모와 분자를 약분하게 만드는 수를 구하자.

• 계산 결과가 자연수가 되도록 만드는 수 구하기

$$\frac{\blacktriangle}{\blacksquare} \div \frac{4}{9} \;\rightarrow\; \frac{\blacktriangle}{\blacksquare} \times \frac{9}{4}$$ 에서 계산 결과가 자연수가 되려면

$\blacktriangle$는 4의 배수, $\blacksquare$는 9의 약수여야 합니다.

대표 유형 01

$\dfrac{\bullet}{15}$가 기약분수이고 나눗셈의 몫이 자연수일 때 ●에 들어갈 수 있는 자연수를 모두 구하세요.

$$\frac{4}{5} \div \frac{\bullet}{15}$$

풀이

❶ $\dfrac{4}{5} \div \dfrac{\bullet}{15} = \dfrac{\boxed{}}{15} \div \dfrac{\bullet}{15} = \boxed{} \div \bullet = \dfrac{\boxed{}}{\bullet}$ 에서

$\dfrac{\boxed{}}{\bullet}$ 은/는 자연수이므로 ●는 $\boxed{}$ 의 약수입니다.

❷ $\boxed{}$ 의 약수는 1, 2, 3, 4, 6, 12이고 $\dfrac{\bullet}{15}$ 는 기약분수이므로

● 에 들어갈 수 있는 자연수는 $\boxed{}$, $\boxed{}$, $\boxed{}$ 입니다.

답 ________________

예제 ✓ $\dfrac{\bigstar}{28}$이 기약분수이고 나눗셈의 몫이 자연수일 때 ★에 들어갈 수 있는 자연수를 모두 구하세요.

$$\frac{6}{7} \div \frac{\bigstar}{28}$$

( )

01-1  다음 나눗셈의 몫이 자연수일 때 ☐ 안에 들어갈 수 있는 자연수는 모두 몇 개인지 구하세요.

$$\frac{2}{3} \div \frac{\square}{24}$$

(   )

01-2 다음 나눗셈의 몫은 자연수입니다. 몫이 가장 작을 때 ☐ 안에 알맞은 자연수를 구하세요.

$$\frac{8}{15} \div \frac{3}{\square}$$

(   )

01-3 $2\dfrac{\square}{10}$ 가 기약분수이고 나눗셈의 몫이 자연수일 때 ☐ 안에 들어갈 수 있는 자연수는 모두 몇 개인지 구하세요.

$$2\frac{\square}{10} \div \frac{3}{20}$$

(   )

계산을 간단히 한 다음 비교해 보자.

• ☐ 안에 들어갈 수 있는 자연수 구하기

$$12\frac{1}{2} \div 1\frac{1}{4} < \frac{\boxed{}}{5} \div \frac{3}{10} < 2\frac{2}{3} \div \frac{2}{9}$$

→ $10 < \dfrac{2 \times \boxed{}}{3} < 12$ 이므로 ☐ 안에 들어갈 수 있는 자연수는 16, 17입니다.

대표 유형 02

● 에 들어갈 수 있는 자연수를 구하세요. (단, $\dfrac{4}{●}$ 는 자연수가 아닙니다.)

$$2\frac{4}{5} \div \frac{7}{10} < 8 \div \frac{4}{●} < 5\frac{1}{4} \div \frac{7}{12}$$

풀이

❶ $2\dfrac{4}{5} \div \dfrac{7}{10} = \dfrac{\boxed{}}{5} \div \dfrac{7}{10} = \dfrac{\boxed{}}{10} \div \dfrac{7}{10} = \boxed{} \div 7 = \boxed{}$

❷ $5\dfrac{1}{4} \div \dfrac{7}{12} = \dfrac{\boxed{}}{4} \div \dfrac{7}{12} = \dfrac{\boxed{}}{12} \div \dfrac{7}{12} = \boxed{} \div 7 = \boxed{}$

❸ $8 \div \dfrac{4}{●} = \overset{2}{8} \times \dfrac{●}{\underset{1}{4}} = 2 \times ●$, $\boxed{} < 2 \times ● < \boxed{}$ 이고 $\dfrac{4}{●}$ 는 자연수가 아니므로

● 에 들어갈 수 있는 자연수는 $\boxed{}$ 입니다.

답 ________________

예제 ♥ 에 들어갈 수 있는 자연수를 구하세요. (단, $\dfrac{3}{♥}$ 은 자연수가 아닙니다.)

$$14\frac{2}{3} \div 1\frac{5}{6} < 9 \div \frac{3}{♥} < 2\frac{5}{8} \div \frac{3}{16}$$

(   )

>> 정답 및 풀이 **3~4**쪽

02-1 ☐ 안에 들어갈 수 있는 자연수를 모두 구하세요. (단, $\dfrac{1}{\square}$ 은 자연수가 아닙니다.)

변형

$$\dfrac{3}{8} \div \dfrac{1}{6} < 3 \div \dfrac{1}{\square} < \dfrac{4}{9} \div \dfrac{2}{51}$$

( )

02-2 ☐ 안에 들어갈 수 있는 자연수는 모두 몇 개인지 구하세요. (단, $\dfrac{\square}{7}$ 는 진분수입니다.)

변형

$$\dfrac{7}{9} \div \dfrac{14}{27} < \dfrac{\square}{7} \div \dfrac{3}{28} < 13\dfrac{3}{4} \div 1\dfrac{1}{10}$$

( )

02-3 ☐가 24의 약수일 때 ☐ 안에 들어갈 수 있는 수를 모두 구하세요.

발전

$$5\dfrac{5}{6} \div 1\dfrac{1}{4} < \dfrac{8}{9} \div \dfrac{\square}{27} < 1\dfrac{7}{8} \div \dfrac{3}{20}$$

( )

전체 길이를 한 도막의 길이로 나누어 보자.

• 똑같이 자른 도막의 수 구하기

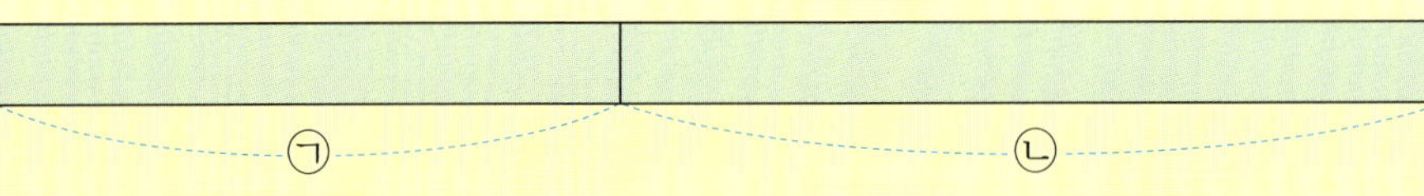

(도막 수)=(㉠+㉡)÷(똑같이 자른 한 도막의 길이)

대표 유형 03

길이가 각각 $\dfrac{7}{8}$ m, $\dfrac{1}{6}$ m인 두 색 테이프를 겹치지 않게 이어 붙인 후 $\dfrac{5}{96}$ m씩 똑같이 잘랐습니다. 색 테이프는 모두 몇 도막이 되었을까요?

풀이

❶ (이어 붙인 색 테이프의 전체 길이)$=\dfrac{7}{8}+\dfrac{1}{6}=\dfrac{21}{24}+\dfrac{\square}{24}$

$=\dfrac{\square}{24}=\square\dfrac{\square}{24}$ (m)

❷ (도막 수)$=\square\dfrac{\square}{24}\div\dfrac{5}{96}=\dfrac{\square}{24}\div\dfrac{5}{96}=\dfrac{\square}{24}\times\dfrac{96}{5}=\square$ (도막)

답 _______________

예제 길이가 각각 $\dfrac{11}{15}$ m, $\dfrac{9}{10}$ m인 두 색 테이프를 겹치지 않게 이어 붙인 후 $\dfrac{7}{60}$ m씩 똑같이 잘랐습니다. 색 테이프는 모두 몇 도막이 되었을까요?

( )

>> 정답 및 풀이 **4**쪽

03-1 길이가 각각 $\frac{1}{6}$ m, $\frac{1}{4}$ m인 두 색 테이프를 겹치지 않게 이어 붙인 후 $\frac{1}{24}$ m씩 똑같이 잘
(변형) 랐습니다. 색 테이프는 모두 몇 도막이 되었을까요?

(   )

03-2 길이가 2 m인 철사가 있습니다. 그중 $\frac{1}{2}$ m를 사용하고 남은 철사를 $\frac{3}{10}$ m씩 똑같이 잘랐
(변형) 습니다. 철사는 모두 몇 도막이 되었을까요?

(   )

03-3 길이가 각각 $\frac{5}{9}$ m, $\frac{5}{12}$ m, $\frac{5}{6}$ m인 색 테이프를 겹치지 않게 이어 붙인 후 $\frac{13}{108}$ m씩 똑
(변형) 같이 잘랐습니다. 색 테이프는 모두 몇 도막이 되었을까요?

(   )

03-4 길이가 $1\frac{1}{20}$ m인 끈은 $\frac{7}{80}$ m씩, 길이가 $1\frac{11}{24}$ m인 끈은 $\frac{5}{72}$ m씩 똑같이 잘랐습니다.
(발전) 자른 끈은 모두 몇 도막이 되었을까요?

(   )

유형변형

기호에 맞게 차례대로 계산해 보자.

유형 솔루션

• 약속에 따라 계산하기

예 가▲나＝가÷(가＋나)와 같이 약속할 때 $\dfrac{7}{12}$ ▲ $\dfrac{7}{10}$ 을 계산하기

→ 가＝$\dfrac{7}{12}$, 나＝$\dfrac{7}{10}$이므로 $\dfrac{7}{12}$ ÷ $\left(\dfrac{7}{12} + \dfrac{7}{10}\right)$ 입니다.

$$\dfrac{7}{12} \div \left(\dfrac{7}{12} + \dfrac{7}{10}\right) = \dfrac{7}{12} \div \left(\dfrac{35}{60} + \dfrac{42}{60}\right) = \dfrac{7}{12} \div \dfrac{77}{60}$$

$$= \dfrac{35}{60} \div \dfrac{77}{60} = 35 \div 77 = \dfrac{\overset{5}{35}}{\underset{11}{77}} = \dfrac{5}{11}$$

대표 유형 04

가◎나＝(나－가)÷나와 같이 약속할 때 $\dfrac{3}{10}$ ◎ $\dfrac{3}{4}$ 을 계산해 보세요.

풀이

❶ 가＝$\dfrac{3}{10}$, 나＝$\dfrac{3}{4}$이므로 $\left(\dfrac{3}{4} - \dfrac{3}{10}\right) \div \dfrac{3}{4}$ 입니다.

❷ $\left(\dfrac{3}{4} - \dfrac{3}{10}\right) \div \dfrac{3}{4} = \left(\dfrac{\square}{20} - \dfrac{6}{20}\right) \div \dfrac{3}{4} = \dfrac{\square}{20} \div \dfrac{3}{4}$

$$= \dfrac{\square}{20} \div \dfrac{\square}{20} = \square \div \square = \dfrac{\square}{\square} = \dfrac{\square}{5}$$

답 _______________

예제 가◆나＝가÷(가－나)와 같이 약속할 때 $\dfrac{8}{9}$ ◆ $\dfrac{1}{6}$ 을 계산해 보세요.

(   )

04-1 변형

가 ■ 나＝가÷나÷나와 같이 약속할 때 $15 ■ \dfrac{5}{6}$ 를 계산해 보세요.

(   )

04-2 변형

가 ★ 나＝가－나÷가와 같이 약속할 때 $1\dfrac{19}{21} ★ 1\dfrac{7}{9}$ 을 계산해 보세요.

(   )

04-3 발전

가 ● 나＝(가÷나)＋(나÷가)와 같이 약속할 때 $9\dfrac{3}{4} ÷ \left(\dfrac{2}{5} ● \dfrac{3}{5} \right)$ 을 계산해 보세요.

(   )

04-4 발전

가 ♥ 나＝가×(가＋나)와 같이 약속할 때 ㉠에 알맞은 수를 구하세요.

$$\dfrac{3}{4} ♥ ㉠ ＝ 1\dfrac{3}{16}$$

(   )

계산 결과를 크고 작게 만드는 원리를 이해하자.

유형 솔루션

• 수 카드로 조건에 맞는 나눗셈 만들기

> 계산 결과가 가장 큰 나눗셈 만들기
> → (가장 큰 수)÷(가장 작은 수)

> 계산 결과가 가장 작은 나눗셈 만들기
> → (가장 작은 수)÷(가장 큰 수)

대표 유형 05

수 카드 2 , 4 , 6 중 2장을 사용하여 계산 결과가 가장 작은 (자연수)÷(진분수)의 나눗셈을 만들었을 때의 몫을 구하세요.

$$\boxed{} \div \dfrac{\boxed{}}{7}$$

풀이

❶ 계산 결과가 가장 작으려면 나누어지는 수가 가장 작고 나누는 수가 가장 커야 하므로

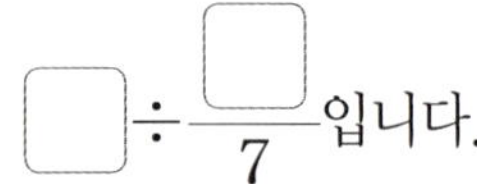 입니다.

❷ 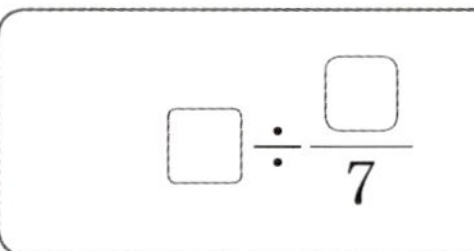

답 _______________

예제 수 카드 3 , 5 , 7 중 2장을 사용하여 계산 결과가 가장 작은 (자연수)÷(진분수)의 나눗셈을 만들었을 때의 몫을 구하세요.

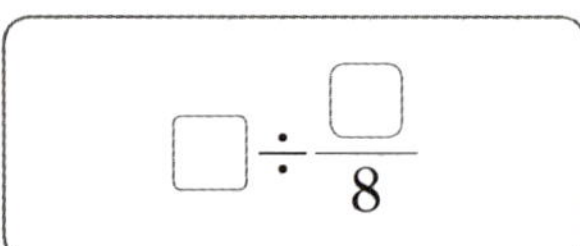

(   )

05-1 변형 2장의 수 카드 5 , 7 을 한 번씩만 사용하여 계산 결과가 가장 큰 나눗셈을 만들었을 때의 몫을 구하세요.

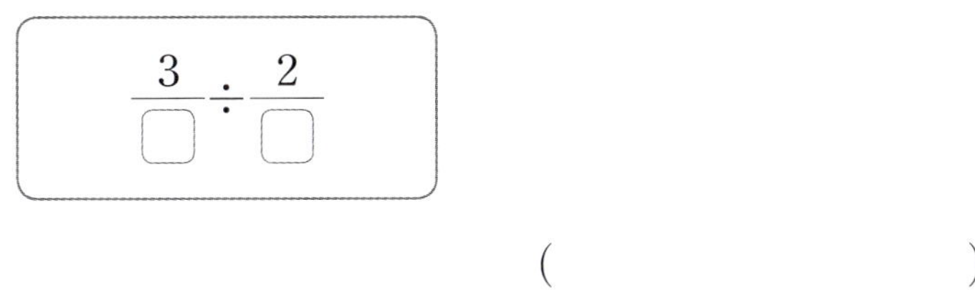

(   )

05-2 변형 3장의 수 카드 4 , 5 , 9 를 한 번씩만 사용하여 계산 결과가 가장 큰 나눗셈을 만들었을 때의 몫을 구하세요.

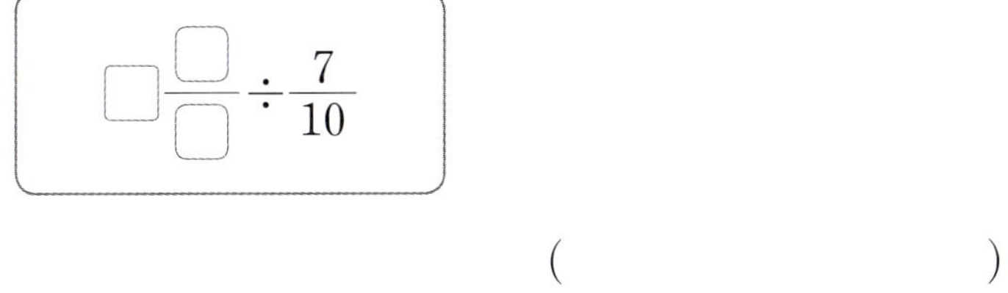

(   )

05-3 발전 4장의 수 카드를 한 번씩만 사용하여 계산 결과가 가장 작은 (진분수)÷(진분수)의 나눗셈을 만들었을 때의 몫을 구하세요.

2 , 3 , 5 , 7 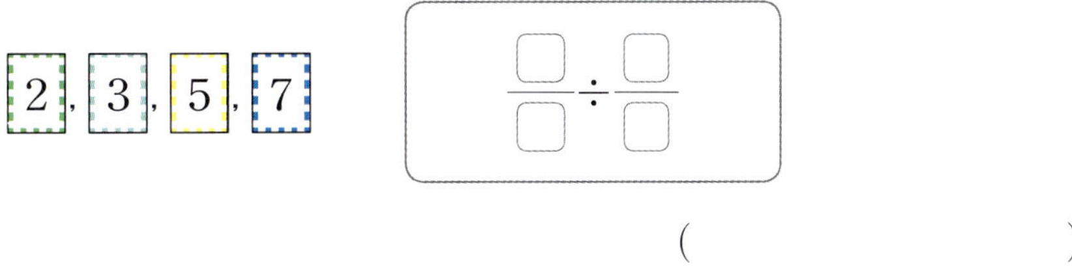

(   )

튀어 오른 높이와 떨어뜨린 높이의 관계를 알아보자.

유형 솔루션

• 처음 공을 떨어뜨린 높이 구하기

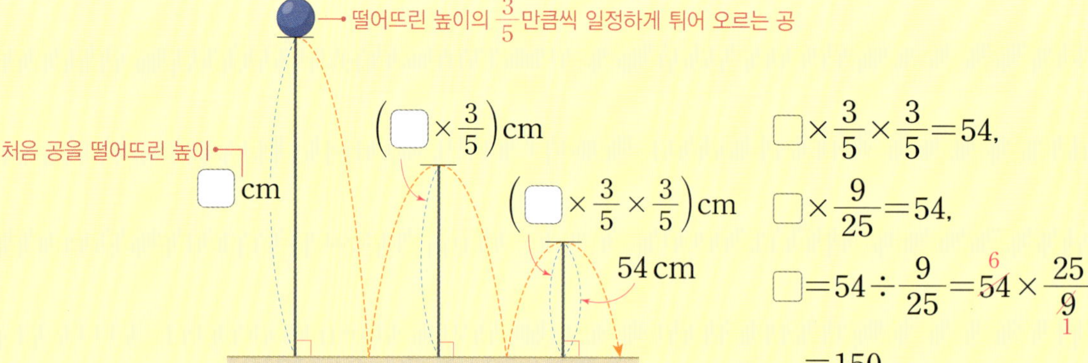

대표 유형 06

떨어뜨린 높이의 $\frac{5}{6}$ 만큼씩 일정하게 튀어 오르는 공이 있습니다. 이 공을 떨어뜨려 첫 번째로 튀어 오른 높이가 $5\frac{4}{9}$ cm일 때 처음 공을 떨어뜨린 높이는 몇 cm일까요?

풀이

❶ 처음 공을 떨어뜨린 높이를 ■ cm라 하면 ■ $\times \dfrac{☐}{6} = 5\frac{4}{9}$ 입니다.

❷ ■ $\times \dfrac{☐}{6} = 5\frac{4}{9},$ ■ $= 5\frac{4}{9} \div \dfrac{☐}{6} = \dfrac{☐}{9} \times \dfrac{6}{☐} = \dfrac{☐}{15} = ☐\dfrac{☐}{15}$

답 ____________

예제 떨어뜨린 높이의 $\frac{3}{8}$ 만큼씩 일정하게 튀어 오르는 공이 있습니다. 이 공을 떨어뜨려 첫 번째로 튀어 오른 높이가 $3\frac{5}{6}$ cm일 때 처음 공을 떨어뜨린 높이는 몇 cm일까요?

(   )

06-1 변형
떨어뜨린 높이의 $\dfrac{3}{4}$만큼씩 일정하게 튀어 오르는 공이 있습니다. 이 공을 떨어뜨려 첫 번째로 튀어 오른 높이가 12 cm일 때 처음 공을 떨어뜨린 높이는 몇 cm일까요?

(   )

06-2 변형
떨어뜨린 높이의 $\dfrac{2}{5}$만큼씩 일정하게 튀어 오르는 공이 있습니다. 이 공을 떨어뜨려 두 번째로 튀어 오른 높이가 20 cm일 때 처음 공을 떨어뜨린 높이는 몇 cm일까요?

(   )

06-3 변형
떨어뜨린 높이의 $\dfrac{2}{3}$만큼씩 일정하게 튀어 오르는 공이 있습니다. 이 공을 떨어뜨려 세 번째로 튀어 오른 높이가 $\dfrac{92}{99}$ m일 때 처음 공을 떨어뜨린 높이는 몇 m일까요?

(   )

06-4 발전
두 개의 공 ㉮, ㉯를 같은 높이에서 수직으로 바닥에 떨어뜨렸습니다. ㉮ 공은 떨어진 높이의 $\dfrac{3}{4}$만큼씩 일정하게 튀어 오르고, ㉯ 공은 떨어진 높이의 $\dfrac{1}{3}$만큼씩 일정하게 튀어 오릅니다. ㉮ 공이 두 번째로 튀어 오른 높이가 18 cm라고 할 때, ㉯ 공이 두 번째로 튀어 오른 높이는 몇 cm인지 구하세요.

(   )

1 분수의 나눗셈

먼저 1분 동안 타는 양초의 길이를 구하자.

• 양초가 모두 타는 데 걸리는 시간 구하기

예　6분 동안 $1\frac{1}{2}$ cm 타는 빠르기　→　1분 동안 $\frac{1}{4}$ cm 타는 빠르기

($\div 6$)

길이가 12 cm인 양초가 모두 타는 데 걸리는 시간은

$12 \div \frac{1}{4} = \frac{48}{4} \div \frac{1}{4} = 48 \div 1 = 48(분)$입니다.

대표 유형 07

길이가 16 cm인 양초가 있습니다. 이 양초가 6분 동안 $2\frac{2}{3}$ cm 탄다면 같은 빠르기로 양초가 모두 타는 데 걸리는 시간은 몇 분인지 구하세요.

풀이

❶ (1분 동안 타는 양초의 길이)$= 2\frac{2}{3} \div 6 = \dfrac{\square}{3} \div 6$

$= \dfrac{\square}{3} \div \dfrac{\square}{3} = \dfrac{\square}{\square} = \dfrac{\square}{9}$ (cm)

❷ (양초가 모두 타는 데 걸리는 시간)$= 16 \div \dfrac{\square}{9} = 16 \times \dfrac{9}{\square} = \square$ (분)

답 _______________

예제 길이가 35 cm인 양초가 있습니다. 이 양초가 7분 동안 $8\frac{1}{6}$ cm 탄다면 같은 빠르기로 양초가 모두 타는 데 걸리는 시간은 몇 분인지 구하세요.

(　　　　　　　)

>> 정답 및 풀이 **7~8**쪽

07 – 1 〔변형〕 길이가 28 cm인 양초가 있습니다. 이 양초가 3분 동안 $1\dfrac{1}{5}$ cm 탄다면 같은 빠르기로 양초가 모두 타는 데 걸리는 시간은 몇 시간 몇 분인지 구하세요.

( )

07 – 2 〔변형〕 길이가 48 cm인 양초가 있습니다. 이 양초가 5분 동안 $3\dfrac{3}{4}$ cm 탄다면 같은 빠르기로 양초가 모두 타는 데 걸리는 시간은 몇 시간 몇 분인지 구하세요.

( )

07 – 3 〔변형〕 길이가 56 cm인 양초가 있습니다. 이 양초가 $2\dfrac{1}{4}$분 동안 $1\dfrac{1}{5}$ cm 탄다면 같은 빠르기로 양초가 모두 타는 데 걸리는 시간은 몇 시간 몇 분인지 구하세요.

( )

07 – 4 〔발전〕 길이가 36 cm인 양초에 불을 붙이고 4분이 지난 후 양초의 길이를 재었더니 $30\dfrac{2}{3}$ cm였습니다. 같은 빠르기로 남은 양초가 모두 타려면 몇 분이 더 걸릴까요?

( )

벽의 넓이를 사용한 페인트의 양으로 나누어 보자.

⊕ 유형 솔루션

• 벽을 칠하는 데 필요한 페인트의 양 구하기

(페인트 1 L로 칠할 수 있는 벽의 넓이)

=(페인트 ★ L로 칠할 수 있는 벽의 넓이)÷★

(벽 1 m²를 칠하는 데 필요한 페인트의 양)

=(벽 ● m²를 칠하는 데 필요한 페인트의 양)÷●

대표 유형 08

가로가 $\frac{3}{8}$ m, 세로가 $\frac{5}{6}$ m인 직사각형 모양의 벽을 칠하는 데 페인트를 $\frac{15}{28}$ L 사용했습니다. 페인트 1 L로 칠할 수 있는 벽의 넓이는 몇 m²일까요?

풀이

❶ (페인트를 칠한 벽의 넓이)$=\dfrac{\overset{1}{3}}{8}\times\dfrac{5}{\underset{2}{6}}=\dfrac{\square}{16}$ (m²)

❷ (페인트 1 L로 칠할 수 있는 벽의 넓이)

$$=\frac{\square}{16}\div\frac{15}{28}=\frac{\square}{16}\times\frac{28}{15}=\frac{\square}{240}=\frac{\square}{12}\ (\text{m}^2)$$

답 _______________

예제 ✔ 가로가 $\frac{3}{4}$ m, 세로가 $\frac{8}{9}$ m인 직사각형 모양의 벽을 칠하는 데 페인트를 $1\frac{11}{15}$ L 사용했습니다. 페인트 1 L로 칠할 수 있는 벽의 넓이는 몇 m²일까요?

( )

>> 정답 및 풀이 **8~9**쪽

08-1 변형 한 변의 길이가 $\dfrac{3}{4}$ m인 정사각형 모양의 벽을 칠하는 데 페인트를 $1\dfrac{7}{8}$ L 사용했습니다. 벽 $1\,m^2$를 칠하는 데 필요한 페인트는 몇 L일까요?

(   )

08-2 변형 가로가 $3\dfrac{3}{4}$ m, 세로가 $1\dfrac{7}{9}$ m인 직사각형 모양의 벽을 칠하는 데 페인트를 $8\dfrac{8}{9}$ L 사용했습니다. 벽 $15\,m^2$를 칠하는 데 사용한 페인트는 몇 L일까요?

(   )

08-3 발전 가로가 $2\dfrac{2}{5}$ m, 세로가 $5\dfrac{5}{8}$ m인 직사각형 모양의 벽을 칠하는 데 페인트를 $2\dfrac{1}{22}$ L 사용했습니다. 페인트 $8\dfrac{1}{3}$ L로 칠할 수 있는 벽의 넓이는 몇 m^2일까요?

(   )

◎ 대표 유형 **04**

01 가▲나＝나÷가─나와 같이 약속할 때 $\dfrac{1}{6}$▲$\dfrac{7}{8}$을 계산해 보세요.

풀이

답 _____________________

◎ 대표 유형 **01**

02 $\dfrac{\square}{9}$가 기약분수이고 나눗셈의 몫이 자연수일 때 $\square$ 안에 들어갈 수 있는 자연수는 모두 몇 개인지 구하세요.

$$2\dfrac{2}{3} \div \dfrac{\square}{9}$$

Tip

$\dfrac{\square}{9}$가 기약분수이므로 $\square$ 안에 3, 6, 9는 들어갈 수 없습니다.

풀이

답 _____________________

◎ 대표 유형 **02**

03 $\square$ 안에 들어갈 수 있는 수 중에서 가장 작은 자연수를 구하세요.

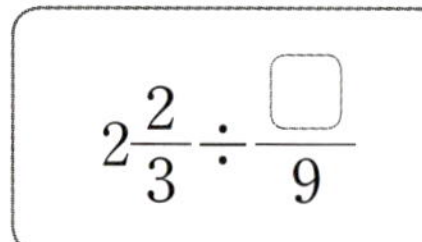

$$56 \div \dfrac{7}{\square} > 96 \div 1\dfrac{1}{3}$$

Tip

계산을 간단히 한 다음 비교합니다.

풀이

답 _____________________

🎯 대표 유형 **03**

04 길이가 각각 $5\frac{5}{6}$ m, $8\frac{3}{4}$ m인 두 색 테이프를 겹치지 않게 이어 붙인 후 $1\frac{1}{24}$ m씩 똑같이 잘랐습니다. 색 테이프는 모두 몇 도막이 되었을까요?

풀이

답 _______________

🎯 대표 유형 **06**

05 떨어뜨린 높이의 $\frac{5}{8}$만큼씩 일정하게 튀어 오르는 공이 있습니다. 이 공을 떨어뜨려 두 번째로 튀어 오른 높이가 $2\frac{19}{48}$ m일 때 처음 공을 떨어뜨린 높이는 몇 m일까요?

풀이

답 _______________

> **Tip**
> 처음 공을 떨어뜨린 높이를 □ m라 하면 이 공이 두 번째로 튀어 오른 높이는 $\left(\square\times\frac{5}{8}\times\frac{5}{8}\right)$ m입니다.

🎯 대표 유형 **05**

06 3장의 수 카드 2 , 4 , 5 를 한 번씩만 사용하여 계산 결과가 가장 작은 (자연수)÷(진분수)의 나눗셈을 만들었을 때의 몫을 구하세요.

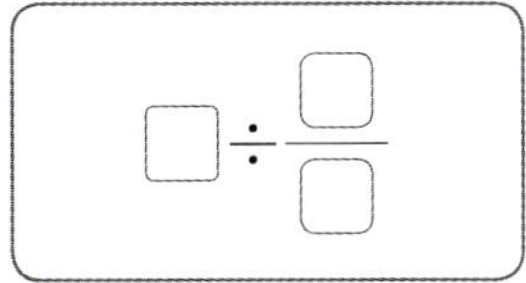

풀이

답 _______________

> **Tip**
> 계산 결과가 가장 작으려면 나누어지는 수가 가장 작아야 합니다.

🎯 대표 유형 **03**

07 길이가 15 m인 철사의 절반만큼을 모두 사용하여 한 변의 길이가 $\frac{15}{16}$ m인 정다각형 1개를 만들었습니다. 만든 정다각형의 이름을 써 보세요.

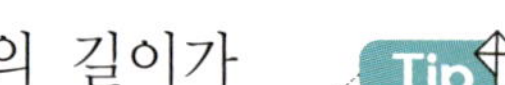

Tip

변이 ■개인 정다각형의 이름은 정■각형입니다.

풀이

답 _______________

🎯 대표 유형 **08**

08 $\frac{2}{5}$ L의 휘발유로 $3\frac{1}{2}$ km를 가는 자동차가 있습니다. 이 자동차가 15 km를 가는 데 필요한 휘발유는 몇 L일까요?

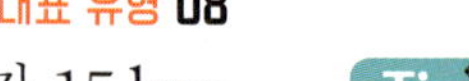

Tip

(1 km를 가는 데 필요한 휘발유의 양)
=(■ km를 가는 데 필요한 휘발유의 양)
÷■

풀이

답 _______________

🎯 대표 유형 **02**

09 ☐ 안에 들어갈 수 있는 자연수는 모두 몇 개인지 구하세요.

$$13\frac{3}{4} \div 5\frac{1}{2} < \square \div \frac{3}{4} < 20\frac{5}{9} \div 3\frac{1}{3}$$

풀이

답 _______________

🎯 **대표 유형 07**

10 길이가 30 cm인 양초가 있습니다. 이 양초가 16분 동안 $2\dfrac{2}{5}$ cm 탄다면 같은 빠르기로 양초가 모두 타는 데 걸리는 시간은 몇 시간 몇 분인지 구하세요.

풀이

답 ___________________

🎯 **대표 유형 08**

11 밑변의 길이가 $1\dfrac{7}{8}$ m, 높이가 $1\dfrac{7}{10}$ m인 삼각형 모양의 벽을 칠하는 데 페인트를 $3\dfrac{3}{4}$ L 사용했습니다. 페인트 1 L로 칠할 수 있는 벽의 넓이는 몇 m²일까요?

Tip

(삼각형의 넓이)
＝(밑변의 길이)×(높이)÷2

풀이

답 ___________________

🎯 **대표 유형 01**

12 $\dfrac{11}{15}$로 나누어도 계산 결과가 자연수이고, $\dfrac{5}{12}$로 나누어도 계산 결과가 자연수인 분수 중에서 가장 작은 수를 구하세요.

Tip

계산 결과가 모두 자연수가 되려면 구하려는 분수의 분모는 15와 12의 공약수, 분자는 11과 5의 공배수여야 합니다.

풀이

답 ___________________

1 분수의 나눗셈

2 소수의 나눗셈

(소수)÷(소수)

교과서 개념

● **자연수의 나눗셈을 이용한 (소수)÷(소수)**

(예) 19.6÷0.7의 계산

$$19.6 \div 0.7$$

(10배) (10배) → 19.6÷0.7＝28

$$196 \div 7 = 28$$

(예) 1.96÷0.07의 계산

$$1.96 \div 0.07$$

(100배) (100배) → 1.96÷0.07＝28

$$196 \div 7 = 28$$

● **자릿수가 같은 (소수)÷(소수)**

(예) 1.62÷0.18의 계산

방법 1 분수의 나눗셈으로 바꾸어 계산하기

$$1.62 \div 0.18 = \frac{162}{100} \div \frac{18}{100}$$
$$= 162 \div 18 = 9$$

방법 2 세로로 계산하기

$$
\begin{array}{r}
9 \\
0.18 \overline{)\,1.62} \\
\underline{1\,6\,2} \\
0
\end{array}
$$

→ 소수점을 각각 오른쪽으로 두 자리씩 옮겨서 계산합니다.

● **자릿수가 다른 (소수)÷(소수)**

(예) 8.84÷2.6의 계산

방법 1 자연수의 나눗셈을 이용하여 계산하기

$$8.84 \div 2.6 = 3.4$$

(100배) (100배)

$$884 \div 260 = 3.4$$

→ 나누어지는 수와 나누는 수에 똑같이 100배 하여도 몫은 같습니다.

방법 2 세로로 계산하기

$$
\begin{array}{r}
3.4 \\
2.6 \overline{)\,8.84} \\
\underline{7\,8} \\
1\,0\,4 \\
\underline{1\,0\,4} \\
0
\end{array}
$$

→ 나누는 수가 자연수가 되도록 나누는 수와 나누어지는 수의 소수점을 똑같이 옮겨야 합니다.

01 계산해 보세요.

(1) 8.61÷2.87

(2) 9.28÷3.2

02 잘못 계산한 곳을 찾아 바르게 계산해 보세요.

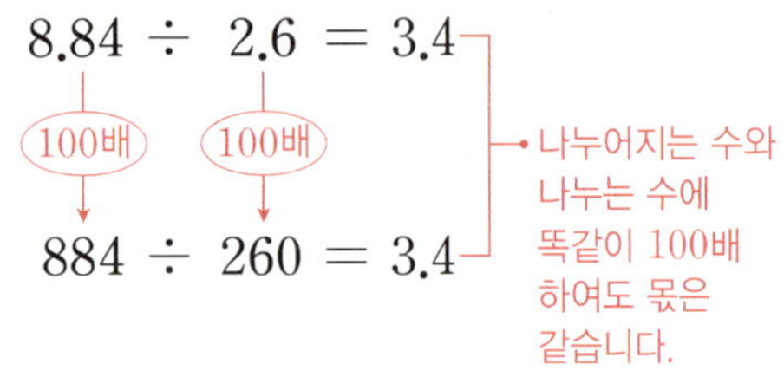

$$
\begin{array}{r}
0.19 \\
4.8 \overline{)\,9.12} \\
\underline{4\,8} \\
4\,3\,2 \\
\underline{4\,3\,2} \\
0
\end{array}
$$

→

$$4.8 \overline{)\,9.12}$$

활용 개념 1 자연수의 나눗셈을 이용하여 ☐ 안에 알맞은 수 구하기

예 $936 \div 39 = 24$를 이용하여 ☐ 안에 알맞은 수 구하기

$$93.6 \div \square = 24$$

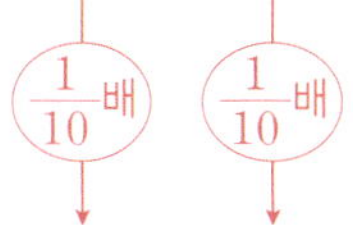

→ $936 \div 39 = 24$

$93.6 \div \square = 24$이므로 ☐$= 3.9$입니다.

03 $782 \div 23 = 34$를 이용하여 ☐ 안에 알맞은 수를 구하세요.

$$78.2 \div \square = 34$$

(   )

04 $990 \div 45 = 22$를 이용하여 ☐ 안에 알맞은 수를 구하세요.

$$\square \div 0.45 = 22$$

(   )

활용 개념 2 계산 결과의 크기 비교하기

나누는 수가 1보다 작으면 몫은 나누어지는 수보다 크고, 나누는 수가 1보다 크면 몫은 나누어지는 수보다 작습니다.

예 $9.6 \div 0.8 = 12,\ 9.6 \div 1.5 = 6.4$

$9.6 < 12$ $9.6 > 6.4$

05 나눗셈의 몫이 나누어지는 수 4.8보다 작은 것을 찾아 기호를 써 보세요.

$$\bigcirc\ 4.8 \div 0.8 \qquad \bigcirc\ 4.8 \div 1.2 \qquad \bigcirc\ 4.8 \div 0.6$$

(   )

(자연수)÷(소수)

교과서 개념

● (자연수)÷(소수)

예 $42 \div 8.4$의 계산

방법 1 분수의 나눗셈으로 바꾸어 계산하기

$$42 \div 8.4 = \frac{420}{10} \div \frac{84}{10}$$
$$= 420 \div 84 = 5$$

방법 2 세로로 계산하기

$$8.4 \overline{)42.0} \quad \to \text{소수점 아래 0을 내려 계산합니다.}$$

몫은 5, 420, 나머지 0

01 계산해 보세요.

(1) $7.5 \overline{)45}$

(2) $9.2 \overline{)46}$

02 자연수를 소수로 나눈 몫을 빈칸에 써넣으세요.

(1)

0.5	7

(2)

95	3.8

03 몫이 가장 큰 나눗셈을 찾아 기호를 써 보세요.

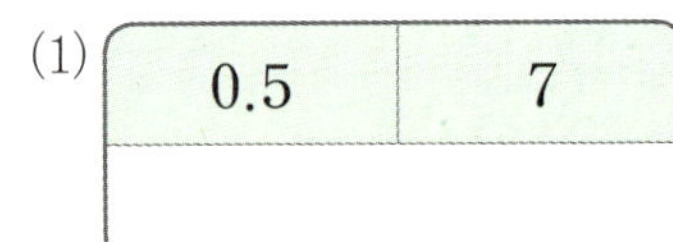

$\bigcirc \ 34 \div 8.5 \qquad \bigcirc \ 9 \div 1.8 \qquad \bigcirc \ 33 \div 5.5$

(   )

활용 개념 1 계산 결과 사이에 있는 자연수 구하기

예 $13 \div 2.6$과 $12 \div 1.5$의 계산 결과 사이에 있는 자연수 구하기

$$13 \div 2.6 = \frac{130}{10} \div \frac{26}{10} = 130 \div 26 = 5$$

$$12 \div 1.5 = \frac{120}{10} \div \frac{15}{10} = 120 \div 15 = 8$$

→ 5와 8 사이에 있는 자연수는 6, 7입니다.

04 ☐ 안에 들어갈 수 있는 자연수를 구하세요.

$$98 \div 4.9 < \boxed{} < 77 \div 3.5$$

( )

05 두 식의 계산 결과 사이에 있는 자연수는 모두 몇 개일까요?

$14 \div 3.5$ $30 \div 2.5$

( )

활용 개념 2 두 나눗셈의 몫의 합과 차 구하기

예 두 나눗셈의 몫의 합과 차 구하기

$14 \div 0.4$ $8 \div 0.5$

→ $14 \div 0.4 = 35$, $8 \div 0.5 = 16$이므로 합은 $35 + 16 = 51$, 차는 $35 - 16 = 19$입니다.

06 두 나눗셈의 몫의 합과 차를 구하세요.

$4 \div 0.08$ $9 \div 0.15$

합 ( )

차 ( )

몫을 반올림하여 나타내기, 나누어 주고 남는 양 알아보기

교과서 개념

◑ 몫을 반올림하여 나타내기

예 4÷7의 몫을 반올림하여 나타내기
- 몫을 반올림하여 소수 첫째 자리까지 나타내기 → 몫의 소수 둘째 자리에서 반올림합니다.

  $4÷7=0.57\cdots$ → 0.6
- 몫을 반올림하여 소수 둘째 자리까지 나타내기 → 몫의 소수 셋째 자리에서 반올림합니다.

  $4÷7=0.571\cdots$ → 0.57

◑ 나누어 주고 남는 양 알아보기

예 물 7.8 L를 한 사람에게 2 L씩 나누어 줄 때 나누어 줄 수 있는 사람 수와 남는 물의 양 구하기

```
        3 ←—— 나누어 줄 수 있는 사람 수
    2 ) 7 . 8
        6
      ——————
      1 . 8 ←—— 남는 물의 양
```

→ 3명에게 나누어 줄 수 있고 1.8 L가 남습니다.

---

01 16÷7의 몫을 반올림하여 주어진 자리까지 나타내 보세요.

일의 자리까지	
소수 첫째 자리까지	
소수 둘째 자리까지	

02 철사 26.7 m를 한 사람에게 3 m씩 나누어 줄 때 몇 명에게 나누어 줄 수 있고, 남는 철사는 몇 m인지 구하세요.

나누어 줄 수 있는 사람 수 (   )

남는 철사의 길이 (   )

활용 개념 1 나누어지는 수 구하기

예 색 테이프를 한 사람에게 $6\,\mathrm{m}$씩 5명에게 나누어 주고 $2.7\,\mathrm{m}$가 남았다고 할 때 처음에 있던 색 테이프의 길이 구하기

→ 처음에 있던 색 테이프의 길이를 ▢ m라 하면 ▢ ÷ 6 = 5 ⋯ 2.7입니다.
따라서 ▢ = 6 × 5 + 2.7 = 32.7입니다.

03 모래를 한 봉지에 $8\,\mathrm{kg}$씩 8봉지에 나누어 담고 $3.7\,\mathrm{kg}$이 남았다고 할 때 처음에 있던 모래는 몇 kg이었을까요?

( )

04 쿠키 한 개를 만드는 데 밀가루 $15\,\mathrm{g}$이 필요합니다. 밀가루로 쿠키를 21개 만들고 $10.8\,\mathrm{g}$이 남았다고 할 때 처음에 있던 밀가루는 몇 g이었을까요?

( )

활용 개념 2 유한소수, 무한소수 알아보기 중등 연계

- 유한소수: $\dfrac{1}{2} = 0.5$와 같이 소수점 아래 숫자의 개수를 셀 수 있는 소수

- 무한소수: $\dfrac{1}{3} = 0.33\cdots$과 같이 소수점 아래의 0이 아닌 숫자가 끝없이 계속되는 소수

05 다음 분수 중 유한소수로 나타낼 수 <u>없는</u> 것은 어느 것일까요? ⋯⋯⋯⋯⋯⋯⋯ ( )

① $7\dfrac{4}{5}$ ② $2\dfrac{3}{8}$ ③ $6\dfrac{1}{4}$ ④ $9\dfrac{1}{2}$ ⑤ $3\dfrac{5}{6}$

모르는 변의 길이를 □라 하자.

⊕ 유형 솔루션

• 도형의 넓이를 이용하여 변의 길이 구하기

넓이가 34.98 cm^2이고 세로가 5.83 cm인 직사각형의 가로 구하기

직사각형의 가로를 □cm라 하면

(직사각형의 넓이)＝(가로)×(세로)이므로

□×5.83＝$34.98 \text{ (cm}^2)$입니다.

→ □＝$34.98 \div 5.83 = 6$

대표 유형 01

오른쪽은 넓이가 15.6 cm^2인 삼각형입니다. 이 삼각형의 밑변의 길이가 8 cm일 때 높이는 몇 cm일까요?

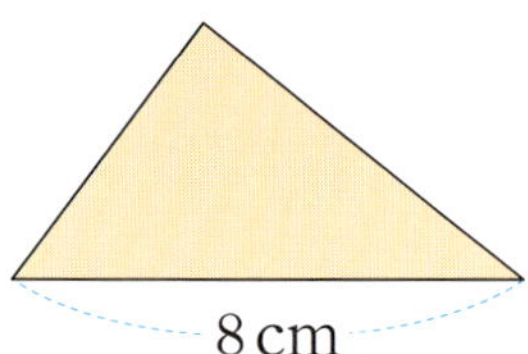

풀이

❶ 삼각형의 높이를 ■ cm라 하면

(삼각형의 넓이)＝(밑변의 길이)×(높이)÷2

$\qquad = \boxed{} \times \blacksquare \div 2 = \boxed{} \text{ (cm}^2)$입니다.

❷ $\blacksquare = \boxed{} \times 2 \div \boxed{}$

$\qquad = \boxed{} \div \boxed{} = \boxed{}$

답 ______________

예제 오른쪽은 넓이가 39.5 cm^2인 평행사변형입니다. 이 평행사변형의 밑변의 길이가 5 cm일 때 높이는 몇 cm일까요?

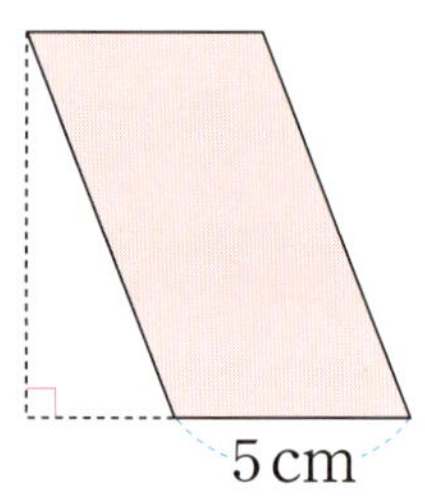

(   )

01-1 오른쪽은 넓이가 29.33 cm²인 직사각형입니다. 이 직사각형의 가로가
4.19 cm일 때 세로는 몇 cm일까요?

(　　　　　　　)

01-2 두 직선이 서로 평행하고 삼각형 가의 넓이가 12.74 cm²일 때 직사각형 나의 넓이는 몇
cm²일까요?

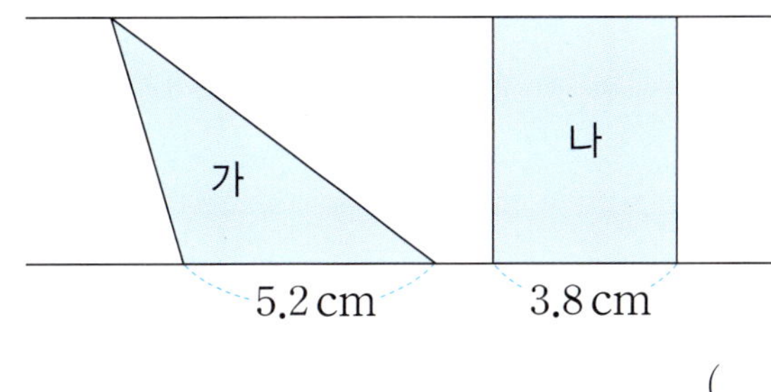

(　　　　　　　)

01-3 오른쪽은 넓이가 36.54 cm²인 평행사변형입니다. 이
평행사변형의 둘레는 몇 cm일까요?

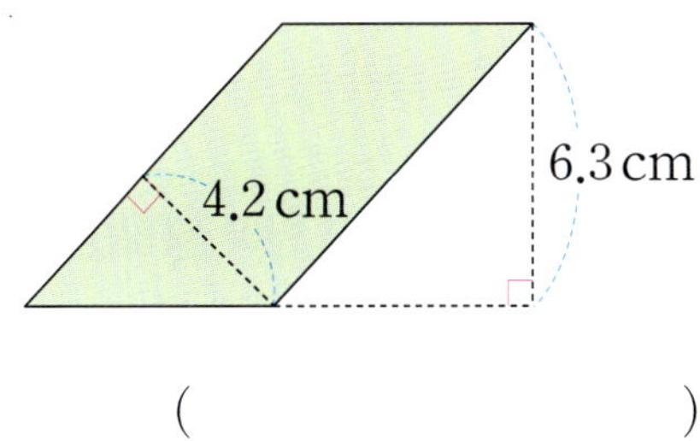

(　　　　　　　)

구할 수 있는 □부터 차례대로 구하자.

유형 솔루션

• 세로셈에서 □ 안에 알맞은 수 써넣기

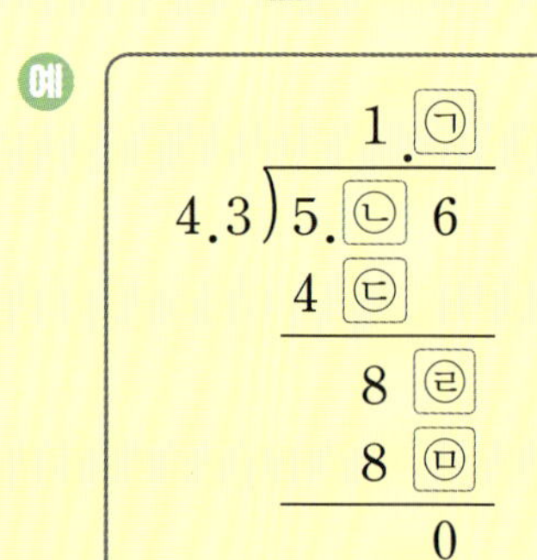

예

$43×1=4ⓒ$ ➡ $ⓒ=3$
$5ⓛ=43+8=51$ ➡ $ⓛ=1$
$ⓔ=6$이고 $86-8ⓜ=0$ ➡ $ⓜ=6$
$43×ⓘ=86$ ➡ $ⓘ=2$

대표 유형
02

□ 안에 알맞은 수를 써넣으세요.

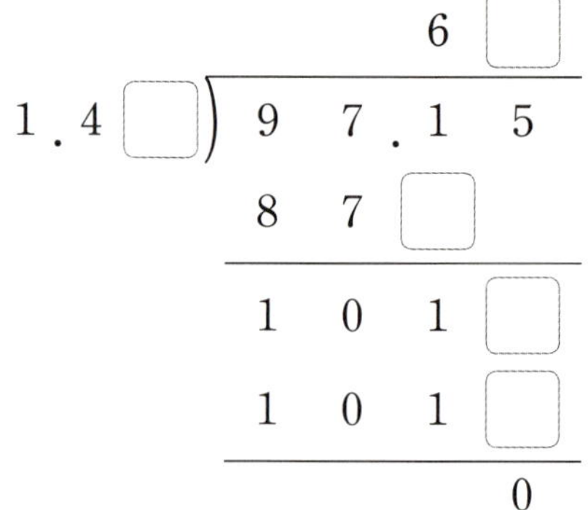

풀이

❶ $971-87ⓒ=101$ ➡ $ⓒ=$ □

❷ $14ⓛ×6=870,\ 14ⓛ=870÷6=$ □ ➡ $ⓛ=$ □

❸ $ⓔ=ⓜ=$ □

❹ $145×ⓘ=1015,\ ⓘ=1015÷145$ ➡ $ⓘ=$ □

예제 □ 안에 알맞은 수를 써넣으세요.

02-1 〔변형〕 오른쪽은 나누어떨어지는 나눗셈의 일부입니다. ☐ 안에 알맞은 수를 써넣으세요.

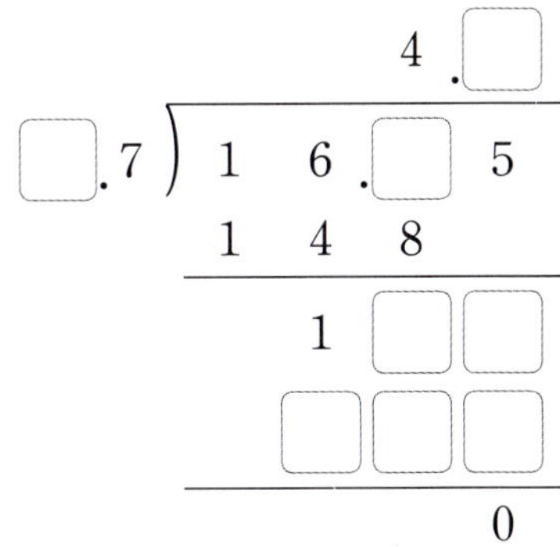

02-2 〔변형〕 ☐ 안에 알맞은 수를 써넣으세요.

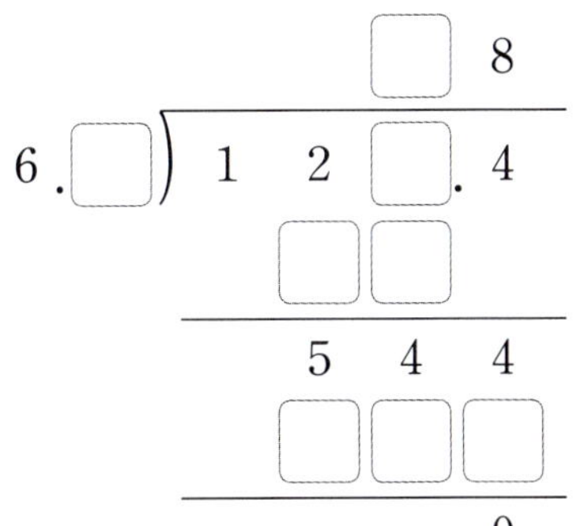

02-3 〔변형〕 ☐ 안에 알맞은 수를 써넣으세요.

02-4 〔발전〕 ☐ 안에 알맞은 수를 모두 더한 값을 구하세요.

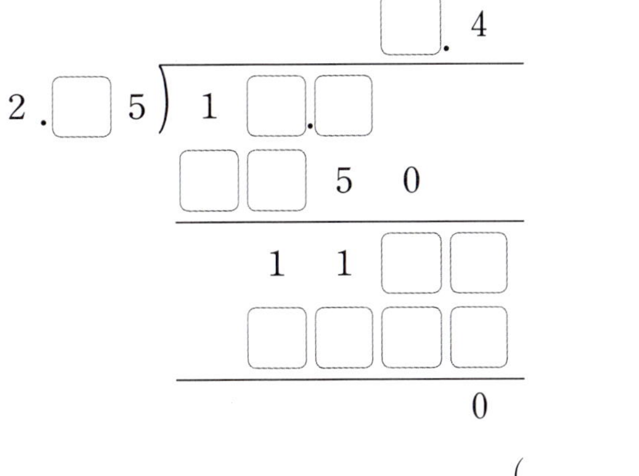

(   )

곱셈과 나눗셈의 관계를 이용하자.

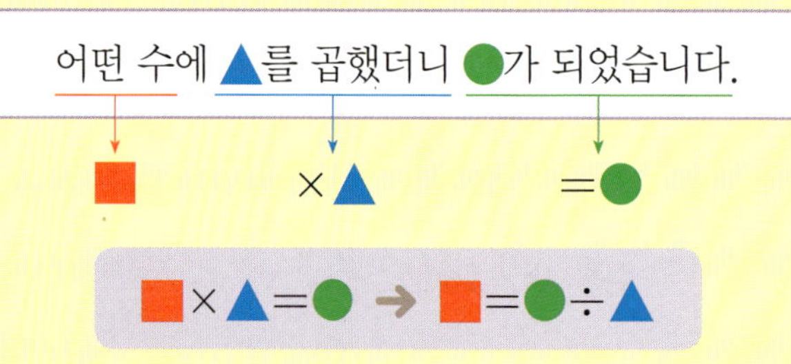

대표 유형
03

ⓒ에 알맞은 수를 구하세요.

- ㉠×2.4=8.64
- ㉠÷2.4=ⓒ

풀이

❶ ㉠×2.4=8.64

➡ ㉠=8.64÷2.4=☐

❷ ㉠÷2.4=ⓒ

➡ ⓒ=☐÷2.4=☐

답 __________

예제 ⓒ에 알맞은 수를 구하세요.

- ㉠×3.5=41.65
- ㉠÷3.5=ⓒ

(   )

03-1 변형
어떤 수를 5.4로 나누어야 할 것을 잘못하여 뺐더니 59.4가 되었습니다. 바르게 계산했을 때의 몫을 구하세요.

( )

03-2 변형
어떤 수를 2.64로 나누어야 할 것을 잘못하여 더했더니 9.24가 되었습니다. 바르게 계산했을 때의 몫을 구하세요.

( )

03-3 변형
어떤 수를 0.4로 나눈 후 1.6을 곱해야 할 것을 잘못하여 1.6으로 나눈 후 0.4를 곱했더니 10이 되었습니다. 바르게 계산했을 때의 값을 구하세요.

( )

03-4 발전
어떤 수에 6.3을 곱해야 할 것을 잘못하여 3.6을 곱했더니 8.64가 되었습니다. 잘못 계산했을 때의 값과 바르게 계산했을 때의 값의 차를 구하세요.

( )

가로등의 수는 간격의 수보다 1만큼 더 크다.

• 일정한 간격으로 세운 가로등의 수 구하기

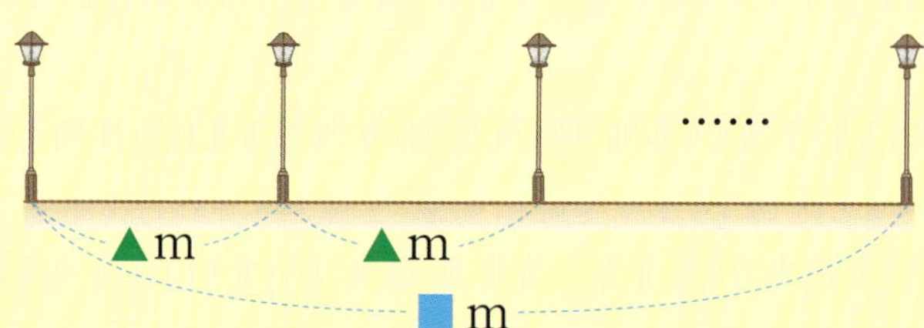

길이가 ■ m인 직선 도로의 양쪽에 처음부터 끝까지 ▲ m 간격으로 가로등을 세울 때
① (도로의 한쪽에 세운 가로등 사이의 간격 수)=■÷▲=★(군데)
② (도로의 한쪽에 세운 가로등의 수)=(★+1)개
③ (도로의 양쪽에 세운 가로등의 수)=((★+1)×2)개

대표 유형 04

길이가 312 m인 직선 산책로의 양쪽에 처음부터 끝까지 4.8 m 간격으로 화분을 놓았습니다. 놓은 화분은 모두 몇 개인지 구하세요. (단, 화분의 두께는 생각하지 않습니다.)

풀이

❶ (화분 사이의 간격 수)=(산책로의 길이)÷(화분 사이의 간격)

$$=312÷4.8=\boxed{}(군데)$$

❷ (산책로 한쪽에 놓은 화분의 수)=(화분 사이의 간격 수)+1

$$=\boxed{}+1=\boxed{}(개)$$

❸ (산책로 양쪽에 놓은 화분의 수)=$\boxed{}×2=\boxed{}(개)$

답 ________________________

예제 길이가 420 m인 직선 산책로의 양쪽에 처음부터 끝까지 7.5 m 간격으로 의자를 놓았습니다. 놓은 의자는 모두 몇 개인지 구하세요. (단, 의자의 두께는 생각하지 않습니다.)

(   )

>> 정답 및 풀이 **14~15**쪽

04-1 변형 길이가 220.8 m인 직선 복도의 한쪽에 처음부터 끝까지 36.8 m 간격으로 정수기를 놓았습니다. 놓은 정수기는 모두 몇 대인지 구하세요. (단, 정수기의 두께는 생각하지 않습니다.)

(   )

04-2 변형 둘레가 695.2 m인 원 모양의 울타리에 8.8 m 간격으로 나무를 심었습니다. 심은 나무는 모두 몇 그루인지 구하세요. (단, 나무의 두께는 생각하지 않습니다.)

(   )

04-3 변형 길이가 0.432 km인 직선 도로의 양쪽에 처음부터 끝까지 5.4 m 간격으로 가로등을 세웠습니다. 세운 가로등은 모두 몇 개인지 구하세요. (단, 가로등의 두께는 생각하지 않습니다.)

(   )

04-4 발전 길이가 345.6 km인 기찻길의 양쪽에 처음부터 끝까지 깃발을 꽂았습니다. 직선인 기찻길에 깃발을 한쪽은 10.8 km 간격으로 꽂고, 다른 한쪽은 9.6 km 간격으로 꽂았다면 양쪽에 꽂은 깃발은 모두 몇 개인지 구하세요. (단, 깃발의 두께는 생각하지 않습니다.)

(   )

몫을 자연수까지 구하자.

• 몇 명에게 나누어 줄 수 있고 몇 L가 남는지 구하기

(예) 물 7.5 L를 한 사람에게 2 L씩 나누어 줄 때 나누어 줄 수 있는 사람 수와 남는 물의 양 구하기

방법 1 덜어 내어 계산하기

$$7.5-2-2-2=1.5$$

3번

→ 3명에게 나누어 줄 수 있고, 남는 물은 1.5 L입니다.

방법 2 몫을 자연수까지만 계산하기

$$\begin{array}{r} 3 \\ 2{\overline{)}7.5} \\ 6 \\ \hline 1.5 \end{array}$$

→ 3명에게 나누어 줄 수 있고, 남는 물은 1.5 L입니다.

대표 유형 05

상자 한 개를 포장하는 데 끈이 48 cm 필요합니다. 끈 325.9 cm로 상자를 몇 개까지 포장할 수 있을까요?

풀이

① $325.9 \div 48 = \boxed{} \cdots 37.9$

② 남는 끈 37.9 cm로는 상자를 포장할 수 없으므로 $\boxed{}$개까지 포장할 수 있습니다.

답 ____________________

상자 한 개에 귤을 5 kg씩 담아 포장하려고 합니다. 귤 119.5 kg으로 상자를 몇 개까지 포장할 수 있을까요?

(   )

05-1 나무토막을 4 m씩 자르면 7도막이 되고 3.6 m가 남습니다. 이 나무토막과 길이가 같은 색 테이프를 5 m씩 자르면 몇 도막이 되고, 남는 색 테이프는 몇 m인지 구하세요.

(　　　　　　　　　　　), (　　　　　　　　　　　)

05-2 쌀을 한 봉지에 3 kg씩 나누어 담으면 6봉지가 되고 2.4 kg이 남습니다. 이 쌀을 다시 한 포대에 4 kg씩 나누어 담으면 몇 포대에 나누어 담을 수 있고, 남는 쌀은 몇 kg인지 구하세요.

(　　　　　　　　　　　), (　　　　　　　　　　　)

05-3 들이가 179.4 L인 욕조에 3 L들이의 바가지로 물을 채우려고 합니다. 욕조에 물을 가득 채우려면 바가지로 물을 적어도 몇 번 부어야 할까요?

(　　　　　　　　　　　)

05-4 물을 한 병에 0.5 L씩 나누어 담으면 27병이 되고 0.3 L가 남습니다. 이 물을 다시 한 주전자에 2 L씩 나누어 담고, 주스 19.3 L는 한 주전자에 2.2 L씩 나누어 담으려고 합니다. 주전자에 담고 남는 양은 물과 주스 중 어느 것이 더 많을까요?

(　　　　　　　　　　　)

몫에서 규칙을 찾아보자.

유형 솔루션

- 나눗셈에서 몫의 소수 ■째 자리 숫자 구하기

  예 $23 \div 2.7 = 8.518518\cdots$
  → 몫의 소수 첫째 자리부터 숫자 5, 1, 8이 반복됩니다.

  예 $30 \div 4.4 = 6.8181\cdots$
  → 몫의 소수점 아래 홀수째 자리 숫자는 8,
  몫의 소수점 아래 짝수째 자리 숫자는 1입니다.

대표 유형 06

나눗셈에서 몫의 소수 15째 자리 숫자와 소수 26째 자리 숫자의 합을 구하세요.

$$8.3 \div 2.7$$

풀이

❶ $8.3 \div 2.7 = 3.\boxed{}\boxed{}\boxed{}\boxed{}\boxed{}\boxed{}\cdots$이므로 몫의 소수 첫째 자리부터 숫자 $\boxed{}$, $\boxed{}$, $\boxed{}$이/가 반복됩니다.

❷ $15 \div 3 = 5$이므로 소수 15째 자리 숫자는 4, $26 \div 3 = 8 \cdots 2$이므로 소수 26째 자리 숫자는 7입니다.

❸ (소수 15째 자리 숫자) + (소수 26째 자리 숫자)
$= \boxed{} + \boxed{} = \boxed{}$

답 ______________

예제 나눗셈에서 몫의 소수 31째 자리 숫자와 소수 18째 자리 숫자의 합을 구하세요.

$$9.8 \div 3.3$$

( )

>> 정답 및 풀이 **16**쪽

06-1 변형

나눗셈에서 몫의 소수 20째 자리 숫자를 구하세요.

$$3.1 \div 11.1$$

(   )

06-2 변형

나눗셈에서 몫의 소수 35째 자리 숫자를 구하세요.

$$65 \div 10.8$$

(   )

06-3 변형

나눗셈에서 몫의 소수 10째 자리 숫자와 소수 21째 자리 숫자의 차를 구하세요.

$$1.9 \div 0.37$$

(   )

06-4 발전

나눗셈에서 몫의 소수 25째 자리 숫자와 소수 32째 자리 숫자의 합과 차를 각각 구하세요.

$$8.7 \div 2.96$$

합 (   )

차 (   )

통과한 거리는 기차의 길이와 터널의 길이의 합이다.

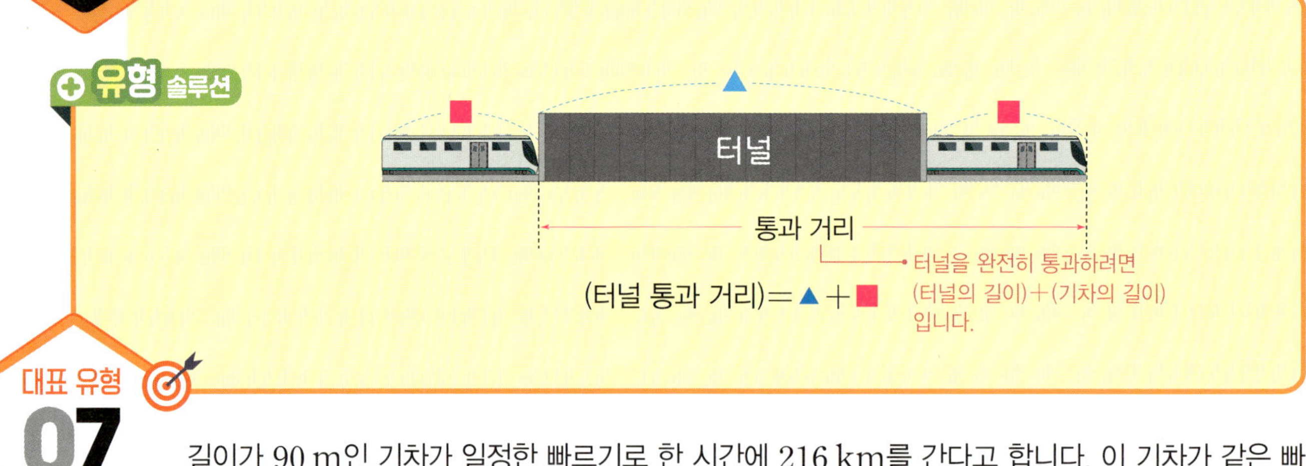

유형 솔루션

대표 유형 07

길이가 90 m인 기차가 일정한 빠르기로 한 시간에 216 km를 간다고 합니다. 이 기차가 같은 빠르기로 길이가 8.01 km인 터널을 완전히 통과하는 데 걸리는 시간은 몇 분 몇 초인지 구하세요.

풀이

❶ 90 m＝ $\boxed{}$ km이므로 기차가 터널을 완전히 통과하기 위해 가야 할 거리는

8.01＋ $\boxed{}$ ＝ $\boxed{}$ (km)입니다.

❷ (1분 동안 기차가 가는 거리)＝216÷60＝ $\boxed{}$ (km)

❸ (기차가 터널을 완전히 통과하는 데 걸리는 시간)

＝ $\boxed{}$ ÷ $\boxed{}$ ＝ $\boxed{}$ (분) ➡ $\boxed{}$ 분 $\boxed{}$ 초

답 

예제 길이가 70 m인 기차가 일정한 빠르기로 한 시간에 192 km를 간다고 합니다. 이 기차가 같은 빠르기로 길이가 7.29 km인 터널을 완전히 통과하는 데 걸리는 시간은 몇 분 몇 초인지 구하세요.

(   )

>> 정답 및 풀이 **16~17**쪽

07-1
변형

길이가 85 m인 기차가 일정한 빠르기로 한 시간에 150 km를 간다고 합니다. 이 기차가 같은 빠르기로 길이가 0.665 km인 터널을 완전히 통과하는 데 걸리는 시간은 몇 초인지 구하세요.

(   )

07-2
변형

길이가 120 m인 기차가 일정한 빠르기로 2시간에 342 km를 간다고 합니다. 이 기차가 같은 빠르기로 길이가 3 km 15 m인 터널을 완전히 통과하는 데 걸리는 시간은 몇 분 몇 초인지 구하세요.

(   )

07-3
발전

길이가 95 m인 기차가 일정한 빠르기로 한 시간에 204 km를 간다고 합니다. 이 기차가 같은 빠르기로 길이가 1.855 km인 터널을 완전히 통과하는 데 걸리는 시간은 몇 분인지 반올림하여 소수 첫째 자리까지 나타내 보세요.

(   )

반올림하기 전 수의 범위를 알아보자.

유형 솔루션

• 반올림한 수를 보고 ☐ 안에 들어갈 수 있는 수 구하기

(예) ☐$\div 3.2$의 몫을 반올림하여 일의 자리까지 나타내면 4일 때

→ 3.5 이상 4.5 미만

3.5   4   4.5

☐$\div 3.2 = 3.5$,   ☐$\div 3.2 = 4.5$,

☐$= 3.5 \times 3.2 = 11.2$ ☐$= 4.5 \times 3.2 = 14.4$

→ ☐가 될 수 있는 수의 범위는 11.2 이상 14.4 미만입니다.

대표 유형 08

나눗셈의 몫을 반올림하여 일의 자리까지 나타내면 5입니다. ■에 들어갈 수 있는 수를 모두 구하세요.

$$6.\blacksquare 9 \div 1.4$$

풀이

❶ 반올림하여 일의 자리까지 나타내면 5가 되는 수의 범위는 4.5 이상 5.5 미만입니다.

❷ $6.\blacksquare 9 \div 1.4 = 4.5$, $6.\blacksquare 9 \div 1.4 = 5.5$에서

$6.\blacksquare 9$는 $4.5 \times 1.4 =$ ☐ 이상 $5.5 \times 1.4 =$ ☐ 미만인 수입니다.

❸ ■에 들어갈 수 있는 수는 ☐, ☐, ☐, ☐, ☐, ☐, ☐ 입니다.

답 _______________

예제 나눗셈의 몫을 반올림하여 일의 자리까지 나타내면 7입니다. ☐ 안에 들어갈 수 있는 수를 모두 구하세요.

$$10.\square 5 \div 1.6$$

(　　　　　　　　)

>> 정답 및 풀이 **17~18**쪽

08-1 나눗셈의 몫을 반올림하여 일의 자리까지 나타내면 4입니다. ☐ 안에 들어갈 수 있는 수를 구하세요.

$$\boxed{}.55 \div 0.7$$

(   )

08-2 나눗셈의 몫을 반올림하여 일의 자리까지 나타내면 17입니다. ☐ 안에 들어갈 수 있는 수는 모두 몇 개일까요?

$$2\boxed{}.9 \div 1.6$$

(   )

08-3 나눗셈의 몫을 반올림하여 소수 첫째 자리까지 나타내면 7.3입니다. ☐ 안에 들어갈 수 있는 수 중 가장 큰 수를 구하세요.

$$28.\boxed{}1 \div 3.9$$

(   )

01 ㉠에 알맞은 수를 구하세요. 

$$8.5 \times ㉠ = 24.99$$

풀이

답 ____________________

02 나눗셈에서 몫의 소수 43째 자리 숫자를 구하세요. ◎ 대표 유형 **06**

$$9.4 \div 1.32$$

풀이

답 ____________________

03 오른쪽은 넓이가 $12.6 \ \text{cm}^2$인 마름모입니다. 이 마름모의 한 대각선의 길이가 $3 \ \text{cm}$일 때 다른 대각선의 길이는 몇 cm일까요? ◎ 대표 유형 **01**

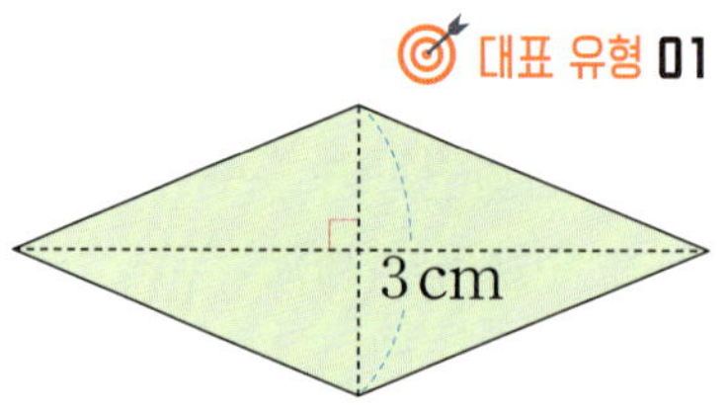

풀이

답 ____________________

Tip
곱셈과 나눗셈의 관계를 이용합니다.

Tip
(마름모의 넓이)
＝(한 대각선의 길이)
　　×(다른 대각선의 길이)
　　÷2

04 ☐ 안에 알맞은 수를 써넣으세요.

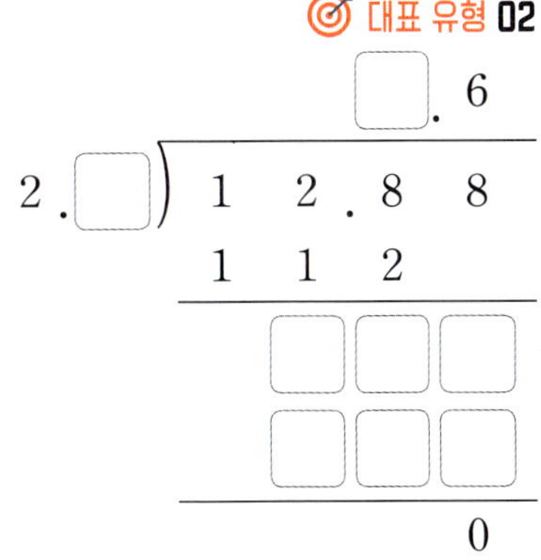

풀이

05 길이가 171.7 m인 테이프를 6 m씩 자르려고 합니다. 6 m짜리 테이프는 몇 도막이 되고, 남는 테이프는 몇 m인지 구하세요.

> **Tip** 몫을 자연수까지만 구합니다.

풀이

답 ____________ , ____________

06 오른쪽 삼각형 ㄱㄴㄷ에서 선분 ㄴㄹ의 길이는 몇 cm일까요?

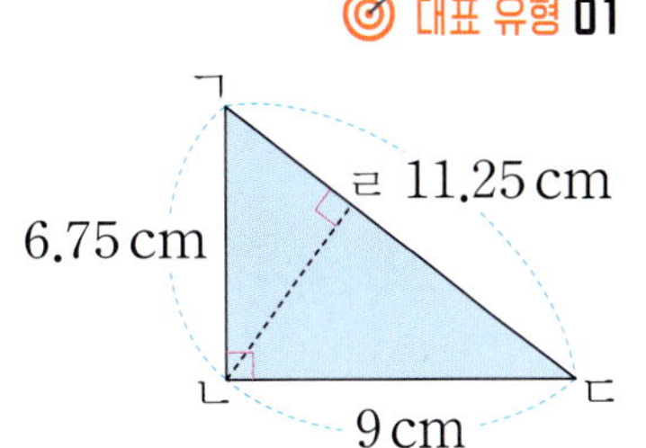

> **Tip** 삼각형의 넓이를 2가지 방법으로 구할 수 있습니다.

풀이

답 ____________

07 어떤 수를 2.8로 나누어야 할 것을 잘못하여 8.2로 나누었더니 3.5가 되었습니다. 바르게 계산했을 때의 몫을 구하세요.

🎯 대표 유형 **03**

> **Tip**
> 어떤 수를 ☐라 하여 식을 세웁니다.

풀이

답 ___________________

08 길이가 702 m인 직선 도로의 양쪽에 처음부터 끝까지 15.6 m 간격으로 나무를 심었습니다. 심은 나무는 모두 몇 그루인지 구하세요. (단, 나무의 두께는 생각하지 않습니다.)

🎯 대표 유형 **04**

> **Tip**
> 나무를 도로의 양쪽에 심은 것에 주의합니다.

풀이

답 ___________________

09 철사 101.7 m를 한 사람에게 12 m씩 나누어 주려고 합니다. 이 철사를 남김없이 모두 나누어 주려면 철사는 적어도 몇 m 더 필요할까요?

🎯 대표 유형 **05**

> **Tip**
> 한 사람에게 나누어 주려는 철사의 길이에서 남는 철사의 길이를 뺍니다.

풀이

답 ___________________

10 나눗셈의 몫을 소수 30째 자리까지 나타내었을 때, 나타낸 몫의 각 자리 숫자의 합을 구하세요.

🎯 대표 유형 **06**

$$7.7 \div 1.2$$

풀이

답 ___________________

Tip

몫의 일의 자리 숫자도 더하는 것을 잊지 않도록 주의합니다.

---

11 길이가 80 m인 기차가 일정한 빠르기로 한 시간에 228 km를 간다고 합니다. 이 기차가 같은 빠르기로 길이가 2.2 km인 터널을 완전히 통과하는 데 걸리는 시간은 몇 초인지 구하세요.

🎯 대표 유형 **07**

풀이

답 ___________________

Tip

(터널 통과 거리)
=(기차의 길이)
 +(터널의 길이)

---

12 나눗셈의 몫을 반올림하여 일의 자리까지 나타내면 6입니다. ☐ 안에 들어갈 수 있는 수를 구하세요.

🎯 대표 유형 **08**

$$\boxed{}.96 \div 0.9$$

풀이

답 ___________________

2

소수의 나눗셈

3

공간과 입체

쌓은 모양과 쌓기나무의 개수 알아보기 (1)

교과서 개념

● 쌓기나무의 개수 알아보기 (1)

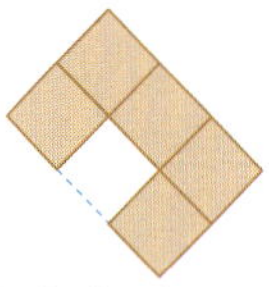

위에서 본 모양

1층: 5개, 2층: 4개, 3층: 1개
→ (쌓기나무의 개수)=5+4+1=10(개)
└─ 1층에 쌓인 쌓기나무가 5개인 것을 알 수 있습니다.

● 위, 앞, 옆에서 본 모양 그리기

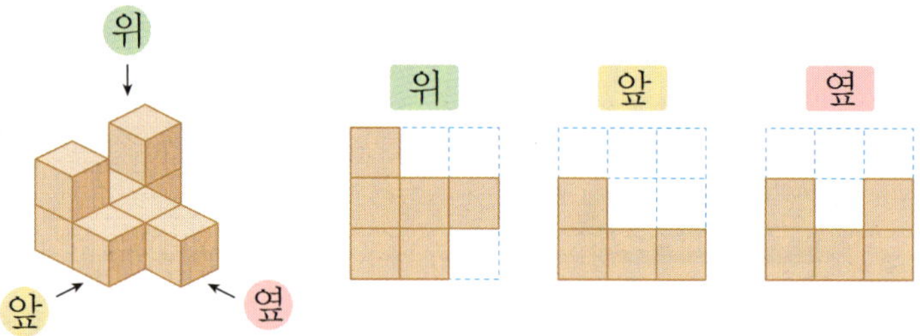

- 위에서 본 모양은 **1층의 모양**과 같습니다.
- 앞과 옆에서 본 모양은 각 방향에서 **줄별 가장 높은 층수**만큼 그립니다.

---

01 주어진 모양과 똑같은 모양을 쌓는 데 필요한 쌓기나무의 개수를 구하세요.

위에서 본 모양

(   )

---

02 쌓기나무로 쌓은 모양을 보고 위, 앞, 옆에서 본 모양을 그려 보세요.

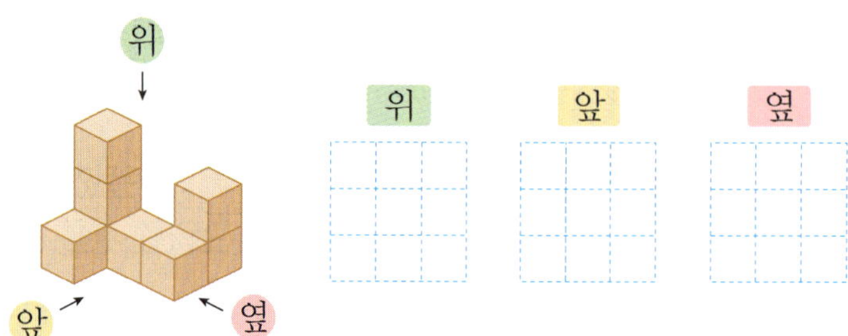

위	앞	옆

활용 개념 1 층별 모양 그리기

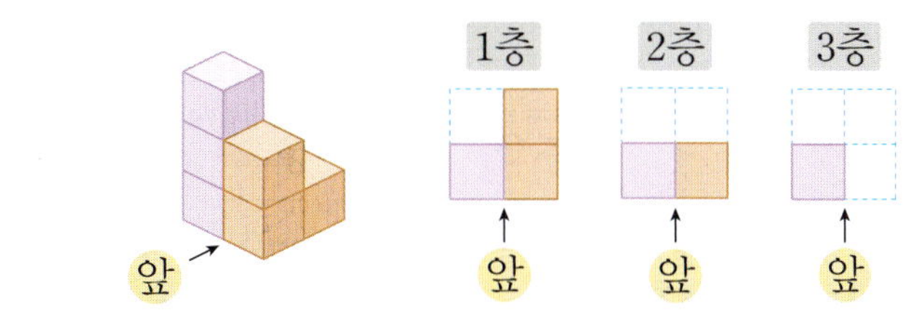

층별로 나타낼 때는 층별로 칸의 위치를 맞추어야 합니다.

---

03 쌓기나무로 쌓은 모양과 1층 모양을 보고 2층과 3층 모양을 그려 보세요.

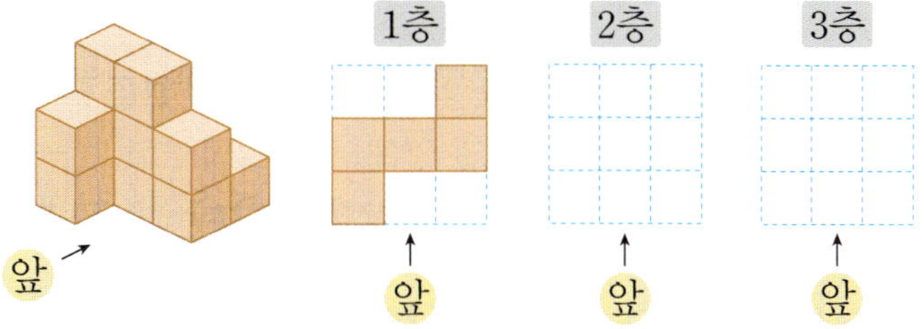

활용 개념 2 위에서 본 모양이 될 수 있는 모양

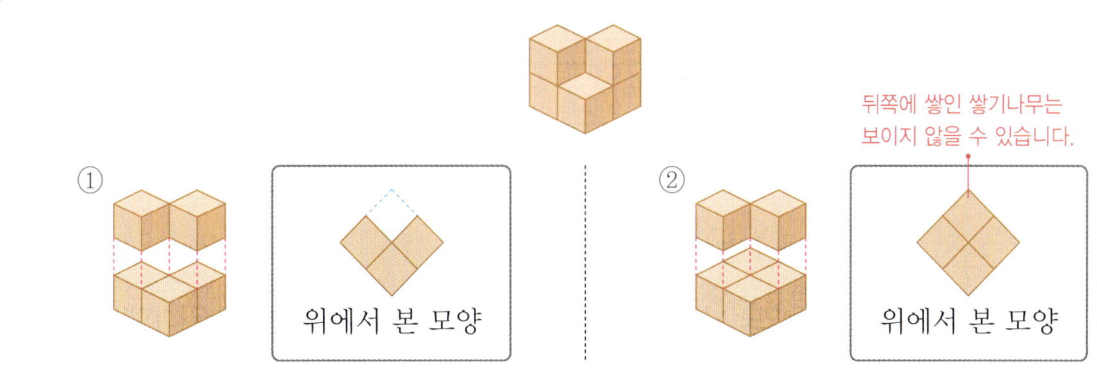

---

04 왼쪽에 쌓기나무로 쌓은 모양을 보고 위에서 본 모양이 될 수 <u>없는</u> 것을 찾아 기호를 써 보세요.

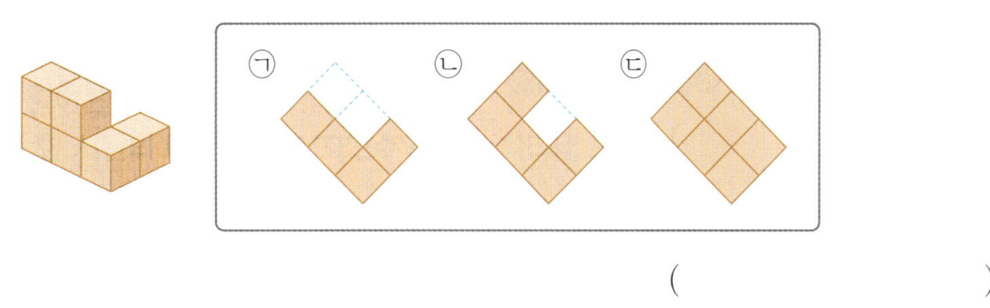

(   )

쌓은 모양과 쌓기나무의 개수 알아보기 (2)

● 쌓기나무의 개수 알아보기 (2)

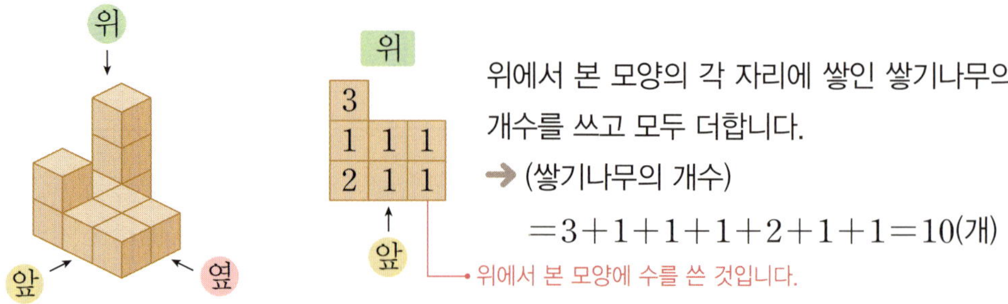

● 위에서 본 모양에 수를 쓴 것을 보고 앞과 옆에서 본 모양 그리기

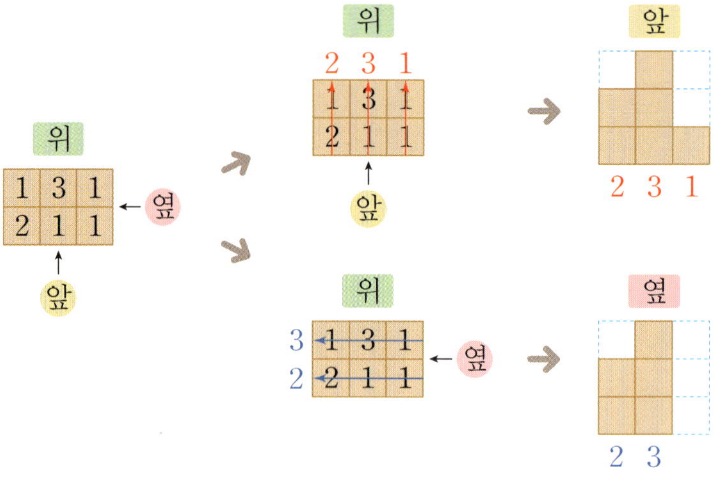

01 쌓기나무로 쌓은 모양을 보고 위에서 본 모양에 수를 쓰고, 주어진 모양과 똑같은 모양으로 쌓는 데 필요한 쌓기나무의 개수를 구하세요.

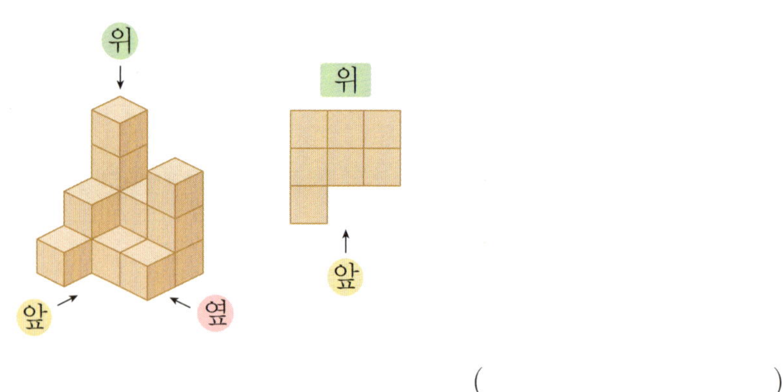

(   )

02 쌓기나무로 쌓은 모양을 보고 위에서 본 모양에 수를 쓰는 방법으로 나타냈습니다. 앞과 옆에서 본 모양을 그려 보세요.

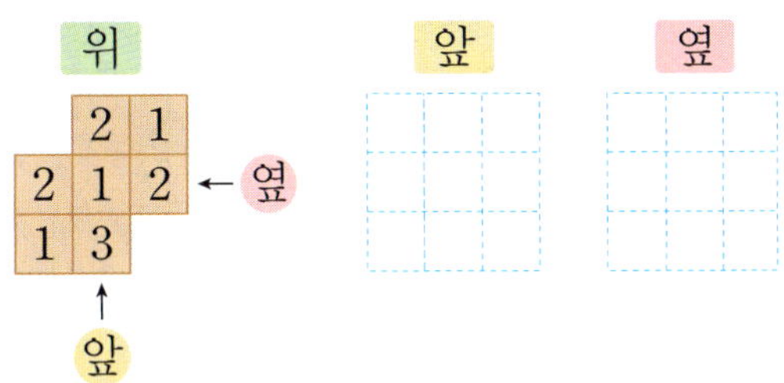

활용 개념 1 위, 앞, 옆에서 본 모양을 보고 쌓기나무의 개수 구하기

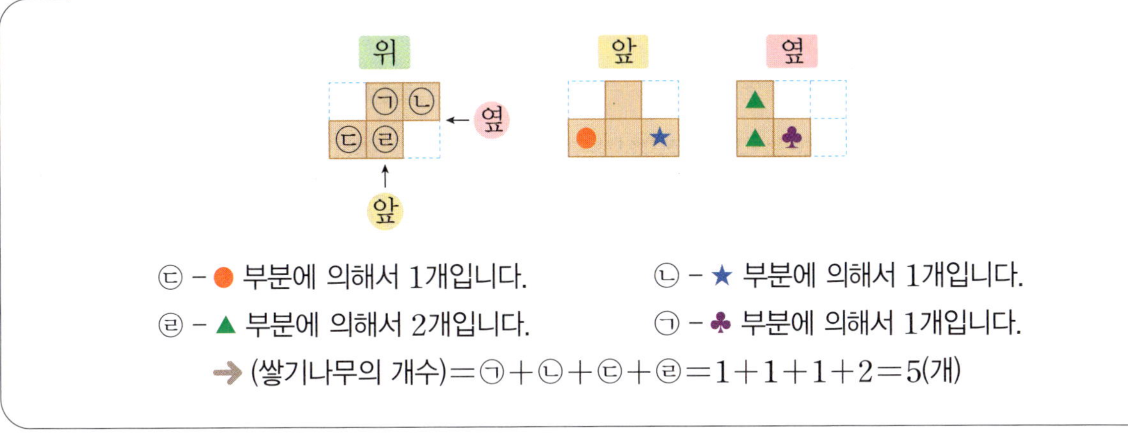

ⓒ – ● 부분에 의해서 1개입니다.　　　　ⓛ – ★ 부분에 의해서 1개입니다.

ⓔ – ▲ 부분에 의해서 2개입니다.　　　　㉠ – ♣ 부분에 의해서 1개입니다.

→ (쌓기나무의 개수)=㉠+ⓛ+ⓒ+ⓔ=1+1+1+2=5(개)

3

공간과 입체

03 쌓기나무로 쌓은 모양을 위, 앞, 옆에서 본 모양입니다. 위에서 본 모양에 수를 쓰는 방법으로 나타내 보세요.

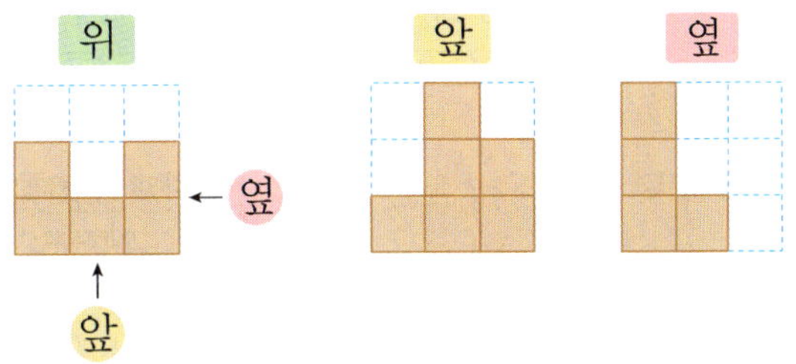

04 쌓기나무로 쌓은 모양을 위, 앞, 옆에서 본 모양입니다. 똑같은 모양으로 쌓는 데 필요한 쌓기나무의 개수를 구하세요.

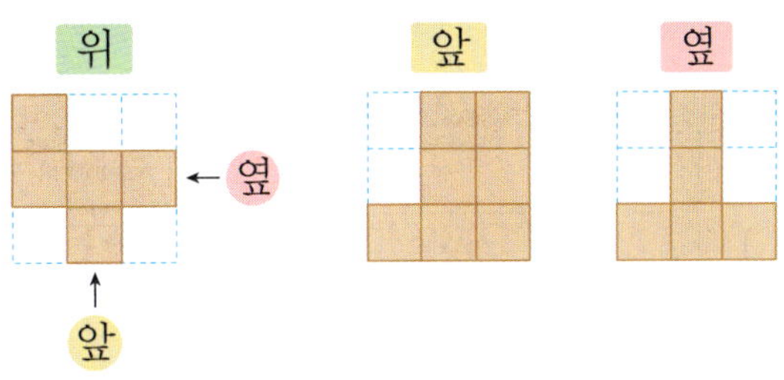

(　　　　　　　　　)

 **여러 가지 모양 만들기**

📜 **교과서 개념**

🔵 쌓기나무 3개로 만들 수 있는 모양

 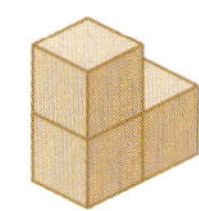 → 2가지

• 뒤집거나 돌려서 모양이 같으면 같은 모양입니다.

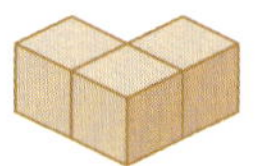 = 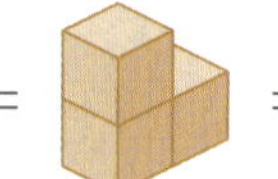 = 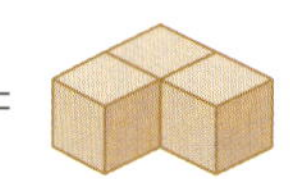

🔵 두 가지 모양을 사용하여 새로운 모양 만들기

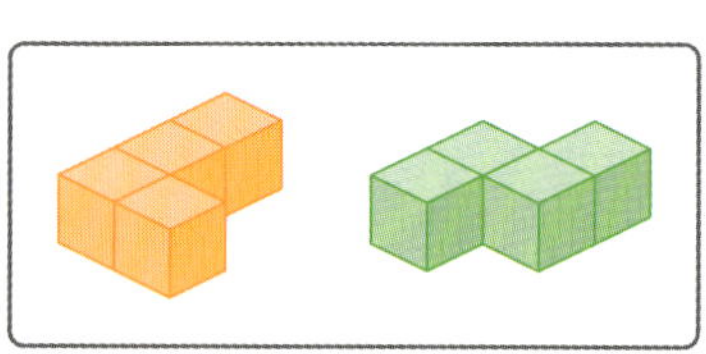

⬇

예  

---

01 쌓기나무 5개로 만든 모양입니다. 같은 모양끼리 선으로 이어 보세요.

•   •

•   •   •

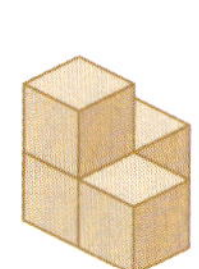  

---

02 쌓기나무 4개로 만든 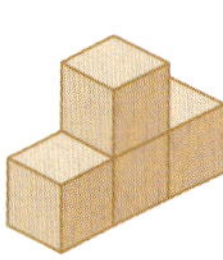 모양에 쌓기나무 1개를 더 붙여서 만들 수 있는 모양을 모두 찾아 기호를 써 보세요.

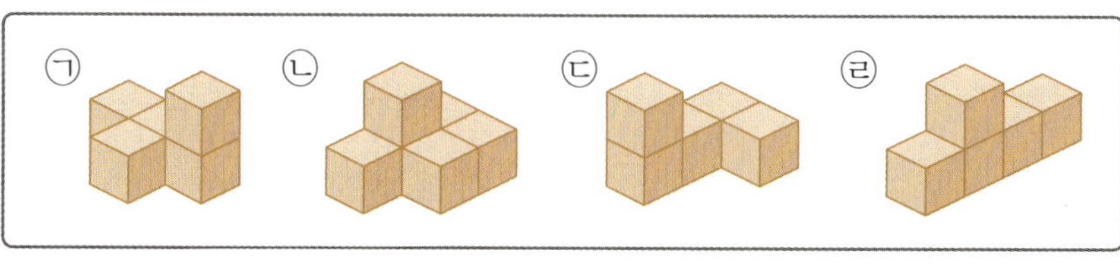

(   )

>> 정답 및 풀이 **20**쪽

03 쌓기나무를 4개씩 붙여서 만든 두 가지 모양을 사용하여 만들 수 있는 모양을 찾아 기호를 써 보세요.

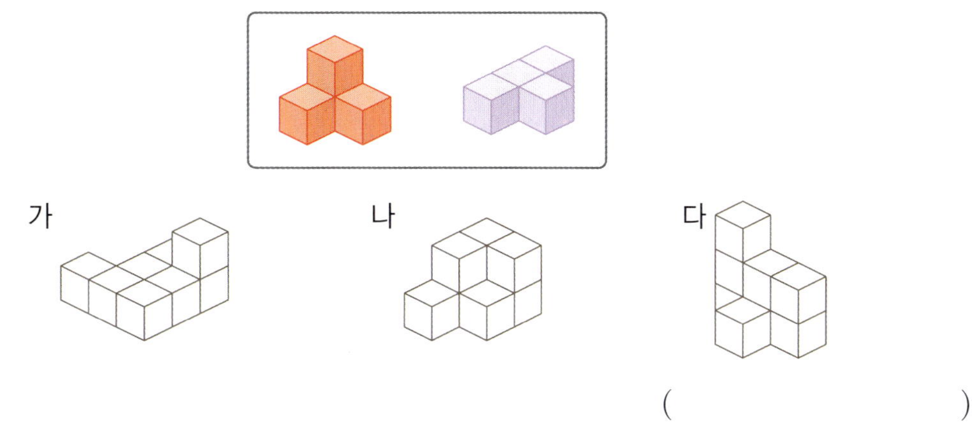

(   )

활용 개념 **1** ▷ 빈칸에 알맞은 모양 찾기

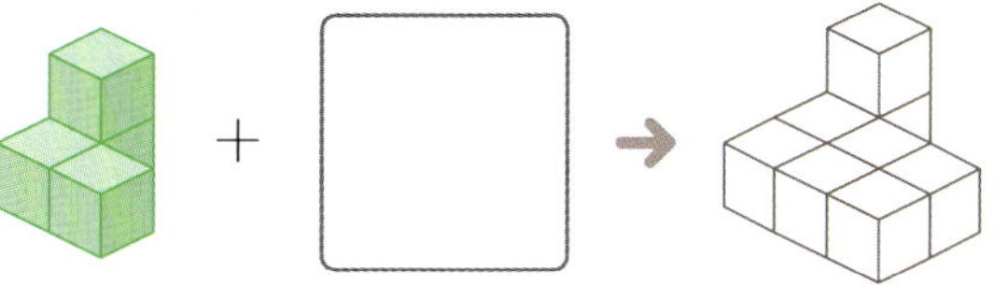

쌓기나무 모양이 들어갈 자리를 예상해 보고 남은 자리를 알아봅니다.

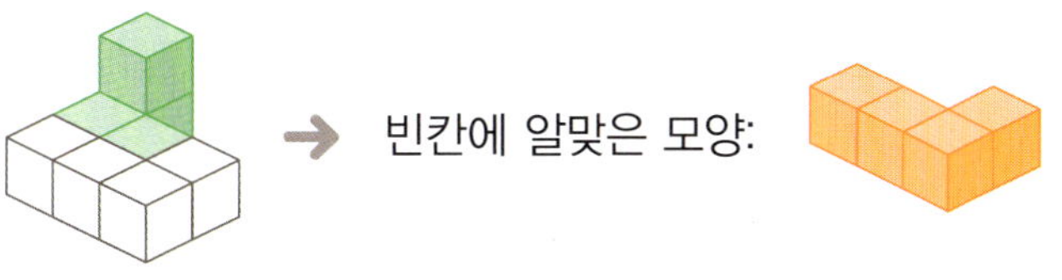

→ 빈칸에 알맞은 모양:

04 쌓기나무를 4개씩 붙여서 만든 두 가지 모양을 사용하여 새로운 모양을 만든 것입니다. 빈칸에 알맞은 모양을 찾아 기호를 써 보세요.

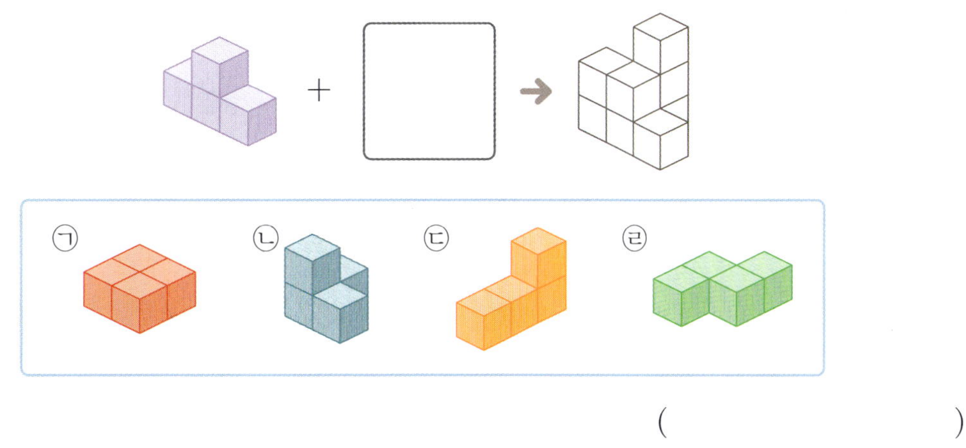

(   )

■ 이상인 수가 쓰여있는 칸 수를 세자.

대표 유형 01

쌓기나무로 쌓은 모양을 보고 위에서 본 모양에 수를 쓴 것입니다. 2층에 쌓인 쌓기나무는 모두 몇 개일까요?

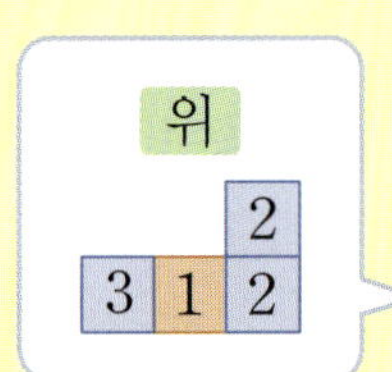

풀이

❶ 2층에 쌓인 쌓기나무의 개수는 ☐ 이상인 수가 쓰여있는 칸 수와 같습니다.

❷ (2층에 쌓인 쌓기나무의 개수)=(☐ 이상인 수가 쓰여있는 칸 수)

＝☐개

답 ______________

예제 쌓기나무로 쌓은 모양을 보고 위에서 본 모양에 수를 쓴 것입니다. 2층에 쌓인 쌓기나무는 모두 몇 개일까요?

( )

01-1 변형
쌀기나무로 쌓은 모양을 보고 위에서 본 모양에 수를 쓴 것입니다. 2층 모양을 그려 보고, 2층에 쌓인 쌀기나무는 모두 몇 개인지 구하세요.

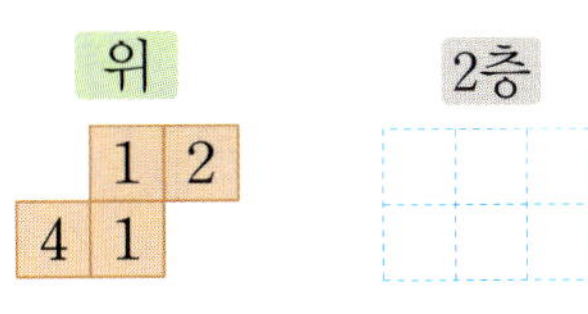

( )

01-2 변형
쌀기나무로 쌓은 모양을 보고 위에서 본 모양에 수를 쓴 것입니다. 가와 나의 2층에 쌓인 쌀기나무의 개수의 차는 몇 개일까요?

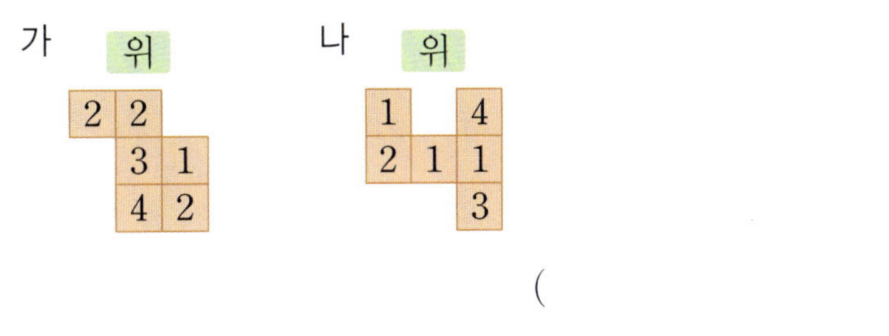

( )

01-3 발전
쌀기나무로 쌓은 모양을 보고 위에서 본 모양에 수를 쓴 것입니다. 3층 이상에 쌓인 쌀기나무는 모두 몇 개일까요?

( )

3 공간과 입체

정육면체 모양의 쌓기나무의 개수에서 남은 모양의 개수를 빼자.

정육면체 모양에서 쌓기나무를
몇 개 빼내고 남은 모양

 − 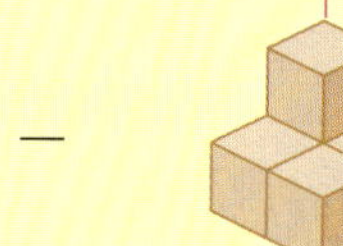 = 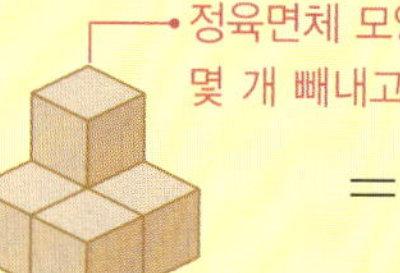 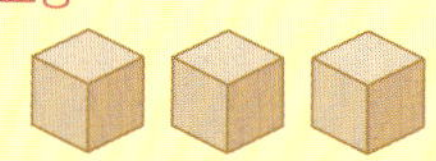

$$\binom{정육면체\ 모양의}{쌓기나무의\ 개수} - \binom{남은\ 모양의}{쌓기나무의\ 개수} = \binom{빼낸}{쌓기나무의\ 개수}$$

8개   5개   3개

대표 유형 02

왼쪽 정육면체 모양에서 쌓기나무를 몇 개 빼냈더니 오른쪽 모양이 되었습니다. 빼낸 쌓기나무는 몇 개일까요?

 →  

위에서 본 모양

풀이

❶ (정육면체 모양의 쌓기나무의 개수)=□×□×3=□(개)

❷ (오른쪽 모양의 쌓기나무의 개수)=6+□+□=□(개)
　　　　　　　　　　　　　　　　　　1층　2층　3층

❸ (빼낸 쌓기나무의 개수)=□−□=□(개)

답 _______________

예제 왼쪽 정육면체 모양에서 쌓기나무를 몇 개 빼냈더니 오른쪽 모양이 되었습니다. 빼낸 쌓기나무는 몇 개일까요?

   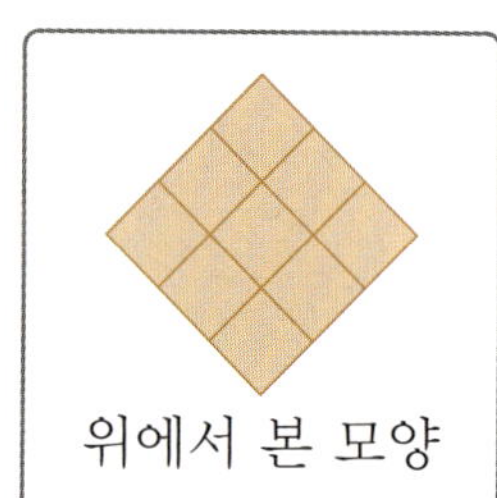

위에서 본 모양

(   )

>> 정답 및 풀이 **21~22**쪽

02-1 변형

왼쪽 직육면체 모양에서 쌓기나무를 몇 개 빼냈더니 오른쪽 모양이 되었습니다. 빼낸 쌓기나무는 몇 개일까요?

위에서 본 모양

( )

02-2 변형

왼쪽 직육면체 모양에서 쌓기나무를 몇 개 빼냈더니 오른쪽 모양이 되었습니다. 빼낸 쌓기나무는 몇 개일까요?

위에서 본 모양

( )

02-3 발전

왼쪽 정육면체 모양에서 쌓기나무를 몇 개 빼낸 후 남은 쌓기나무 모양을 위, 앞, 옆(오른쪽)에서 본 모양입니다. 빼낸 쌓기나무는 몇 개일까요?

  위 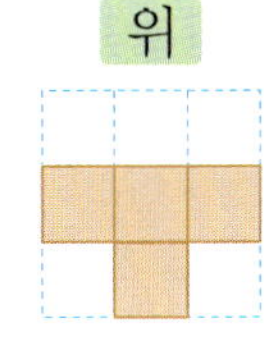 앞 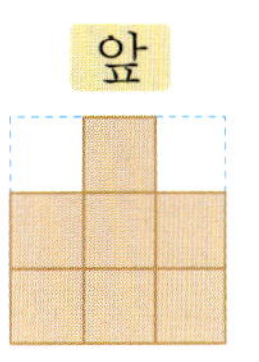 옆 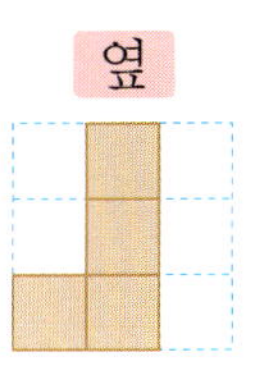

( )

3
공간과 입체

뒤집거나 돌려서 모양이 같은지 확인해 보자.

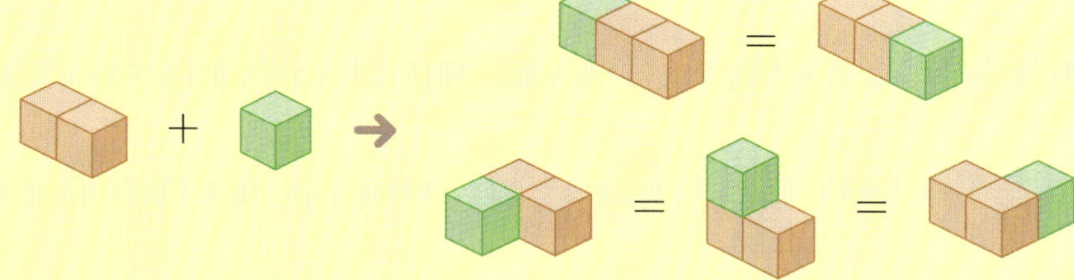

유형 솔루션

• 쌓기나무 1개를 더 붙여서 만들 수 있는 서로 다른 모양

만들 수 있는 서로 다른 모양은 2가지입니다.

대표 유형

03

오른쪽 모양에 쌓기나무 1개를 더 붙여서 만들 수 있는 서로 다른 모양은 모두 몇 가지일까요? (단, 뒤집거나 돌려서 모양이 같으면 같은 모양입니다.) 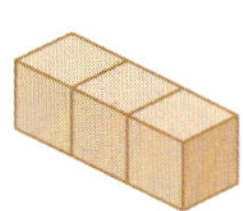

풀이

❶ 쌓기나무 1개를 더 붙여서 만들 수 있는 서로 다른 모양을 그려 봅니다.

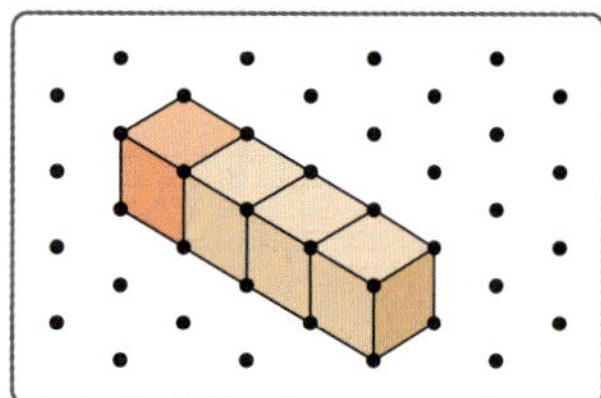 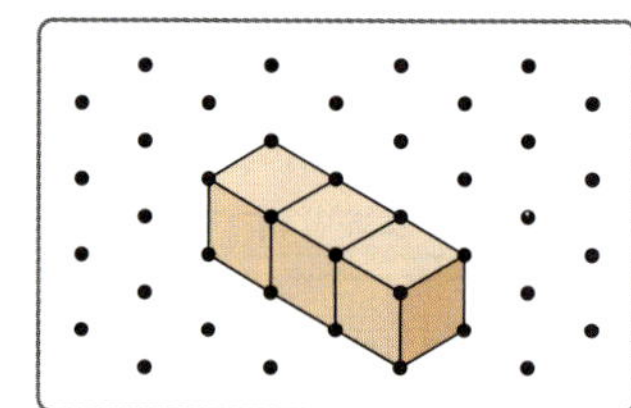 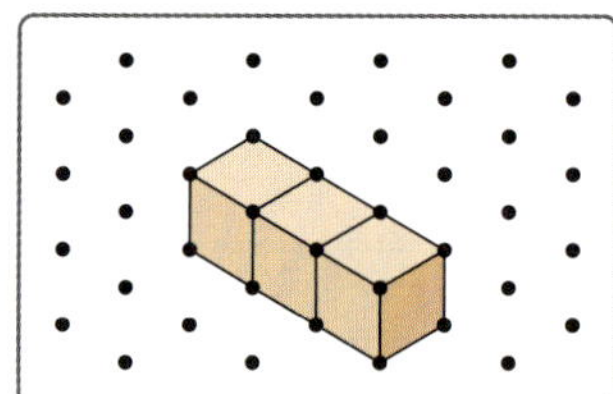

❷ 만들 수 있는 서로 다른 모양은 모두 ☐ 가지입니다.

답 _______________

예제 오른쪽 모양에 쌓기나무 1개를 더 붙여서 만들 수 있는 서로 다른 모양은 모두 몇 가지일까요? (단, 뒤집거나 돌려서 모양이 같으면 같은 모양입니다.) 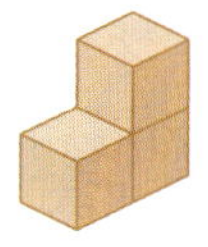

(   )

 **03-1** 변형

오른쪽 모양에 쌓기나무 1개를 더 붙여서 만들 수 있는 서로 다른 모양은 모두 몇 가지일까요? (단, 뒤집거나 돌려서 모양이 같으면 같은 모양입니다.)

( )

 **03-2** 발전

쌓기나무 3개, 2개를 붙여서 만든 두 가지 모양을 한 번씩 모두 사용하여 만들 수 있는 서로 다른 모양은 모두 몇 가지일까요? (단, 뒤집거나 돌려서 모양이 같으면 같은 모양입니다.)

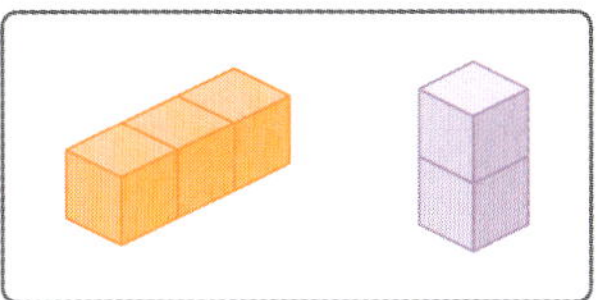

( )

 **03-3** 발전

왼쪽 모양에 쌓기나무 1개를 더 붙여서 만든 모양을 오른쪽과 같이 구멍이 있는 상자에 넣으려고 합니다. 상자에 넣을 수 있는 서로 다른 모양은 모두 몇 가지일까요?

(단, 뒤집거나 돌려서 모양이 같으면 같은 모양입니다.)

( )

위에서 본 모양에 수를 써서 빼낸 후의 모양을 알아보자.

유형 솔루션

• 빨간색 쌓기나무 2개를 빼낸 후 앞과 옆에서 본 모양 그리기

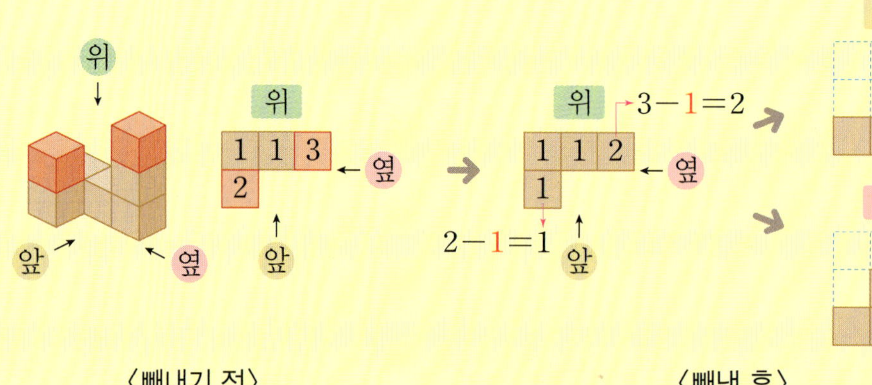

〈빼내기 전〉 〈빼낸 후〉

대표 유형 04

쌓기나무 10개로 쌓은 모양입니다. 빨간색 쌓기나무 2개를 빼낸 후 앞에서 본 모양을 그려 보세요.

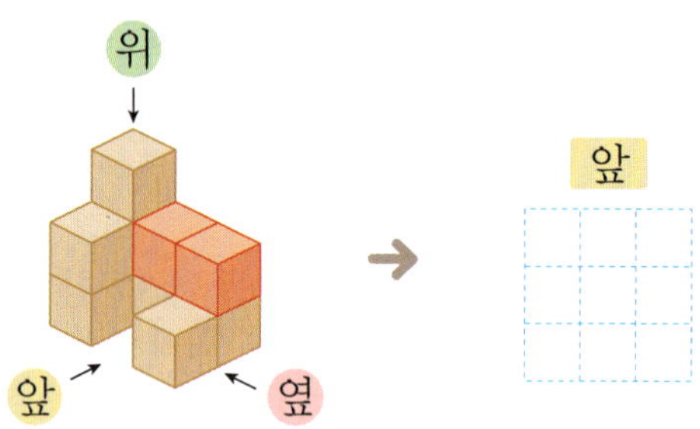

풀이

❶ 3층: ☐개, 2층: ☐개, 1층: $10-$☐$-$☐$=$☐(개)이므로

　　　　　　　　　　　　　　2층　　3층

뒤쪽에 보이지 않는 쌓기나무는 없습니다.

❷ 빼내기 전과 빼낸 후의 쌓기나무를 위에서 본 모양에 수를 쓰는 방법으로 나타내 봅니다.

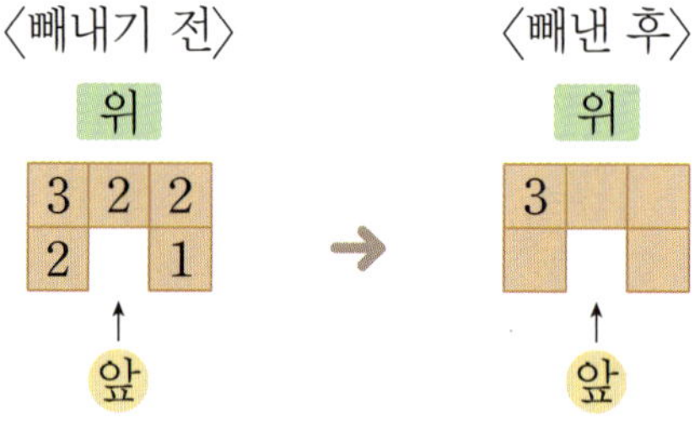

〈빼내기 전〉　　　　　　　〈빼낸 후〉

❸ ❷에서 빨간색 쌓기나무 2개를 빼낸 후 위에서 본 모양에 수를 쓴 것을 보고 앞에서 본 모양을 그려 봅니다.

예제 쌓기나무 12개로 쌓은 모양입니다. 빨간색 쌓기나무 2개를 빼낸 후 앞에서 본 모양을 그려 보세요.

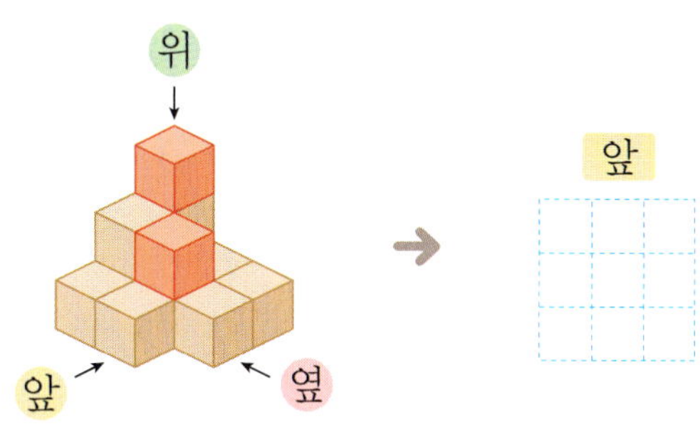

04-1 **변형** 쌓기나무 11개로 쌓은 모양입니다. 빨간색 쌓기나무 3개를 빼낸 후 옆에서 본 모양을 그려 보세요.

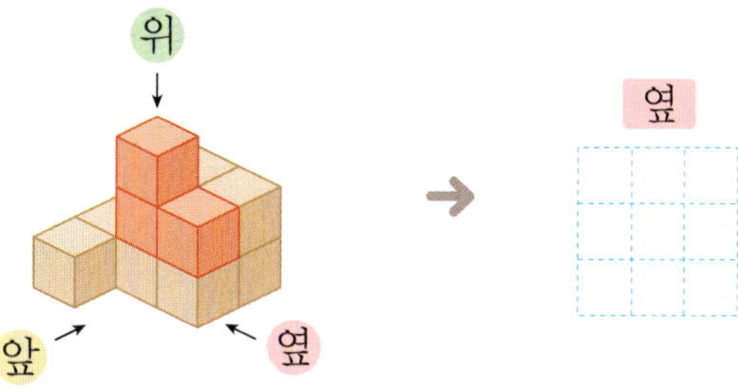

04-2 **발전** 쌓기나무 12개로 쌓은 모양입니다. 빨간색 쌓기나무 3개를 빼낸 후 앞과 옆에서 본 모양을 그려 보세요.

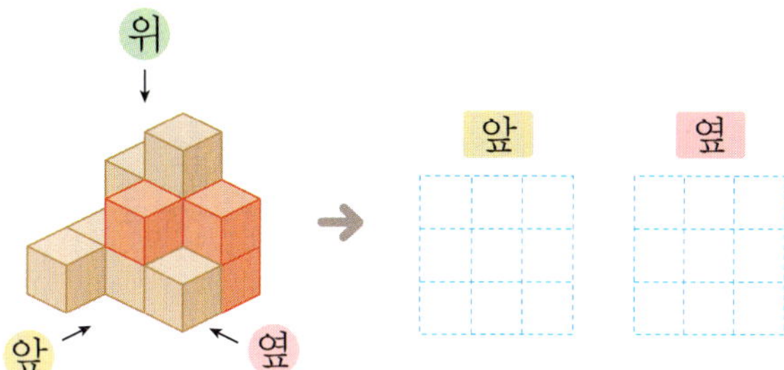

가장 긴 쪽의 쌓기나무의 개수를 세자.

＋유형 솔루션

• 쌓기나무를 더 쌓아 가장 작은 정육면체 모양 만들기

$$\left(\begin{array}{c}\text{가장 긴 쪽의}\\ \text{쌓기나무의 개수}\end{array}\right) = \left(\begin{array}{c}\text{가장 작은 정육면체 모양의}\\ \text{한 모서리의 쌓기나무의 개수}\end{array}\right)$$

대표 유형 05

오른쪽 모양에 쌓기나무를 더 쌓아 가장 작은 정육면체 모양을 만들려고 합니다. 더 필요한 쌓기나무는 몇 개일까요?

위에서 본 모양

풀이

가장 긴 쪽의 쌓기나무의 개수

❶ 가장 작은 정육면체 모양을 만들려면 한 모서리에 쌓기나무를 ☐개씩 놓아야 합니다.

(가장 작은 정육면체 모양의 쌓기나무의 개수)＝☐×☐×3＝☐(개)

❷ (주어진 모양의 쌓기나무의 개수)＝6＋☐＋☐＝☐(개)

　　　　　　　　　　　　　　　　　　1층　　2층　　3층

❸ (더 필요한 쌓기나무의 개수)＝☐－☐＝☐(개)

답 _______________

예제✔ 오른쪽 모양에 쌓기나무를 더 쌓아 가장 작은 정육면체 모양을 만들려고 합니다. 더 필요한 쌓기나무는 몇 개일까요?

위에서 본 모양

(　　　　　　　　)

05 – 1
변형

다음 모양에 쌓기나무를 더 쌓아 가장 작은 정육면체 모양을 만들려고 합니다. 더 필요한 쌓기나무는 몇 개일까요?

(   )

05 – 2
변형

오른쪽 모양은 쌓기나무 11개로 만든 모양입니다. 이 모양에 쌓기나무를 더 쌓아 가장 작은 정육면체 모양을 만들려고 할 때 더 필요한 쌓기나무는 몇 개일까요?

(   )

05 – 3
발전

쌓기나무를 3층으로 쌓은 모양을 보고 층별로 나타낸 모양입니다. 이 모양에 쌓기나무를 더 쌓아 가장 작은 정육면체 모양을 만들 때 더 필요한 쌓기나무는 몇 개일까요?

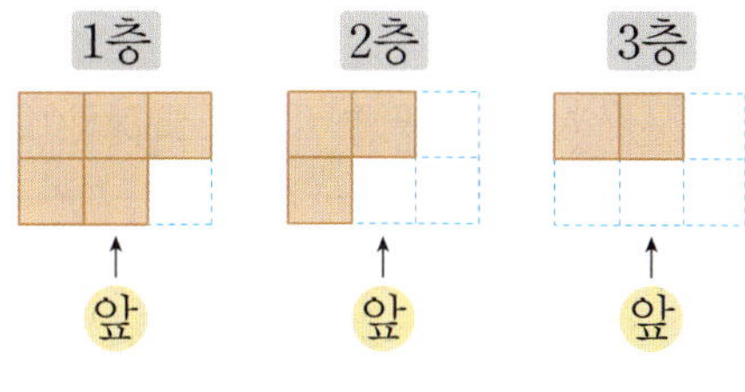

(   )

조건에 맞게 위에서 본 모양에 수를 써 보자.

유형 솔루션

[조건 1] 쌓기나무 4개로 쌓은 모양입니다. →

[조건 2] 위에서 본 모양은 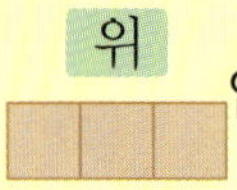 위 입니다. →

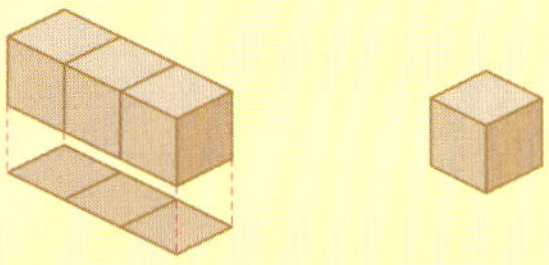

[조건 3] 2층으로 쌓은 모양입니다. → 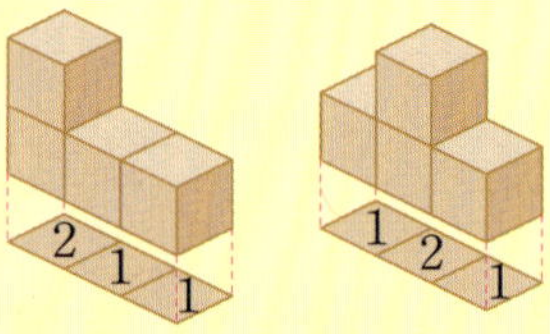
└→ 위에서 본 모양에 수를 쓰면
2가 가장 큰 수입니다.

조건을 모두 만족하는 서로 다른 모양은 2가지입니다.

대표 유형 06

조건을 모두 만족하는 모양을 만들려고 합니다. 만들 수 있는 서로 다른 모양은 모두 몇 가지일까요? (단, 뒤집거나 돌려서 모양이 같으면 같은 모양입니다.)

> **조건**
> • 쌓기나무 5개로 쌓은 모양입니다.
> • 위에서 본 모양은 오른쪽과 같습니다.
> • 2층으로 쌓은 모양입니다.
>
> 위

풀이

❶ 위에서 본 모양과 1층 모양이 같으므로 1층에 쌓은 쌓기나무의 개수는 ☐개입니다.

❷ 2층 이상에 쌓은 쌓기나무의 개수는 5−☐=☐(개)이고

모두 ☐층에 쌓아야 합니다.

❸ 조건을 모두 만족하도록 위에서 본 모양에 수를 써 봅니다.

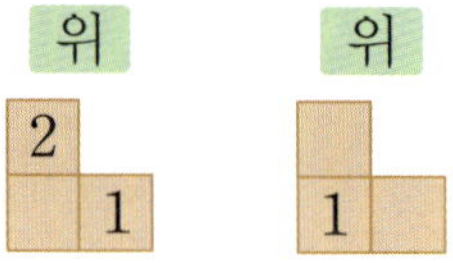

위   위

2
  1   1

→ 만들 수 있는 서로 다른 모양은 모두 ☐가지입니다.

답 ______________

예제 **조건**을 모두 만족하는 모양을 만들려고 합니다. 만들 수 있는 서로 다른 모양은 모두 몇 가지일까요? (단, 뒤집거나 돌려서 모양이 같으면 같은 모양입니다.)

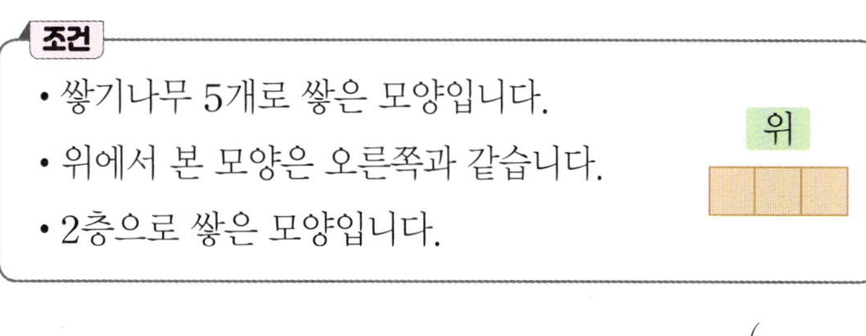

( )

06-1 **변형** **조건**을 모두 만족하는 모양을 만들려고 합니다. 만들 수 있는 서로 다른 모양은 모두 몇 가지일까요? (단, 뒤집거나 돌려서 모양이 같으면 같은 모양입니다.)

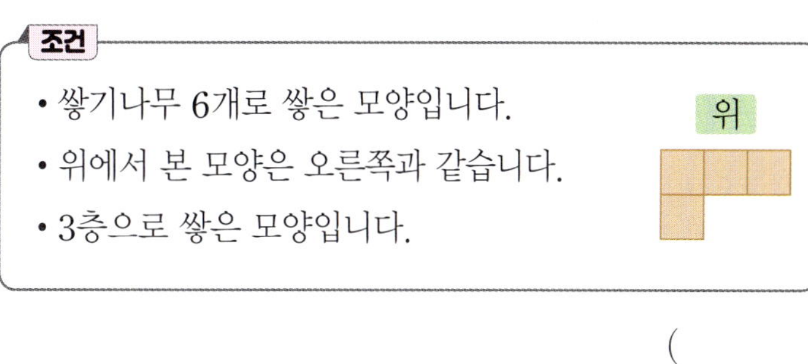

( )

06-2 **발전** **조건**을 모두 만족하는 모양을 만들려고 합니다. 만들 수 있는 서로 다른 모양은 모두 몇 가지일까요? (단, 뒤집거나 돌려서 모양이 같으면 같은 모양입니다.)

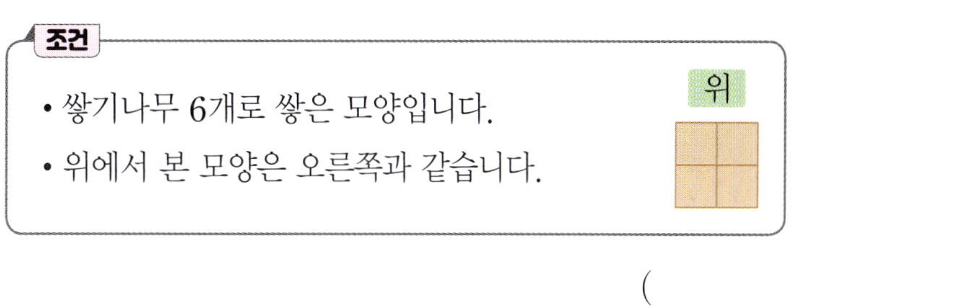

( )

아래층 모양은 위층 모양을 반드시 포함한다.

+ 유형 솔루션

• 1층과 3층 모양이 주어졌을 때 2층 모양이 될 수 있는 것 찾기

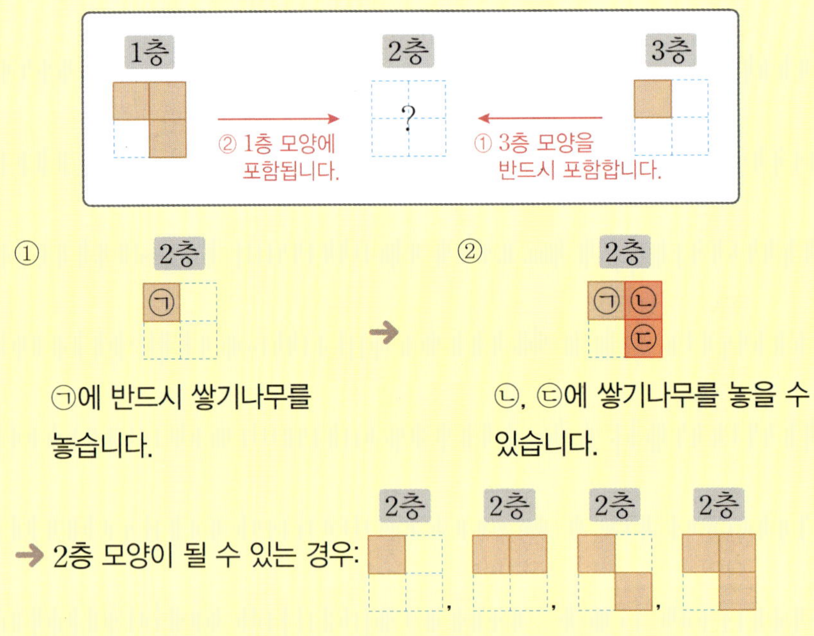

대표 유형 07

왼쪽은 쌓기나무를 쌓은 모양의 1층과 3층 모양을 나타낸 것입니다. 2층 모양이 될 수 있는 것을 찾아 기호를 써 보세요.

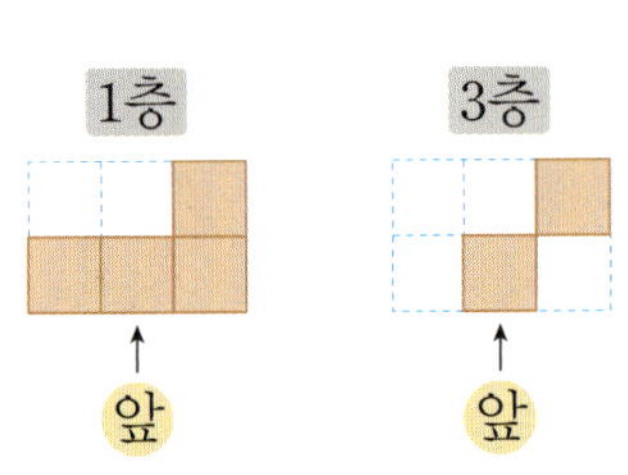
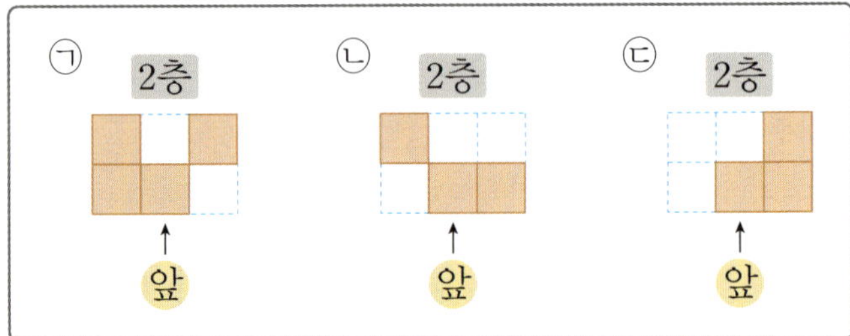

풀이

❶ 2층 모양은 3층 모양을 반드시 포함합니다.

→ 3층 모양을 포함하는 모양: ㉠, ☐

❷ 2층 모양은 1층 모양에 포함됩니다.

→ ❶을 만족하는 모양 중 1층 모양에 포함되는 모양: ☐

❸ 2층 모양이 될 수 있는 것: ☐

답 ________________

예제✔ 왼쪽은 쌓기나무를 쌓은 모양의 1층과 3층 모양을 나타낸 것입니다. 2층 모양이 될 수 있는 것을 찾아 기호를 써 보세요.

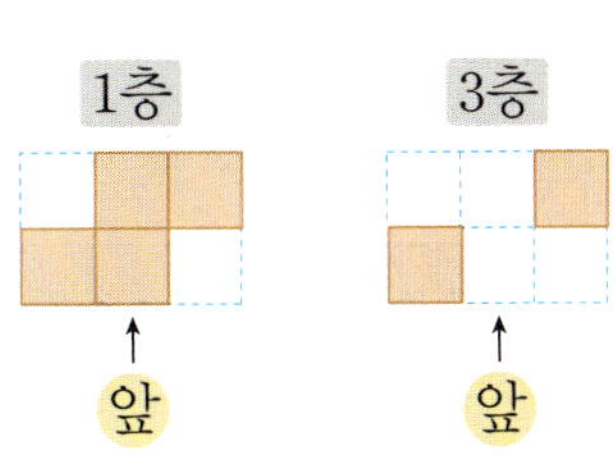

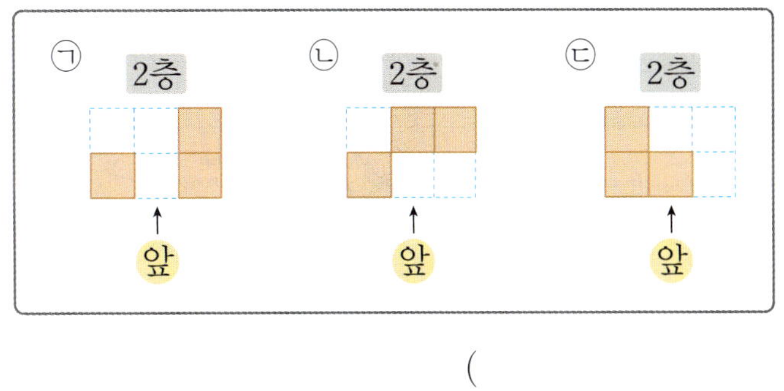

(   )

07 – 1
변형 쌓기나무를 쌓은 모양의 1층과 3층 모양을 나타낸 것입니다. 2층에 놓인 쌓기나무가 3개일 때 2층 모양이 될 수 있는 경우를 모두 그려 보세요.

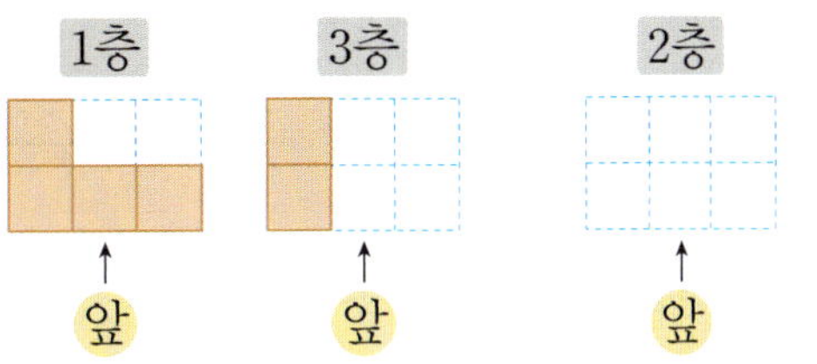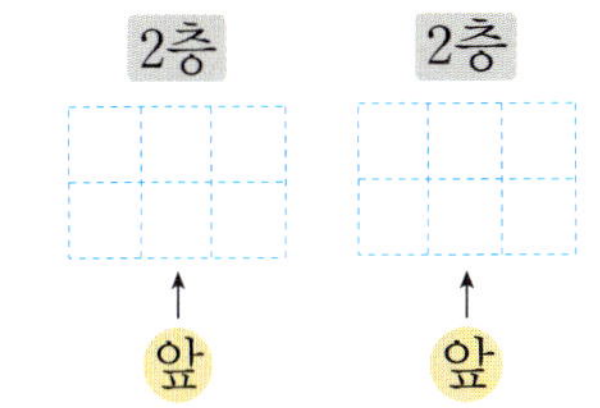

07 – 2
발전 쌓기나무를 쌓은 모양의 1층과 3층 모양을 나타낸 것입니다. 2층에 놓인 쌓기나무가 4개일 때 2층 모양이 될 수 있는 경우는 모두 몇 가지일까요?

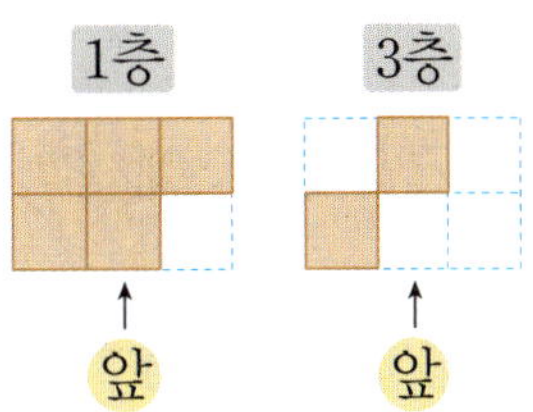

(   )

쌓기나무의 위치에 따라 칠해진 면의 수가 달라진다.

유형 솔루션

• 바깥쪽 면을 페인트로 모두 칠했을 때

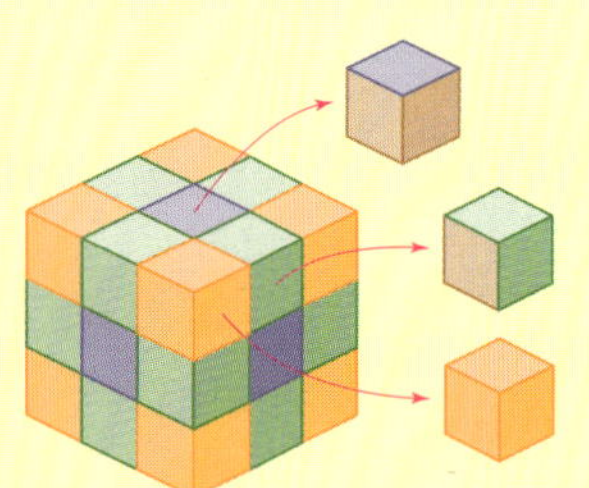

한 면만 칠해진 쌓기나무: 면의 가운데 있는 쌓기나무

두 면이 칠해진 쌓기나무: 모서리의 가운데 있는 쌓기나무

세 면이 칠해진 쌓기나무: 꼭짓점에 있는 쌓기나무

대표 유형 08

오른쪽과 같이 정육면체 모양으로 쌓기나무를 쌓고 바깥쪽 면을 페인트로 모두 칠했습니다. 세 면에 페인트가 칠해진 쌓기나무는 모두 몇 개일까요?

(단, 바닥에 닿는 면도 칠합니다.)

풀이

❶ 세 면에 페인트가 칠해진 쌓기나무를 찾아 색칠해 봅니다.

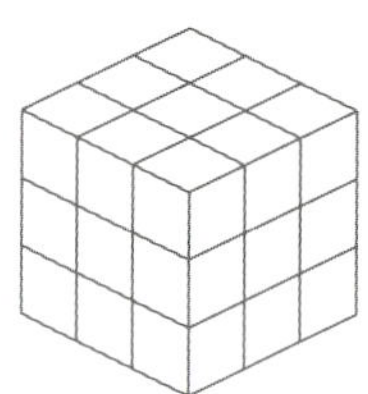

❷ (세 면에 페인트가 칠해진 쌓기나무의 개수)=(⬚ 에 있는 쌓기나무의 개수)

= ⬚ 개

답 _______________

예제 오른쪽과 같이 정육면체 모양으로 쌓기나무를 쌓고 바깥쪽 면을 페인트로 모두 칠했습니다. 두 면에 페인트가 칠해진 쌓기나무는 모두 몇 개일까요?

(단, 바닥에 닿는 면도 칠합니다.)

(   )

>> 정답 및 풀이 **26~27**쪽

08-1 〔변형〕 오른쪽과 같이 정육면체 모양으로 쌓기나무를 쌓고 바깥쪽 면을 페인트로 모두 칠했습니다. 두 면에 페인트가 칠해진 쌓기나무는 모두 몇 개일까요? (단, 바닥에 닿는 면도 칠합니다.)

(   )

08-2 〔변형〕 오른쪽과 같이 직육면체 모양으로 쌓기나무를 쌓고 바깥쪽 면을 페인트로 모두 칠했습니다. 한 면에 페인트가 칠해진 쌓기나무는 모두 몇 개일까요? (단, 바닥에 닿는 면도 칠합니다.)

(   )

08-3 〔발전〕 오른쪽과 같이 정육면체 모양으로 쌓기나무를 쌓고 바깥쪽 면을 페인트로 모두 칠했습니다. 한 면에 페인트가 칠해진 쌓기나무와 세 면에 페인트가 칠해진 쌓기나무의 개수의 차는 몇 개일까요?
(단, 바닥에 닿는 면도 칠합니다.)

(   )

3

공간과 입체

확실한 자리부터 위에서 본 모양에 수를 채우자.

＋ 유형 솔루션

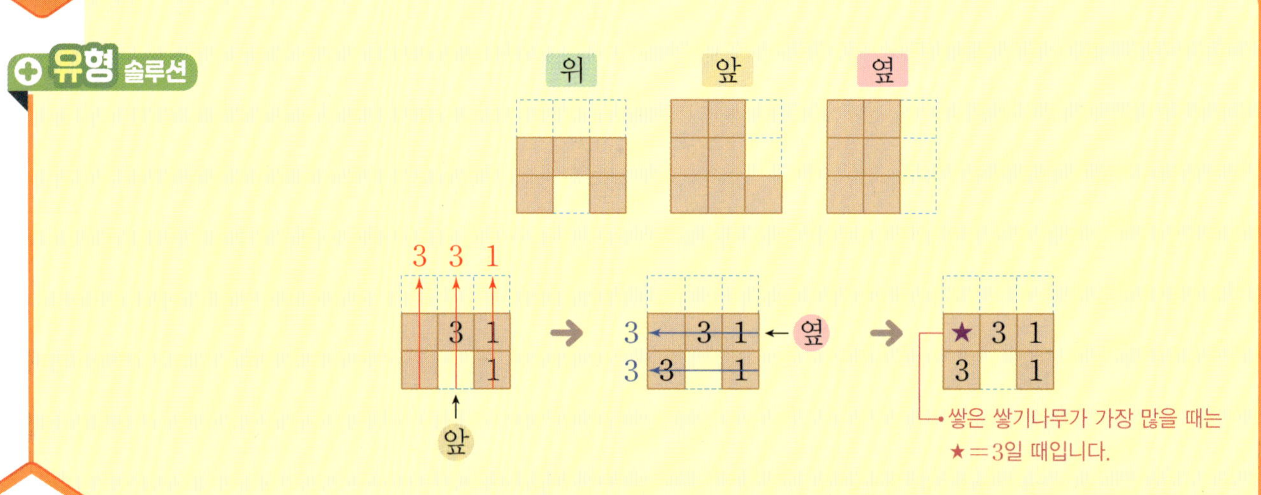

쌓은 쌓기나무가 가장 많을 때는 ★＝3일 때입니다.

대표 유형 09

위, 앞, 옆(오른쪽)에서 본 모양이 각각 다음과 같도록 쌓기나무를 쌓으려고 합니다. 쌓은 쌓기나무의 개수가 가장 많을 때의 쌓기나무는 몇 개일까요?

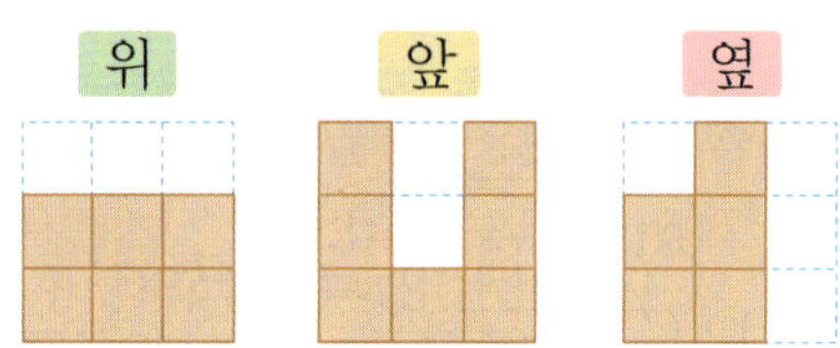

풀이

❶ 앞과 옆에서 본 모양을 보고 위에서 본 모양에
   확실히 알 수 있는 자리부터 수를 써서 빈칸을 채워봅니다. ➜

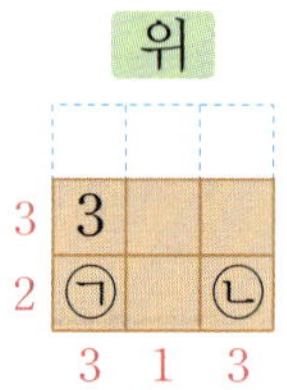

❷ 쌓은 쌓기나무의 개수가 가장 많을 때는 ㉠＝☐, ㉡＝☐일 때입니다.

❸ 가장 많을 때의 쌓기나무는 3＋1＋3＋☐＋1＋☐＝☐(개)입니다.

답 ______________

예제 ✓ 위, 앞, 옆(오른쪽)에서 본 모양이 각각 다음과 같도록 쌓기나무를 쌓으려고 합니다. 쌓은 쌓기나무의 개수가 가장 많을 때의 쌓기나무는 몇 개일까요?

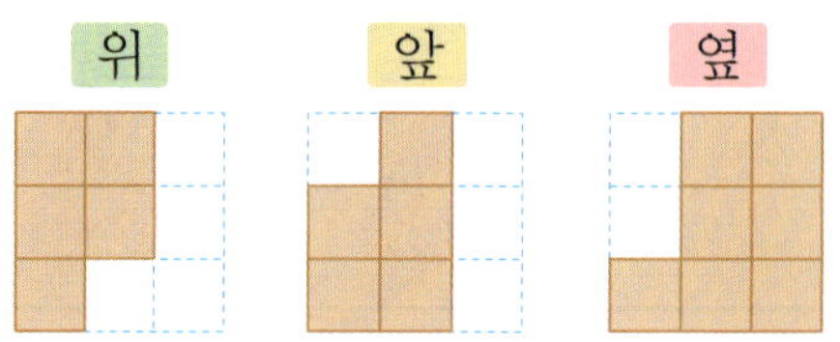

(   )

>> 정답 및 풀이 **27~28**쪽

09-1 변형

위, 앞, 옆(오른쪽)에서 본 모양이 각각 다음과 같도록 쌓기나무를 쌓으려고 합니다. 쌓은 쌓기나무의 개수가 가장 적을 때의 쌓기나무는 몇 개일까요?

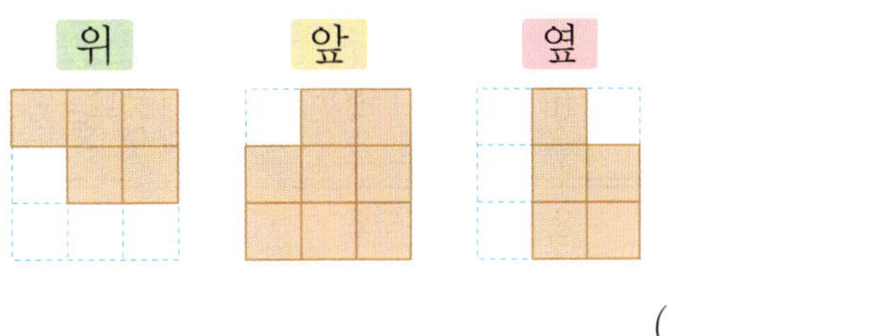

(   )

09-2 변형

위, 앞, 옆(오른쪽)에서 본 모양이 모두 오른쪽과 같도록 쌓기나무를 쌓으려고 합니다. 쌓은 쌓기나무의 개수가 가장 많을 때의 쌓기나무는 몇 개일까요?

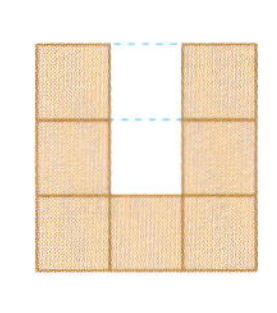

(   )

3

공간과 입체

09-3 발전

위, 앞, 옆(오른쪽)에서 본 모양이 각각 다음과 같도록 쌓기나무를 쌓으려고 합니다. 쌓은 쌓기나무의 개수가 가장 많을 때와 가장 적을 때의 차는 몇 개일까요?

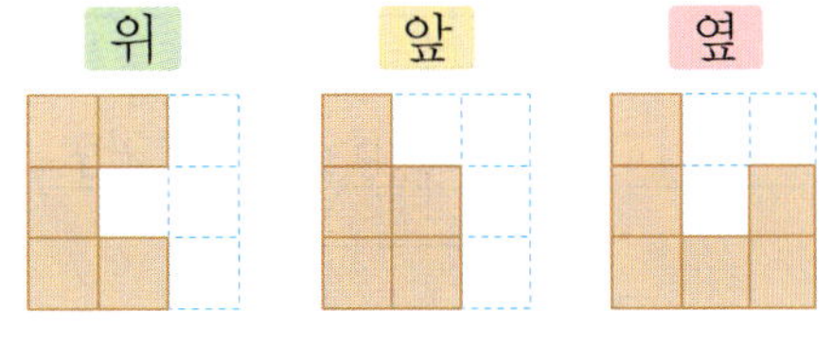

(   )

01 오른쪽은 쌓기나무로 쌓은 모양을 보고 위에서 본 모양에 수를 쓴 것입니다. 3층에 쌓인 쌓기나무는 모두 몇 개일까요?

대표 유형 **01**

Tip

3 이상인 수가 쓰여있는 칸 수를 세어 봅니다.

풀이

답 ____________________

02 오른쪽 모양에 쌓기나무를 더 쌓아 가장 작은 정육면체 모양을 만들려고 합니다. 더 필요한 쌓기나무는 몇 개일까요?

대표 유형 **05**

위에서 본 모양

Tip

가장 긴 쪽의 쌓기나무의 개수가 정육면체 모양의 한 모서리의 쌓기나무 개수가 됩니다.

풀이

답 ____________________

03 오른쪽 모양에 쌓기나무 1개를 더 붙여서 만들 수 있는 서로 다른 모양은 모두 몇 가지일까요?
(단, 뒤집거나 돌려서 모양이 같으면 같은 모양입니다.)

대표 유형 **03**

풀이

답 ____________________

🎯 **대표 유형 02**

04 왼쪽 정육면체 모양에서 쌓기나무를 몇 개 빼냈더니 오른쪽 모양이 되었습니다. 빼낸 쌓기나무는 몇 개일까요?

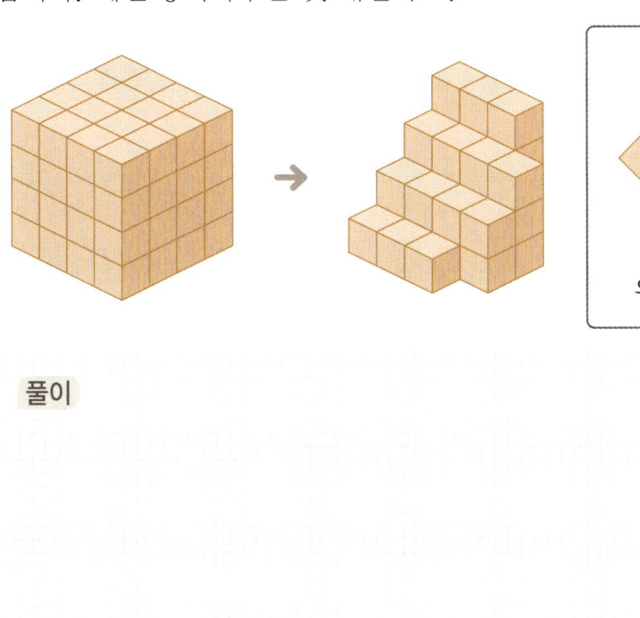

풀이

답 ______________________

🎯 **대표 유형 04**

05 쌓기나무 7개로 쌓은 모양입니다. 빨간색 쌓기나무 3개 위에 쌓기나무를 1개씩 더 쌓았을 때 앞과 옆에서 본 모양을 그려 보세요.

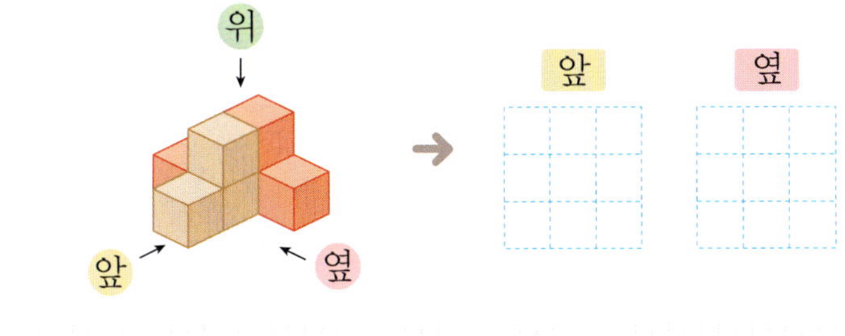

Tip 🔷
쌓기나무를 더 쌓은 후의 모양을 위에서 본 모양에 수를 쓰는 방법으로 먼저 나타내 봅니다.

풀이

06 오른쪽과 같이 직육면체 모양으로 쌓기나무를 쌓고
바깥쪽 면을 페인트로 모두 칠했습니다. 두 면에 페
인트가 칠해진 쌓기나무는 모두 몇 개일까요?
(단, 바닥에 닿는 면도 칠합니다.)

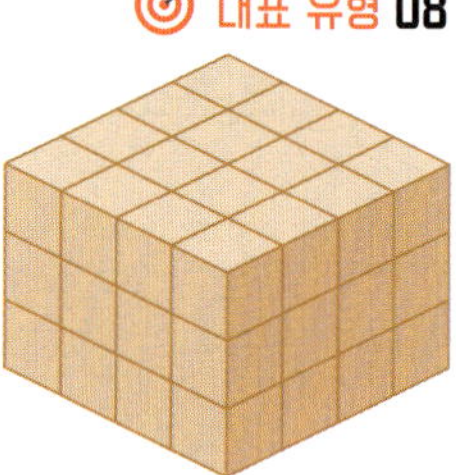

◎ 대표 유형 **08**

Tip
모서리의 가운데 있는 쌓기나
무의 개수를 구합니다.

풀이

답 _____________________

◎ 대표 유형 **07**

07 쌓기나무를 쌓은 모양의 1층과 3층 모양을 나타낸 것입니다. 2층에 놓인
쌓기나무가 4개일 때 2층 모양이 될 수 있는 경우는 모두 몇 가지일까요?

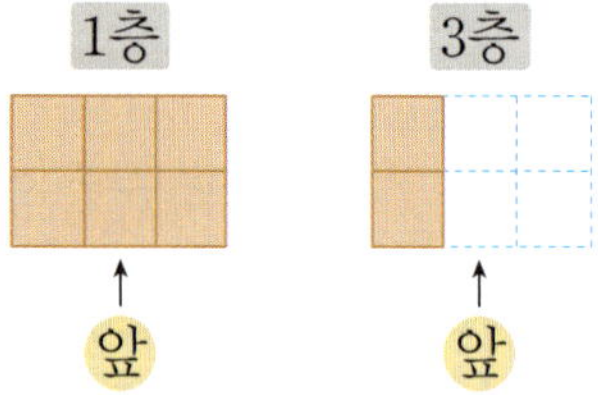

풀이

답 _____________________

대표 유형 06

08 조건 을 모두 만족하는 모양을 만들려고 합니다. 만들 수 있는 서로 다른 모양은 모두 몇 가지일까요?

(단, 뒤집거나 돌려서 모양이 같으면 같은 모양입니다.)

> **조건**
> • 쌓기나무 6개로 쌓은 모양입니다.
> • 위에서 본 모양은 오른쪽과 같습니다.
> • 각 층에 쌓은 쌓기나무의 개수는 서로 다릅니다.

풀이

답 _______________

3

공간과 입체

대표 유형 09

09 위, 앞, 옆(오른쪽)에서 본 모양이 각각 다음과 같도록 쌓기나무를 쌓으려고 합니다. 만들 수 있는 모양은 모두 몇 가지일까요?

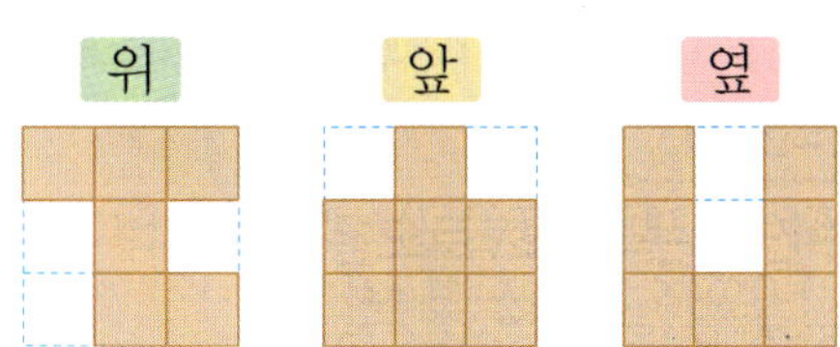

Tip
확실한 자리부터 수를 채우고 남은 자리에 수를 채울 수 있는 경우를 모두 구합니다.

풀이

답 _______________

4

비례식과 비례배분

비의 성질

📜 **교과서 개념**

● 비의 성질

항
2 : 3
전항 후항

항: 비 2 : 3에서 2와 3
전항: 기호 ' : ' 앞에 있는 2
후항: 기호 ' : ' 뒤에 있는 3

• 비의 전항과 후항에 0이 아닌 같은 수를 곱하여도 비율은 같습니다.

$$\times 2$$
$$1 : 2 \;\rightarrow\; 2 : 4$$
$$\times 2$$

• 비의 전항과 후항을 0이 아닌 같은 수로 나누어도 비율은 같습니다.

$$\div 4$$
$$4 : 12 \;\rightarrow\; 1 : 3$$
$$\div 4$$

01 전항에 △표, 후항에 ○표 하세요.

(1)
$$45 : 18$$

(2)
$$\frac{1}{2} : \frac{3}{5}$$

02 비의 성질을 이용하여 비율이 같은 비를 만들려고 합니다. ☐ 안에 알맞은 수를 써넣으세요.

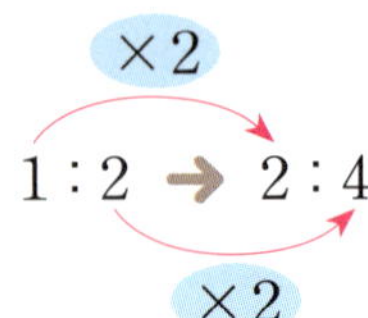

(1) 4 : 5 → ☐ : 10

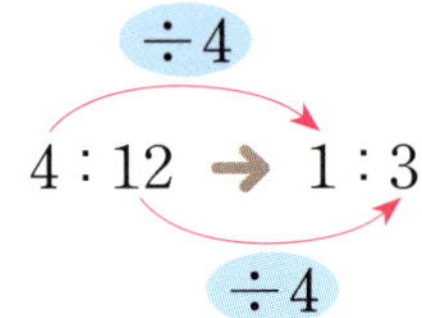

(2) 27 : 15 → 9 : ☐

03 비의 성질을 이용하여 12 : 16과 비율이 같은 비를 모두 찾아 ○표 하세요.

$$6 : 12 \qquad 3 : 4 \qquad 24 : 36 \qquad 36 : 48$$

>> 정답 및 풀이 **30**쪽

활용 개념 1 간단한 자연수의 비로 나타내기

(자연수) : (자연수)	전항과 후항을 두 수의 공약수로 나눕니다.
(분수) : (분수)	전항과 후항에 두 분모의 공배수를 곱합니다.
(소수) : (소수)	소수점 아래의 자리 수에 따라 전항과 후항에 10, 100, 1000, …을 곱합니다.
(소수) : (분수), (분수) : (소수)	소수를 분수로 또는 분수를 소수로 나타낸 뒤, 간단한 자연수의 비로 나타냅니다.

04 비의 성질을 이용하여 간단한 자연수의 비로 나타내려고 합니다. ☐ 안에 알맞은 수를 써넣으세요.

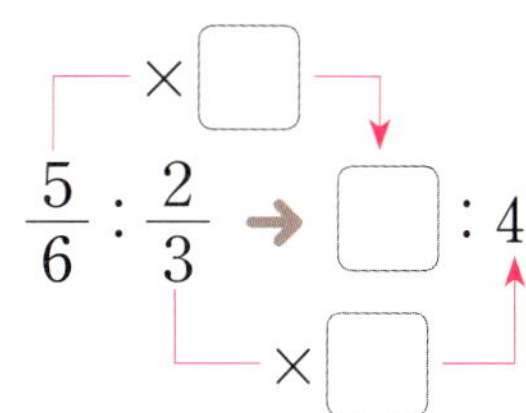

$$\frac{5}{6} : \frac{2}{3} \rightarrow \boxed{} : 4$$

05 간단한 자연수의 비로 나타내 보세요.

(1) $46 : 69$

( )

(2) $0.7 : 0.6$

( )

06 지연이는 수학 숙제를 $1\frac{1}{4}$시간, 영어 숙제를 0.5시간 했습니다. 지연이가 수학 숙제를 한 시간과 영어 숙제를 한 시간의 비를 간단한 자연수의 비로 나타내 보세요.

( )

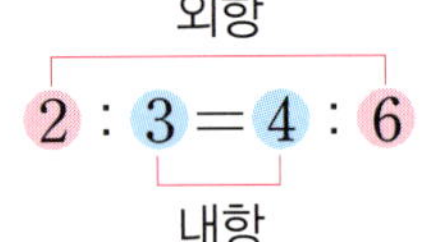

비례식

● 비례식 알아보기

외항

$2 : 3 = 4 : 6$

내항

비례식: 비율이 같은 두 비를 기호 '='를 사용하여 $2 : 3 = 4 : 6$과 같이 나타낸 식

외항: 바깥쪽에 있는 2와 6

내항: 안쪽에 있는 3과 4

● 비례식의 성질

비례식에서 외항의 곱과 내항의 곱은 같습니다.

외항

예 $3 : 5 = 9 : 15$ → 외항의 곱: $3 \times 15 = 45$ 같습니다.

내항   내항의 곱: $5 \times 9 = 45$

---

01 ☐ 안에 알맞은 수나 말을 써넣으세요.

$4 : 5 = 12 : 15$ → 외항의 곱: $4 \times \boxed{} = \boxed{}$

내항의 곱: $5 \times \boxed{} = \boxed{}$

비례식에서 외항의 곱과 내항의 곱은 $\boxed{}$.

02 보기 에서 비율이 같은 두 비를 모두 찾아 비례식으로 나타내 보세요.

보기

$3 : 5 \qquad 24 : 21 \qquad 6 : 4 \qquad 8 : 7 \qquad 12 : 20$

$\boxed{} : \boxed{} = \boxed{} : \boxed{}$

$\boxed{} : \boxed{} = \boxed{} : \boxed{}$

활용 개념 1 비례식에서 □의 값 구하기

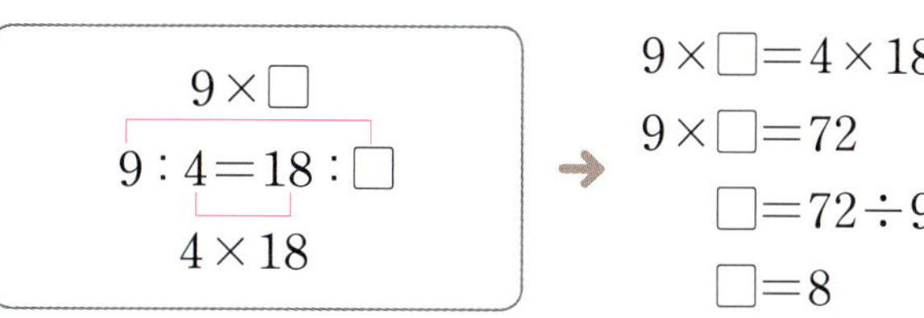

• $9 : 4 = 18 : \square$에서 □의 값 구하기

$$9 : 4 = 18 : \square$$

$$9 \times \square = 4 \times 18$$
$$9 \times \square = 72$$
$$\square = 72 \div 9$$
$$\square = 8$$

03 비례식의 성질을 이용하여 □ 안에 알맞은 수를 써넣으세요.

(1) $5 : 3 = 15 : \square$

(2) $\dfrac{2}{5} : 4 = \square : 70$

04 쌀과 보리를 5 : 3의 비율로 섞어 밥을 지으려고 합니다. 쌀을 $270\,\text{g}$ 넣었을 때 보리는 몇 g 넣어야 할까요?

(   )

활용 개념 2 곱셈식을 비례식으로 나타내기

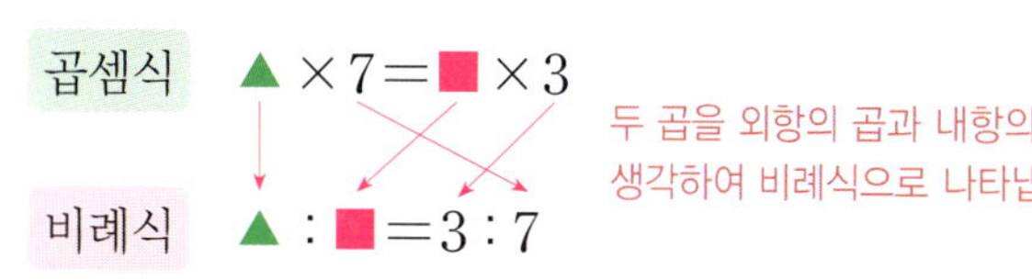

• $\blacktriangle \times 7 = \blacksquare \times 3$을 비례식으로 나타내기

곱셈식 $\blacktriangle \times 7 = \blacksquare \times 3$

비례식 $\blacktriangle : \blacksquare = 3 : 7$

두 곱을 외항의 곱과 내항의 곱으로 생각하여 비례식으로 나타냅니다.

05 곱셈식을 보고 ㉠ : ㉡을 간단한 자연수의 비로 나타내 보세요.

$$㉠ \times 8 = ㉡ \times 24$$

(   )

비례배분

◐ **비례배분 알아보기**

비례배분: 전체를 주어진 비로 배분하는 것

(예) 32를 3 : 5로 비례배분하기

$$32 \times \frac{3}{3+5} = 12, \ 32 \times \frac{5}{3+5} = 20$$ 으로 나눌 수 있습니다.

전체에 대하여
각 부분이 차지하는 비율

◐ **비례배분의 활용**

전체(■)를 ● : ▲로 나누어 가질 때 각각 가지는 양 ➡ $■ \times \dfrac{●}{●+▲}, \ ■ \times \dfrac{▲}{●+▲}$

(예) 사과 10개를 지호와 수아가 2 : 3으로 나누어 가질 때

$$(\text{지호가 가지는 사과 수}) = 10 \times \frac{2}{2+3} = 10 \times \frac{2}{5} = 4(\text{개})$$

$$(\text{수아가 가지는 사과 수}) = 10 \times \frac{3}{2+3} = 10 \times \frac{3}{5} = 6(\text{개})$$

01 220을 주어진 비로 나누어 [,] 안에 써 보세요.

(1) 15 : 7

[,   ]

(2) 29 : 26

[,   ]

02 성현이는 40분 동안 운동을 하려고 합니다. 달리기를 하는 시간과 줄넘기를 하는 시간의 비를 3 : 5로 정했다면, 성현이가 달리기를 하는 시간과 줄넘기를 하는 시간은 각각 몇 분일까요?

달리기 (   )

줄넘기 (   )

>> 정답 및 풀이 **30**쪽

03 가로와 세로의 합이 93 cm인 직사각형이 있습니다. 이 직사각형의 가로와 세로의 비가 $\dfrac{7}{12} : \dfrac{5}{18}$일 때 가로는 몇 cm일까요?

(   )

04 서우와 주아가 색종이 60장을 모둠 구성원 수에 따라 나누어 가지려고 합니다. 서우네 모둠은 5명, 주아네 모둠은 7명이라면 색종이를 각각 몇 장씩 나누어 가져야 할까요?

서우네 모둠 (   )

주아네 모둠 (   )

활용 개념 1 전체의 양 구하기

- ㉠과 ㉡이 ■ : ▲로 나누어 가졌더니 ㉠의 양이 ◆일 때 전체의 양 구하기

$$(\text{전체의 양}) \times \dfrac{■}{■ + ▲} = ◆ \quad \rightarrow \quad (\text{전체의 양}) = ◆ \div \dfrac{■}{■ + ▲}$$

05 주머니에 있던 구슬을 소윤이와 지한이가 11 : 9로 남김없이 모두 나누어 가졌습니다. 소윤이가 가진 구슬이 33개일 때 처음 주머니에 있던 구슬은 몇 개일까요?

(   )

06 수현이와 동생은 용돈을 $0.3 : \dfrac{1}{5}$로 남김없이 모두 나누어 가졌습니다. 수현이가 6000원을 가졌을 때 수현이와 동생이 받은 용돈은 모두 얼마일까요?

(   )

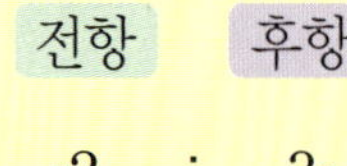

전항과 후항에 같은 수를 곱하여 비율이 같은 비를 찾자.

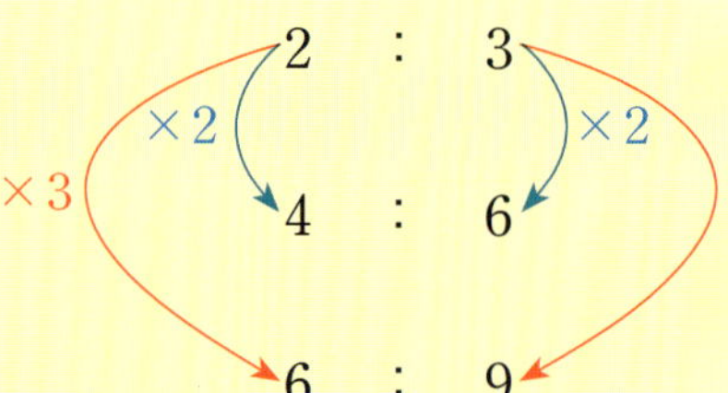

대표 유형 01

조건 을 모두 만족하는 비를 구하세요.

> 조건
> • 4 : 7과 비율이 같습니다.
> • 전항과 후항의 합이 44입니다.

풀이

❶ $4 : 7 = 8 : \boxed{} = 12 : \boxed{} = 16 : \boxed{} = 20 : \boxed{} = \cdots$

❷ ❶에서 전항과 후항의 합이 44인 비는 $\boxed{} : \boxed{}$ 입니다.

답 _______________

예제 조건 을 모두 만족하는 비를 구하세요.

> 조건
> • 5 : 2와 비율이 같습니다.
> • 전항과 후항의 합이 35입니다.

(   )

01-1 〔조건〕을 모두 만족하는 비를 구하세요.

변형

> 〔조건〕
> • 비율은 $\dfrac{9}{17}$입니다.
> • 전항과 후항의 합이 104입니다.

(   )

01-2 〔조건〕을 모두 만족하는 비를 구하세요.

변형

> 〔조건〕
> • 32 : 12와 비율이 같습니다.
> • 전항과 후항의 차가 25입니다.

(   )

01-3 〔조건〕을 모두 만족하는 비는 모두 몇 개일까요?

발전

> 〔조건〕
> • $\dfrac{3}{4}$: 0.55와 비율이 같습니다.
> • 각 항이 자연수로 이루어져 있습니다.
> • 전항이 100보다 작습니다.

(   )

삼각형의 높이가 같으면 넓이의 비와 밑변의 길이의 비가 같다.

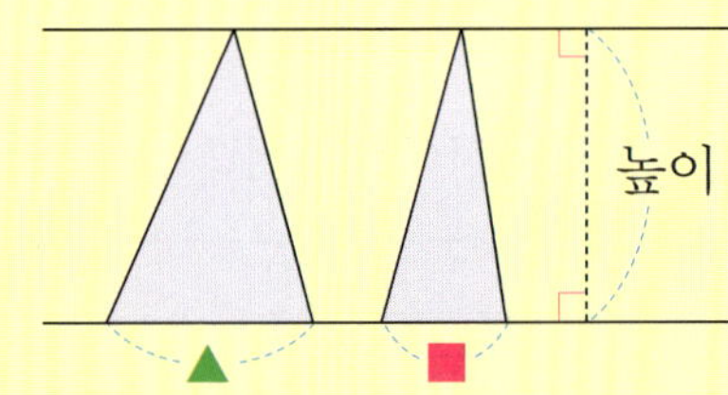

유형 솔루션

넓이의 비 $(\blacktriangle \times (높이) \div 2) : (\blacksquare \times (높이) \div 2)$
$\parallel$
$\blacktriangle : \blacksquare$ ⎱ 같습니다.
밑변의 길이의 비 $\blacktriangle : \blacksquare$ ⎰

대표 유형 02

다음 그림에서 평행한 두 직선 사이에 있는 두 삼각형 ㉠과 ㉡의 밑변의 길이의 비는 3 : 4입니다. 두 도형의 넓이의 합이 105 cm^2일 때 삼각형 ㉠의 넓이는 몇 cm^2일까요?

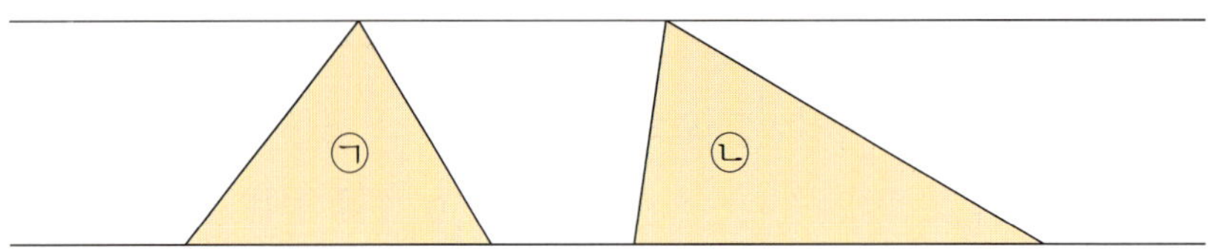

풀이

❶ 두 삼각형 ㉠과 ㉡의 높이가 서로 같고 밑변의 길이의 비가 3 : ☐이므로

(삼각형 ㉠의 넓이) : (삼각형 ㉡의 넓이) $= 3 : $ ☐

❷ 두 도형의 넓이의 합이 105 cm^2이므로

$$(삼각형\ ㉠의\ 넓이) = 105 \times \dfrac{\boxed{}}{3 + \boxed{}} = 105 \times \dfrac{\boxed{}}{\boxed{}} = \boxed{} \ (\text{cm}^2)$$

답 ___________

예제 다음 그림에서 평행한 두 직선 사이에 있는 두 삼각형 ㉠과 ㉡의 밑변의 길이의 비는 11 : 7입니다. 두 도형의 넓이의 합이 180 cm^2일 때 삼각형 ㉠의 넓이는 몇 cm^2일까요?

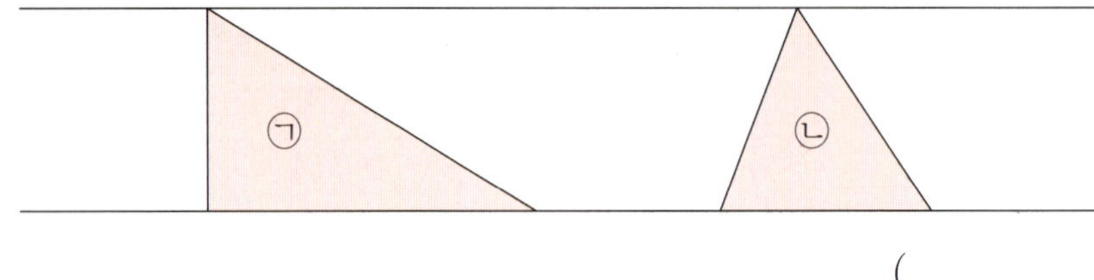

(   )

02-1 다음 그림에서 평행한 두 직선 사이에 있는 두 삼각형 ㉠과 ㉡의 밑변의 길이의 비는 5 : 9
변형 입니다. 두 도형의 넓이의 합이 168 cm²일 때 두 삼각형의 넓이는 각각 몇 cm²일까요?

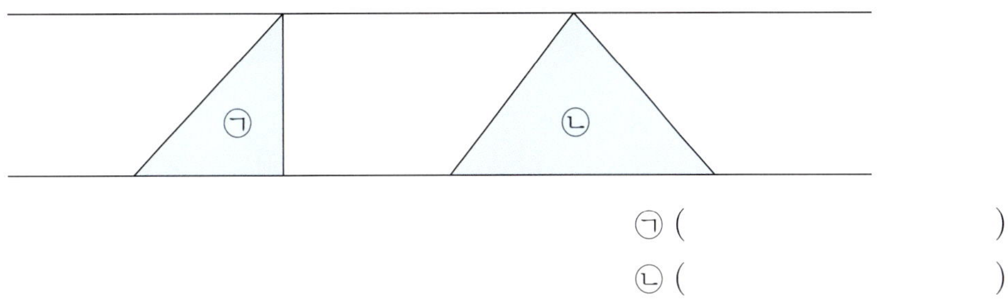

㉠ (   )

㉡ (   )

02-2 삼각형 ㄱㄴㄷ의 넓이는 95 cm²이고 선분 ㄴㄹ과 선분 ㄹㄷ의 길이의 비는 3 : 2입니다.
변형 삼각형 ㄱㄴㄹ의 넓이는 몇 cm²일까요?

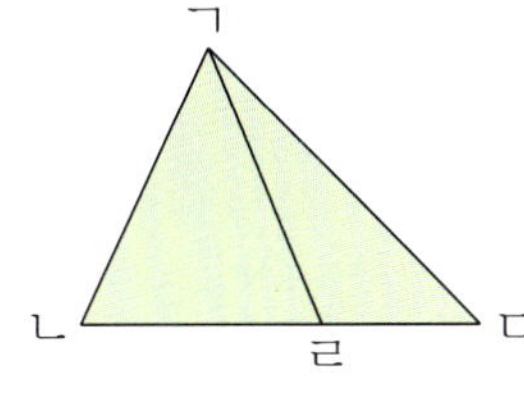

(   )

02-3 다음 그림에서 평행한 두 직선 사이에 있는 두 삼각형 ㉠과 ㉡의 밑변의 길이의 비는 7 : 3
발전 입니다. 두 도형의 넓이의 합이 160 cm²일 때 두 삼각형의 높이는 몇 cm일까요?

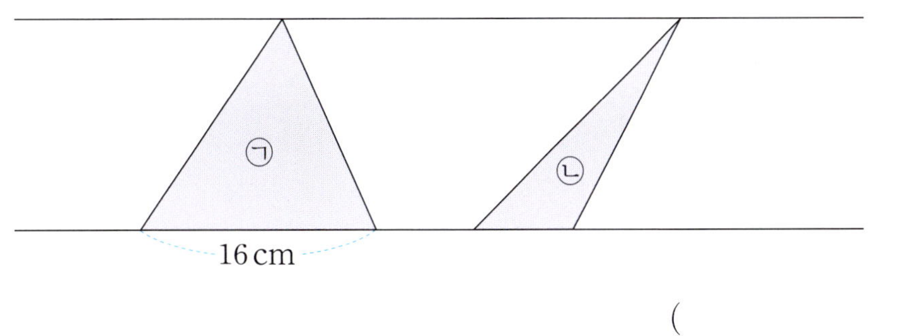

(   )

톱니 수의 비가 ▲ : ●일 때 회전수의 비는 ● : ▲이다.

맞물려 돌아가는 두 톱니바퀴 ㉮, ㉯가 있습니다. 톱니바퀴 ㉮의 톱니는 21개이고, 톱니바퀴 ㉯의 톱니는 10개입니다. 톱니바퀴 ㉮가 40바퀴 도는 동안 톱니바퀴 ㉯는 몇 바퀴 돌게 될까요?

풀이

❶ 두 톱니 수의 비는 (㉮의 톱니 수) : (㉯의 톱니 수)=21 : ☐ 이므로

㉮와 ㉯의 회전수의 비는 ☐ : ☐

❷ 톱니바퀴 ㉮가 40바퀴 도는 동안 톱니바퀴 ㉯가 ◆바퀴 돈다고 하고

비례식을 세우면 ☐ : 21= ☐ : ◆

❸ ☐ ×◆=21× ☐ , ☐ ×◆=840, ◆= ☐

→ 톱니바퀴 ㉮가 40바퀴 도는 동안 톱니바퀴 ㉯는 ☐ 바퀴 돌게 됩니다.

답 ＿＿＿＿＿＿＿＿＿

예제 맞물려 돌아가는 두 톱니바퀴 ㉮, ㉯가 있습니다. 톱니바퀴 ㉮의 톱니는 11개이고, 톱니바퀴 ㉯의 톱니는 25개입니다. 톱니바퀴 ㉮가 50바퀴 도는 동안 톱니바퀴 ㉯는 몇 바퀴 돌게 될까요?

(   )

03-1
변형 맞물려 돌아가는 두 톱니바퀴 ㉮, ㉯가 있습니다. 톱니바퀴 ㉮의 톱니는 36개이고, 톱니바퀴 ㉯의 톱니는 15개입니다. 톱니바퀴 ㉯가 24바퀴 도는 동안 톱니바퀴 ㉮는 몇 바퀴 돌게 될까요?

(   )

03-2
발전 맞물려 돌아가는 두 톱니바퀴 ㉮, ㉯가 있습니다. 톱니바퀴 ㉮가 42바퀴 도는 동안 톱니바퀴 ㉯는 20바퀴 돈다고 합니다. 톱니바퀴 ㉮의 톱니가 30개일 때 톱니바퀴 ㉯의 톱니는 몇 개일까요?

(   )

비가 ㉠ : ㉡일 때 ㉠× ■, ㉡× ■로 두고 식을 세우자.

유형 솔루션

-  수와  수의 비가 ㉠ : ㉡일 때  수와 사과 수 나타내기

$$\text{사과} : \text{귤} = ㉠ : ㉡$$

$$\times ■ \qquad \times ■$$

$$\text{사과} = (㉠ × ■)개, \quad \text{귤} = (㉡ × ■)개$$

대표 유형 04

상자에 들어 있는 귤 수와 키위 수의 비는 7 : 4이고 귤은 키위보다 9개 더 많습니다. 상자에 들어 있는 키위는 몇 개일까요?

풀이

❶ (귤 수) : (키위 수)=7 : 4이므로

(귤 수)=(7× ▲)개, (키위 수)=(□× ▲)개라 할 수 있습니다.

❷ (귤 수)−(키위 수)=9이므로

□× ▲ −□× ▲ =9, □× ▲ =9, ▲ =□

❸ (상자에 들어 있는 키위 수)=4× ▲ =4×□=□(개)

답 _______________

예제 진우가 가지고 있는 연필 수와 볼펜 수의 비는 2 : 5이고 볼펜은 연필보다 6자루 더 많습니다. 진우가 가지고 있는 연필은 몇 자루일까요?

( )

>> 정답 및 풀이 **33~34**쪽

04-1 변형
검은색 바둑돌 수와 흰색 바둑돌 수의 비가 1 : 0.7이고 검은색 바둑돌은 흰색 바둑돌보다 15개 더 많습니다. 검은색 바둑돌은 몇 개일까요?

(   )

04-2 변형
직사각형의 가로와 세로의 비는 13 : 9이고 넓이가 468 cm²입니다. 이 직사각형의 세로는 몇 cm일까요?

(   )

04-3 발전
현진이는 우유와 주스를 합하여 45병을 사고 49800원을 냈습니다. 현진이가 산 우유 수와 주스 수의 비가 7 : 8이고 우유 한 병과 주스 한 병 값의 비는 5 : 6입니다. 주스 한 병은 얼마일까요?

(   )

곱셈식을 세우고 비례식으로 나타내자.

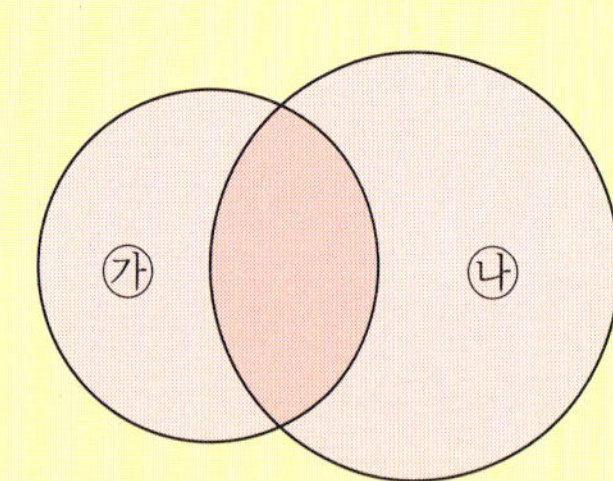

유형 솔루션

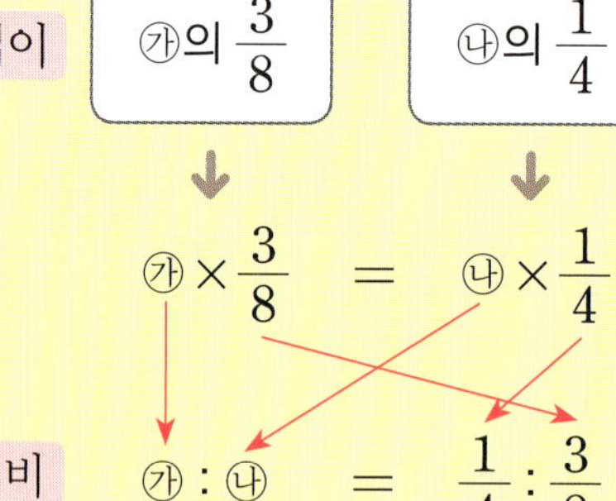

대표 유형 05

오른쪽과 같이 겹쳐진 두 원 ㉮, ㉯에서 겹쳐진 부분의 넓이는 ㉮의 $\dfrac{2}{5}$이고 ㉯의 $\dfrac{3}{4}$입니다. 두 원 ㉮와 ㉯의 넓이의 비를 간단한 자연수의 비로 나타내 보세요.

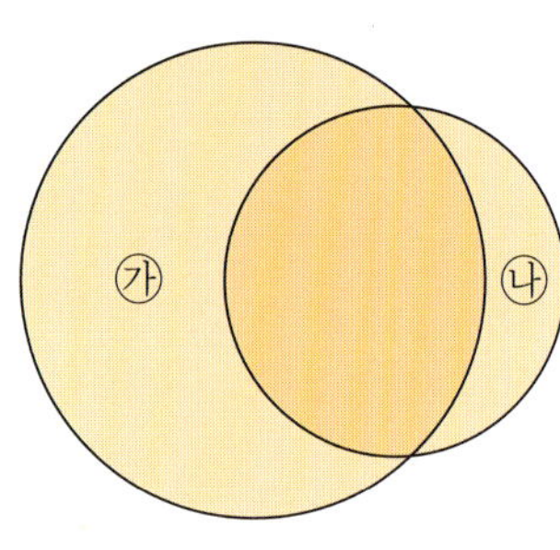

풀이

❶ 겹쳐진 부분의 넓이를 이용하여 곱셈식을 만들어 봅니다.

$$(원 ㉮의 넓이) \times \dfrac{\square}{5} = (원 ㉯의 넓이) \times \dfrac{\square}{4}$$

❷ 곱셈식을 비례식으로 나타내면

$$(원 ㉮의 넓이) : (원 ㉯의 넓이) = \dfrac{\square}{\square} : \dfrac{2}{\square}$$

❸ 간단한 자연수의 비로 나타내면

$$(원 ㉮의 넓이) : (원 ㉯의 넓이) = \dfrac{\square}{\square} : \dfrac{2}{\square} = \square : 8$$

답 ___________

예제 ✔ 오른쪽과 같이 겹쳐진 두 원 ㉮, ㉯에서 겹쳐진 부분의 넓이는 ㉮의 $\dfrac{3}{8}$ 이고 ㉯의 $\dfrac{1}{2}$입니다. 두 원 ㉮와 ㉯의 넓이의 비를 간단한 자연수의 비로 나타내 보세요.

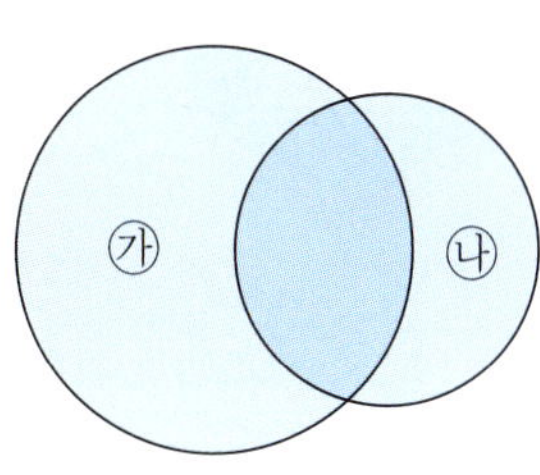

(   )

05-1 **변형** 오른쪽과 같이 겹쳐진 두 사각형 ㉮, ㉯에서 겹쳐진 부분의 넓이는 ㉮의 $\dfrac{1}{8}$이고 ㉯의 $\dfrac{3}{14}$입니다. 두 사각형 ㉮와 ㉯의 넓이의 비를 간단한 자연수의 비로 나타내면 ▲ : 7일 때 ▲에 알맞은 수를 구하세요.

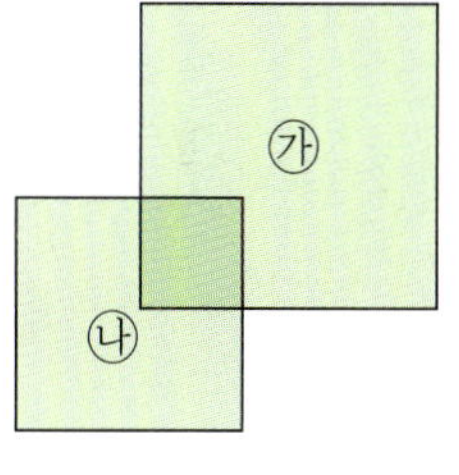

(   )

05-2 **발전** 오른쪽과 같이 겹쳐진 두 도형 원 ㉮와 삼각형 ㉯에서 겹쳐진 부분의 넓이는 ㉮의 40 %이고 ㉯의 $\dfrac{7}{15}$입니다. 원 ㉮와 삼각형 ㉯의 넓이의 비를 간단한 자연수의 비로 나타내 보세요.

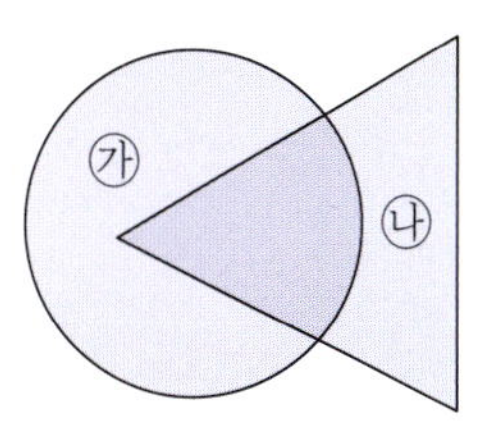

(   )

전체 수는 변하지 않는다.

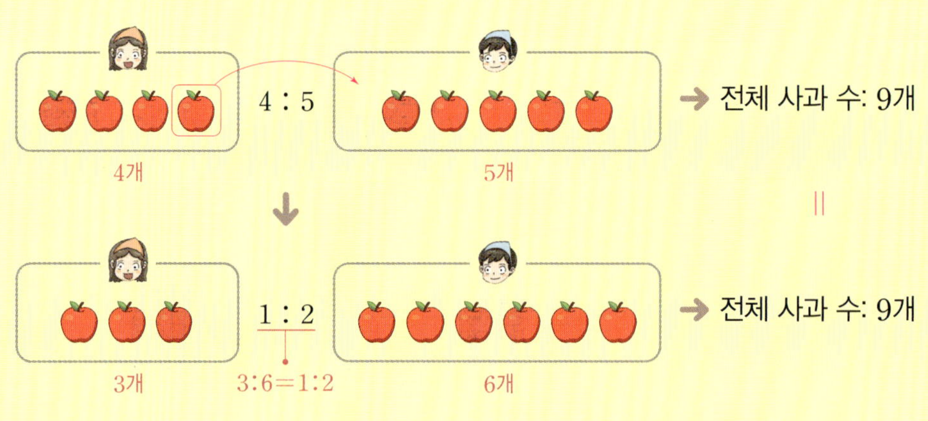

대표 유형 06

연지와 단우는 과자를 10개씩 가지고 있었습니다. 연지가 단우에게 과자를 몇 개 주었더니 연지와 단우가 가진 과자 수의 비가 2 : 3이 되었습니다. 연지가 단우에게 준 과자는 몇 개일까요?

풀이

❶ (전체 과자 수)$=10+\boxed{}=\boxed{}$(개)

❷ (연지가 단우에게 주고 남은 과자 수)$=20\times\dfrac{\boxed{}}{2+\boxed{}}=20\times\dfrac{\boxed{}}{\boxed{}}=\boxed{}$(개)

❸ (연지가 단우에게 준 과자 수)

　=(연지가 가지고 있었던 과자 수)$-$(연지가 단우에게 주고 남은 과자 수)

　$=\boxed{}-\boxed{}=\boxed{}$(개)

답 _______________

예제 재호와 단비는 블록을 12개씩 가지고 있었습니다. 재호가 단비에게 블록을 몇 개 주었더니 재호와 단비가 가진 블록 수의 비가 3 : 5가 되었습니다. 재호가 단비에게 준 블록은 몇 개일까요?

(　　　　　　　　　)

>> 정답 및 풀이 **35~36**쪽

06-1 색연필을 기태는 11자루, 정연이는 24자루 가지고 있었습니다. 정연이가 기태에게 색연필을 몇 자루 주었더니 기태와 정연이가 가진 색연필 수의 비가 4 : 3이 되었습니다. 정연이가 기태에게 준 색연필은 몇 자루일까요?

(   )

06-2 공책을 별하는 10권, 은우는 17권 가지고 있었습니다. 은우가 별하에게 공책을 몇 권 주었더니 별하가 가진 공책 수가 은우가 가진 공책 수의 2배가 되었습니다. 은우가 별하에게 준 공책은 몇 권일까요?

(   )

06-3 주머니에 있는 빨간색 구슬 수와 파란색 구슬 수의 비는 7 : 6이었습니다. 이 주머니에 빨간색 구슬을 몇 개 더 넣었더니 구슬이 모두 42개가 되었고, 빨간색 구슬 수와 파란색 구슬 수의 비가 5 : 2가 되었습니다. 이 주머니에 더 넣은 빨간색 구슬은 몇 개일까요?

(   )

투자금을 간단한 자연수의 비로 나타내 이익금을 비례배분하자.

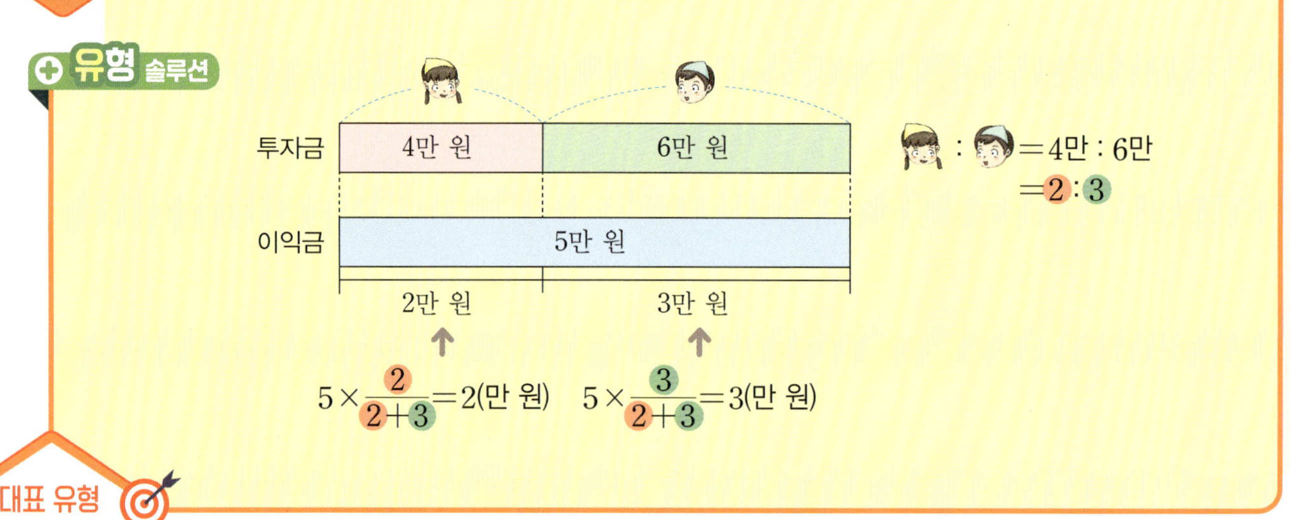

대표 유형 07

희원이와 선우가 각각 20만 원, 10만 원을 투자하여 얻은 이익금을 투자한 금액의 비로 나누어 가지려고 합니다. 총 이익금이 12만 원일 때 희원이가 가지게 되는 이익금은 얼마일까요?

풀이

❶ 두 사람이 투자한 금액을 간단한 자연수의 비로 나타내면

(희원이의 투자금) : (선우의 투자금) = ☐ 만 : 10만 = 2 : ☐

❷ (희원이가 가지게 되는 이익금) $= 12 \times \dfrac{\square}{2 + \square} = 12 \times \dfrac{\square}{\square} = \square$(만 원)

답 ___________

예제 지오와 빛나가 각각 45만 원, 63만 원을 투자하여 얻은 이익금을 투자한 금액의 비로 나누어 가지려고 합니다. 총 이익금이 24만 원일 때 지오가 가지게 되는 이익금은 얼마일까요?

(   )

>> 정답 및 풀이 **36~37**쪽

07-1 변형

세윤이와 하선이가 각각 90만 원, 63만 원을 투자하여 얻은 이익금을 투자한 금액의 비로 나누어 가지려고 합니다. 총 이익금이 68만 원일 때 세윤이와 하선이가 가지게 되는 이익금은 각각 얼마일까요?

세윤 ( )

하선 ( )

07-2 변형

㉮ 회사는 3000만 원, ㉯ 회사는 ㉮ 회사가 투자한 금액의 $2\frac{2}{5}$배를 투자하였습니다. 투자하여 얻은 이익금을 투자한 금액의 비로 나누어 가지려고 합니다. 총 이익금이 3400만 원일 때 ㉯ 회사가 받게 되는 이익금은 얼마일까요?

( )

07-3 발전

A 회사는 2000만 원, B 회사는 1000만 원을 투자하여 이익금을 얻었습니다. 두 회사가 투자한 금액의 비에 따라 이익금을 비례배분하였더니 A 회사가 받은 이익금이 800만 원일 때 두 회사가 얻은 전체 이익금은 얼마일까요?

( )

4 비례식과 비례배분

빨라(느려)지는 시간을 ▲라 두고 비례식을 세우자.

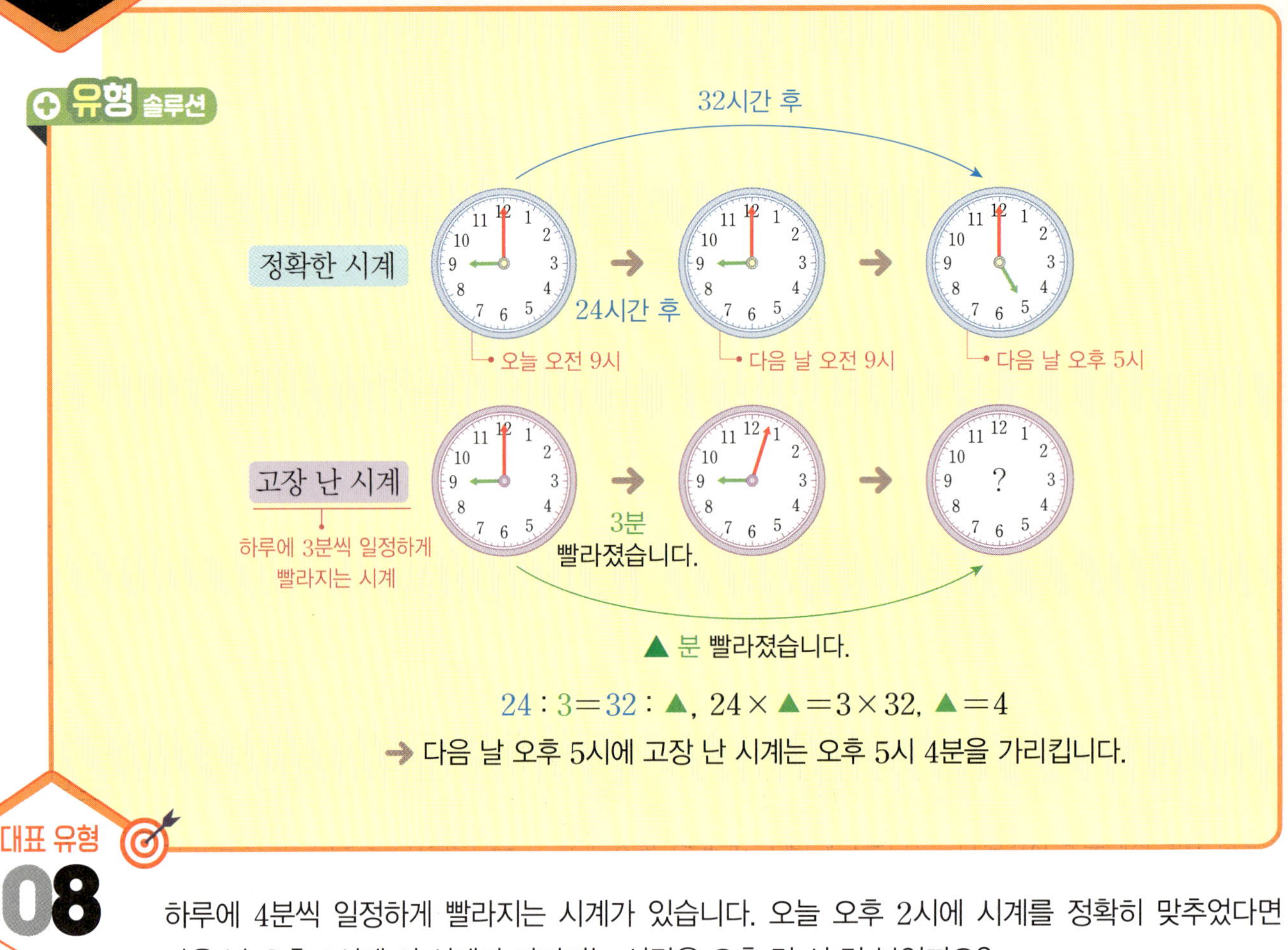

대표 유형 08

하루에 4분씩 일정하게 빨라지는 시계가 있습니다. 오늘 오후 2시에 시계를 정확히 맞추었다면 다음 날 오후 8시에 이 시계가 가리키는 시각은 오후 몇 시 몇 분일까요?

풀이

❶ 오늘 오후 2시 ——24시간 후——▶ 다음 날 오후 2시 ————▶ 다음 날 오후 8시
　　　　　　　　　　　　　　　　　　　　　　　　　　☐ 시간 후

오늘 오후 2시부터 다음 날 오후 8시까지는 ☐ 시간입니다.

❷ 30시간 동안 빨라진 시간을 ▲분이라 하고 비례식을 세우면

☐ : 4 = ☐ : ▲

❸ ☐ × ▲ = 4 × ☐,　☐ × ▲ = ☐,　▲ = ☐

❹ 다음 날 오후 8시에 이 시계가 가리키는 시각: 오후 8시 + ☐ 분 = 오후 ☐ 시 ☐ 분

답 ________________________

>> 정답 및 풀이 **37~38**쪽

예제 하루에 9분씩 일정하게 빨라지는 시계가 있습니다. 오늘 오전 10시에 시계를 정확히 맞추었다면 다음 날 오후 6시에 이 시계가 가리키는 시각은 오후 몇 시 몇 분일까요?

( )

08 - 1
변형 하루에 8분씩 일정하게 느려지는 시계가 있습니다. 오늘 오전 11시에 시계를 정확히 맞추었다면 다음 날 오후 2시에 이 시계가 가리키는 시각은 오후 몇 시 몇 분일까요?

( )

08 - 2
변형 2일에 15분씩 일정하게 빨라지는 시계가 있습니다. 오늘 오후 3시에 시계를 정확히 맞추었다면 다음 날 오후 11시에 이 시계가 가리키는 시각은 오후 몇 시 몇 분일까요?

( )

01 조건 을 모두 만족하는 비를 구하세요. · 대표 유형 **01**

> **조건**
> - 30 : 55와 비율이 같습니다.
> - 전항과 후항의 합이 51입니다.

Tip

30 : 55를 간단한 자연수의 비로 나타내 봅니다.

풀이

답 ___________________

02 맞물려 돌아가는 두 톱니바퀴 ㉮, ㉯가 있습니다. 톱니바퀴 ㉮의 톱니는 16개이고, 톱니바퀴 ㉯의 톱니는 28개입니다. 톱니바퀴 ㉮가 21바퀴 도는 동안 톱니바퀴 ㉯는 몇 바퀴 돌게 될까요? · 대표 유형 **03**

풀이

답 ___________________

03 다음 그림에서 평행한 두 직선 사이에 있는 두 평행사변형 ㉠과 ㉡의 밑변의 길이의 비는 7 : 13입니다. 두 도형의 넓이의 합이 240 cm²일 때 평행사변형 ㉠의 넓이는 몇 cm²일까요?

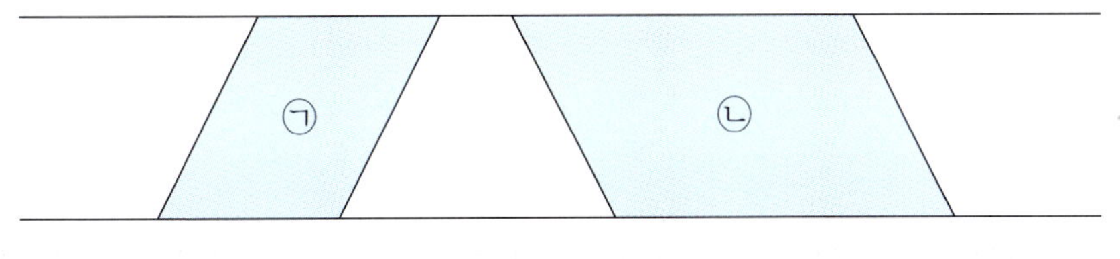

> **대표 유형 02**

> **Tip** 두 평행사변형의 높이가 같으면 넓이의 비와 밑변의 길이의 비가 같습니다.

풀이

답 ________________

04 색종이를 지유는 32장, 우혁이는 19장 가지고 있었습니다. 지유가 우혁이에게 색종이를 몇 장 주었더니 지유와 우혁이가 가진 색종이 수의 비가 7 : 10이 되었습니다. 지유가 우혁이에게 준 색종이는 몇 장일까요?

> **대표 유형 06**

풀이

답 ________________

05 민서와 효주가 각각 54만 원, 81만 원을 투자하여 얻은 이익금을 투자한 금액의 비로 나누어 가지려고 합니다. 총 이익금이 80만 원일 때 효주가 가지게 되는 이익금은 얼마일까요?

> **대표 유형 07**

> **Tip** 투자금을 간단한 자연수의 비로 나타냅니다.

풀이

답 ________________

06 삼각형의 밑변의 길이와 높이의 비는 3 : 4이고 넓이가 150 cm²입니다. 이 삼각형의 높이는 몇 cm일까요?

◎ 대표 유형 **04**

> **Tip**
>
> 밑변의 길이를 $(3 \times \square)$ cm, 높이를 $(4 \times \square)$ cm라 두고 식을 세워 봅니다.

풀이

답 _______________

07 삼각형 ㄱㄴㄹ의 넓이는 64 cm²이고 선분 ㄴㄹ과 선분 ㄹㄷ의 길이의 비는 8 : 9입니다. 삼각형 ㄱㄴㄷ의 넓이는 몇 cm²일까요?

◎ 대표 유형 **02**

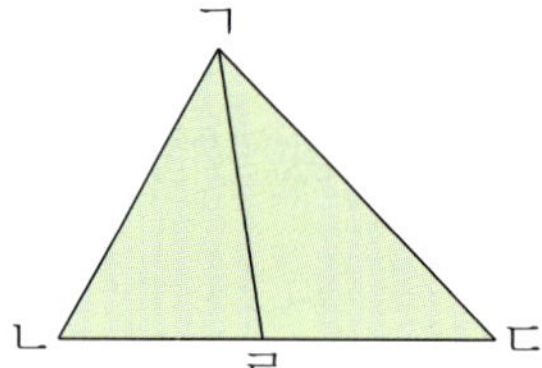

풀이

답 _______________

08 10분에 7초씩 일정하게 느려지는 시계가 있습니다. 오후 1시에 시계를 정확히 맞추었다면 같은 날 오후 5시 20분에 이 시계가 가리키는 시각은 오후 몇 시 몇 분 몇 초일까요?

◎ 대표 유형 **08**

> **Tip**
>
> 오후 1시부터 같은 날 오후 5시 20분까지는 몇 분인지 알아봅니다.

풀이

답 _______________

09 다음과 같이 겹쳐진 두 도형 삼각형 ㉮와 사각형 ㉯에서 겹쳐진 부분의 넓이는 ㉮의 $\dfrac{5}{11}$이고 ㉯의 $\dfrac{1}{3}$입니다. 삼각형 ㉮의 넓이가 $55\ \text{cm}^2$일 때 사각형 ㉯의 넓이는 몇 cm^2일까요?

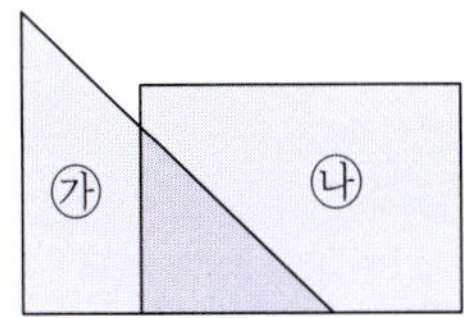

Tip 

사각형 ㉯의 넓이를 □ cm^2라 하고 비례식을 세워 봅니다.

풀이

답 ___________________

10 영지와 윤기가 각각 160만 원, 240만 원을 투자하여 얻은 이익금 100만 원을 투자한 금액의 비로 나누어 가지려고 합니다. 영지와 윤기가 처음과 같은 비율로 다시 투자할 때 영지가 가지게 되는 이익금이 80만 원이 되려면 영지는 얼마를 투자해야 할까요?

(단, 투자한 금액에 대한 이익금의 비율은 항상 일정합니다.)

Tip

이익금이 ■배가 되려면 투자금도 ■배로 늘려야 합니다.

풀이

답 ___________________

5

원의 넓이

활용 개념 — 원주와 원주율

📜 교과서 개념

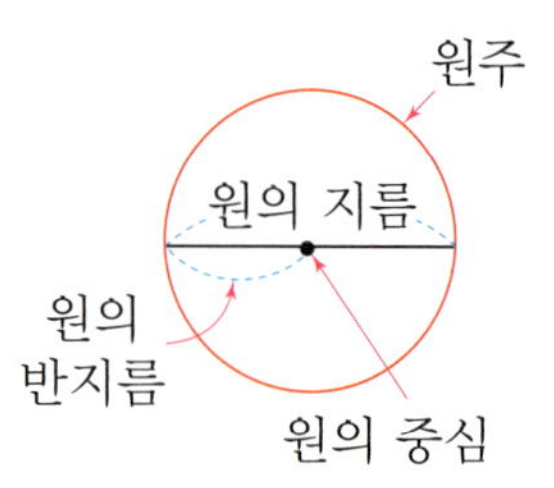

- **원주**: 원의 둘레
- **원주율**: 원의 지름에 대한 원주의 비율

$$(원주율) = (원주) \div (지름)$$

- 원주율을 소수로 나타내면 3.1415926535897932…와 같이 끝없이 계속됩니다.
- 어림하여 3, 3.1, 3.14 등으로 사용합니다.

참고
원의 크기와 상관없이 (원주)÷(지름)의 값은 일정합니다.

- **원주와 지름 구하기**

  - 원주 구하기

$$(원주) = (지름) \times (원주율)$$
$$= (반지름) \times 2 \times (원주율)$$

  - 지름 구하기

$$(지름) = (원주) \div (원주율)$$

---

01 원주가 다음과 같을 때 원의 지름은 몇 cm일까요? (원주율: 3.1)

(1)
원주: 12.4 cm

(   )

(2)
원주: 55.8 cm

(   )

02 원주는 몇 cm일까요? (원주율: 3.1)

(1)
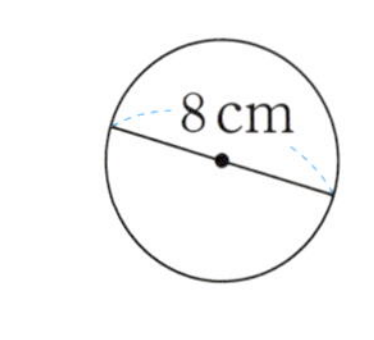

(   )

(2)
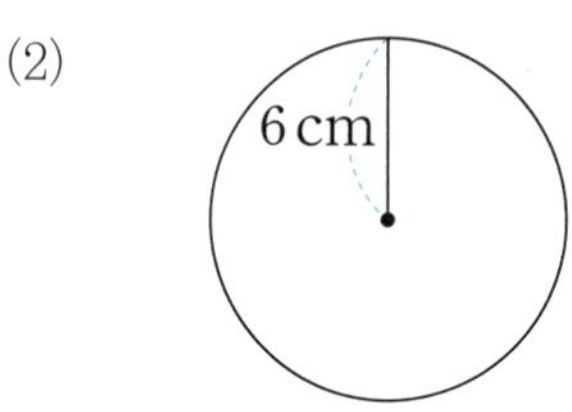

(   )

>> 정답 및 풀이 **40**쪽

활용 개념 1 　만들 수 있는 가장 큰 원의 반지름 구하기 (원주율: 3)

36 cm

철사로 만들 수 있는 가장 큰 원은 원주가 36 cm인 원입니다.
→ (가장 큰 원의 반지름)＝(원주)÷(원주율)÷2＝36÷3÷2＝6 (cm)

03 길이가 43.4 cm인 끈을 사용하여 가장 큰 원을 만들었습니다. 만든 원의 반지름은 몇 cm일까요? (원주율: 3.1)

43.4 cm

(　　　　　　　　　)

04 길이가 40.82 cm인 철사를 사용하여 가장 큰 원을 만들었습니다. 만든 원의 반지름은 몇 cm일까요? (원주율: 3.14)

(　　　　　　　　　)

활용 개념 2 　운동장의 둘레 구하기 (원주율: 3)

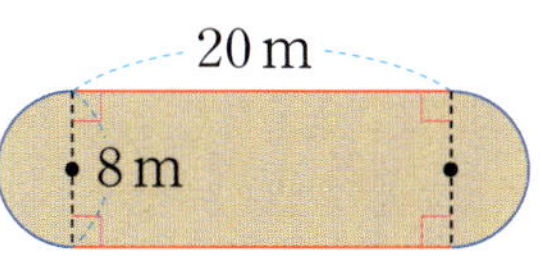

(운동장의 둘레)＝(직선 부분의 길이)＋(곡선 부분의 길이)
　　　　　　＝(직사각형의 가로)×2＋(지름이 8 m인 원의 원주)
　　　　　　＝20×2＋8×3＝40＋24＝64 (m)

05 다음과 같은 모양의 운동장의 둘레는 몇 m일까요? (원주율: 3.1)

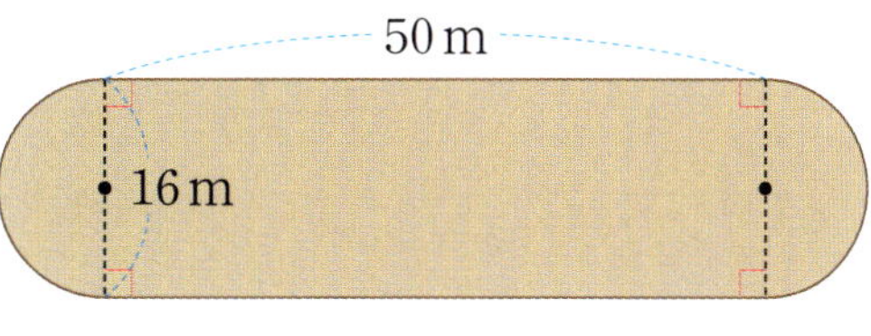

(　　　　　　　　　)

원의 넓이

◐ **원의 넓이 어림하기**

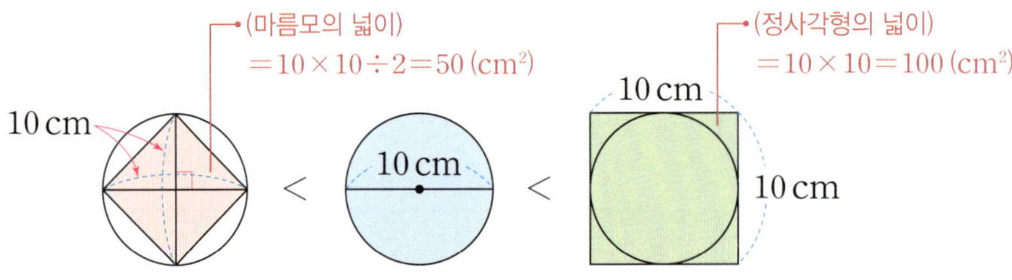

→ 지름이 10 cm인 원의 넓이는 50 cm²보다 크고 100 cm²보다 작습니다.

◐ **원의 넓이 구하기**

• 원을 한없이 잘라서 이어 붙이면 직사각형이 됩니다.

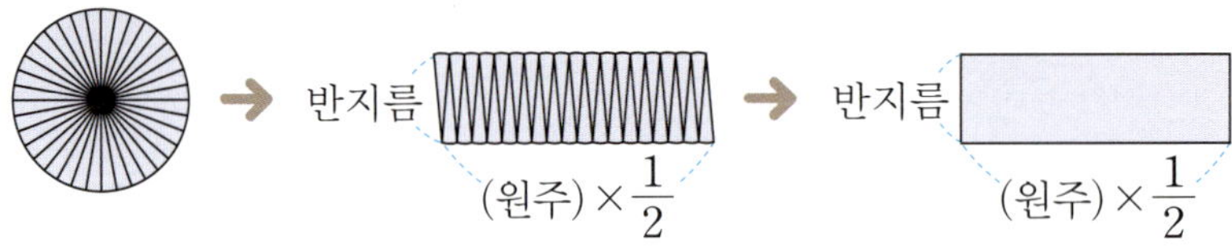

$$(원의\ 넓이)=(원주)\times\frac{1}{2}\times(반지름)$$
$$=(원주율)\times(지름)\times\frac{1}{2}\times(반지름)$$
$$=(반지름)\times(반지름)\times(원주율)$$

---

01 원을 한없이 잘라서 이어 붙여서 직사각형을 만들었습니다. ☐ 안에 알맞은 수를 써넣으세요.

(원주율: 3)

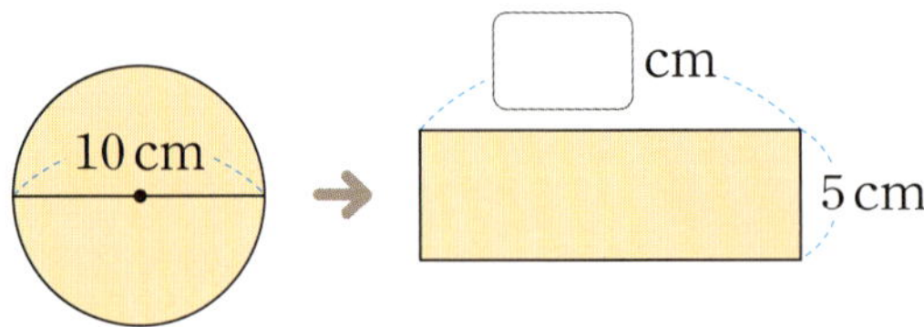

---

02 원의 넓이는 몇 cm²일까요? (원주율: 3.1)

(1)　　　　　　　　　　　　　　　(2)

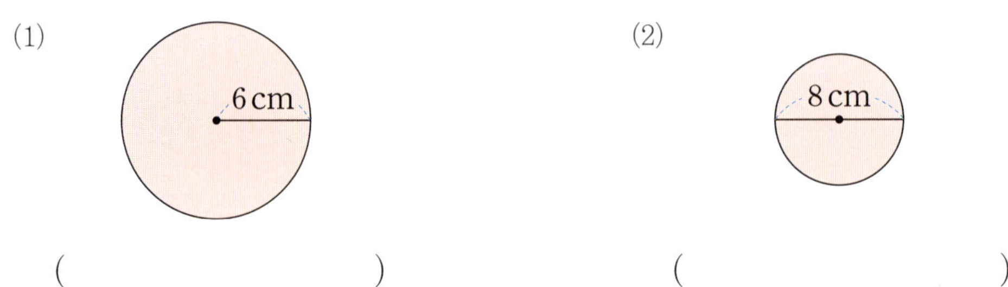

(　　　　　　　)　　　　(　　　　　　　)

활용 개념 1 소가 움직일 수 있는 부분의 넓이 구하기 (원주율: 3)

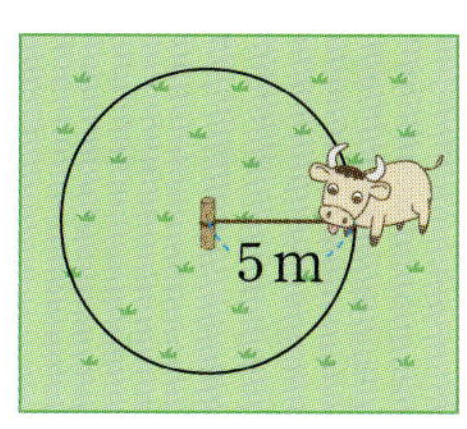

소가 움직일 수 있는 부분의 넓이는
반지름이 5 m인 원의 넓이와 같습니다.
➜ $5 \times 5 \times 3 = 75 \, (m^2)$

03 풀밭에 길이가 9 m인 줄로 소를 묶어 놓았습니다. 소가 움직일 수 있는 부분의 넓이는 몇 m^2
일까요? (단, 매듭의 길이와 기둥의 두께는 생각하지 않습니다.) (원주율: 3.1)

(   )

활용 개념 2 원의 넓이를 이용하여 반지름 구하기 (원주율: 3)

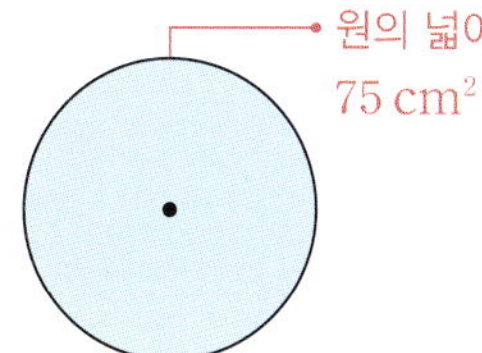

반지름을 ☐ cm라 하면 원의 넓이는 75 cm^2이므로
☐ × ☐ × 3 = 75입니다.
☐ × ☐ × 3 = 75, ☐ × ☐ = 25이고 5 × 5 = 25이므로 ☐ = 5입니다.
➜ 반지름: 5 cm

04 넓이가 27.9 cm^2인 원이 있습니다. 이 원의 반지름은 몇 cm일까요? (원주율: 3.1)

(   )

05 넓이가 530.66 cm^2인 원이 있습니다. 이 원의 지름은 몇 cm일까요? (원주율: 3.14)

(   )

원의 넓이를 이용하여 여러 가지 도형의 넓이 구하기

교과서 개념

● 여러 가지 원으로 이루어진 모양의 넓이 구하기 (원주율: 3)

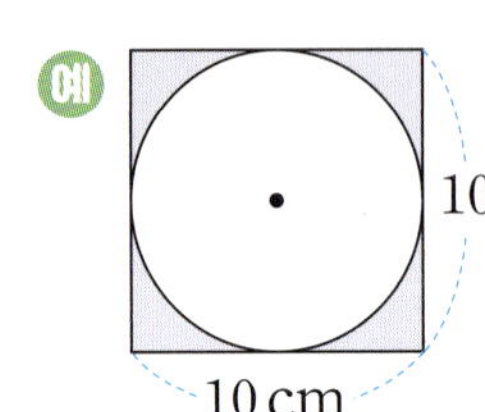

(색칠한 부분의 넓이) ← (반지름) × (반지름) × (원주율)
= (큰 원의 넓이) − (작은 원의 넓이)
= $5 \times 5 \times 3 - 4 \times 4 \times 3 = 75 - 48 = 27$ (cm^2)

● 다각형과 원으로 이루어진 모양의 넓이 구하기 (원주율: 3)

(색칠한 부분의 넓이)
= (정사각형의 넓이) − (원의 넓이)
= $10 \times 10 - 5 \times 5 \times 3 = 100 - 75 = 25$ (cm^2)

01 색칠한 부분의 넓이는 몇 cm^{2}일까요? (원주율: 3)

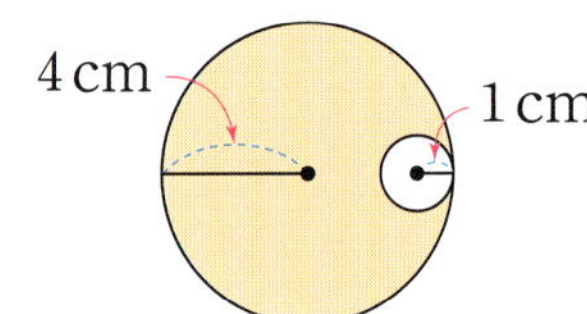

(   )

02 색칠한 부분의 넓이는 몇 cm^{2}일까요? (원주율: 3)

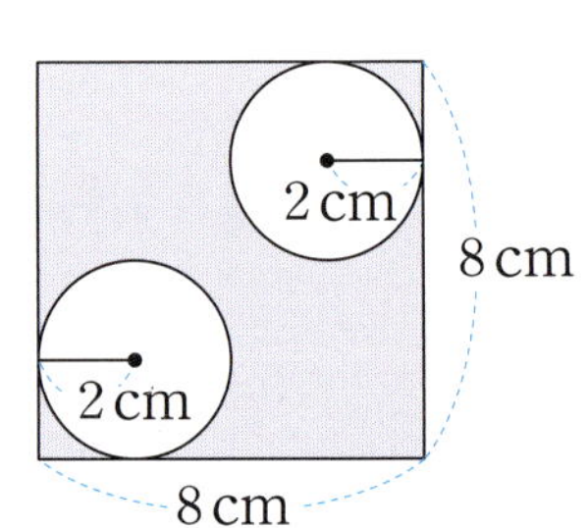

(   )

03 색칠한 부분의 넓이는 몇 cm^{2}일까요? (원주율: 3.1)

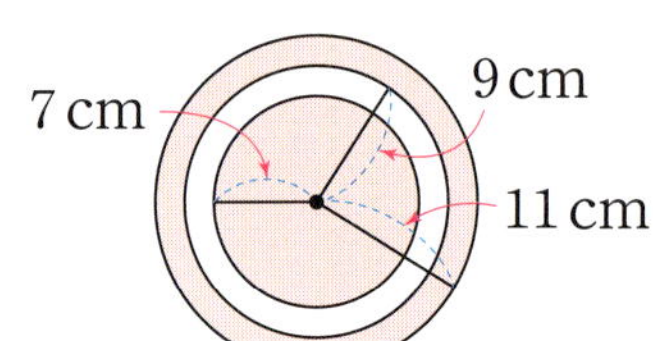

(   )

활용 개념 1 원의 일부분의 넓이 구하기 (원주율: 3)

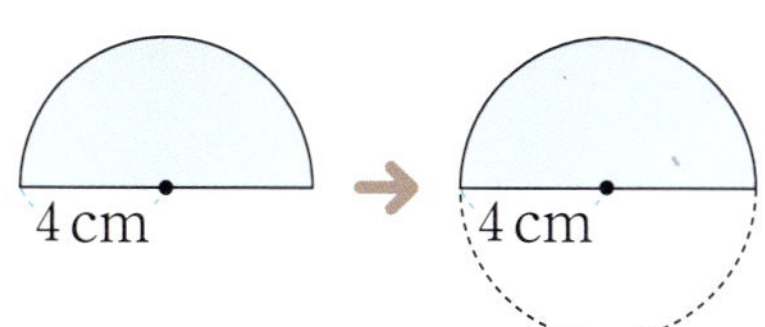

(색칠한 부분의 넓이)=(원의 넓이)$\times\dfrac{1}{2}$

$\qquad\qquad\qquad\quad=4\times4\times3\times\dfrac{1}{2}$

$\qquad\qquad\qquad\quad=24\,(\text{cm}^2)$

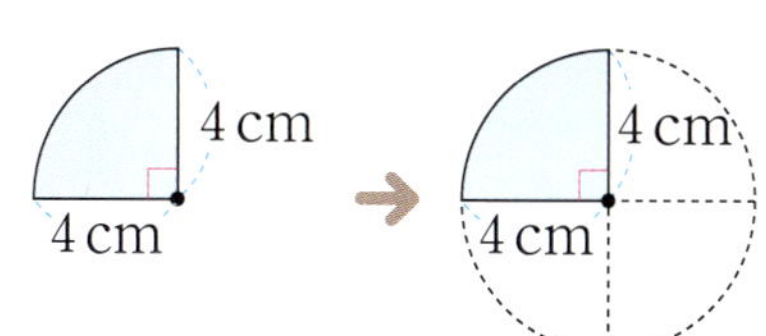

(색칠한 부분의 넓이)=(원의 넓이)$\times\dfrac{1}{4}$

$\qquad\qquad\qquad\quad=4\times4\times3\times\dfrac{1}{4}$

$\qquad\qquad\qquad\quad=12\,(\text{cm}^2)$

04 색칠한 부분의 넓이는 몇 cm^2일까요? (원주율: 3.1)

(1)

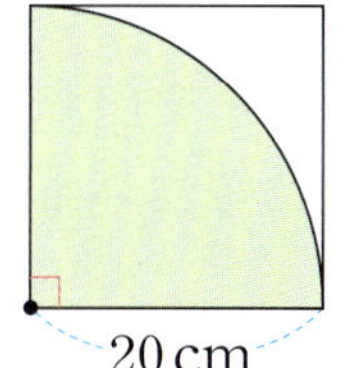

20 cm

(   )

(2)

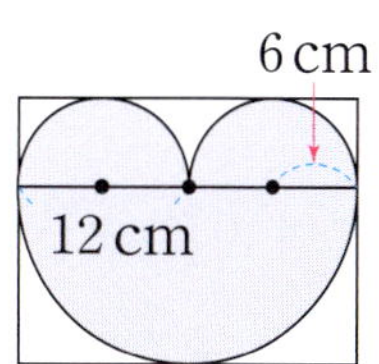

6 cm

12 cm

(   )

활용 개념 2 넓이를 구할 수 있는 도형 이용하기 (원주율: 3)

(색칠한 부분의 넓이)

$=$(원의 넓이)$\times\dfrac{1}{4}-$(직각삼각형의 넓이)

$=4\times4\times3\times\dfrac{1}{4}-4\times4\div2$

$=12-8=4\,(\text{cm}^2)$

05 색칠한 부분의 넓이는 몇 cm^2일까요? (원주율: 3.1)

(   )

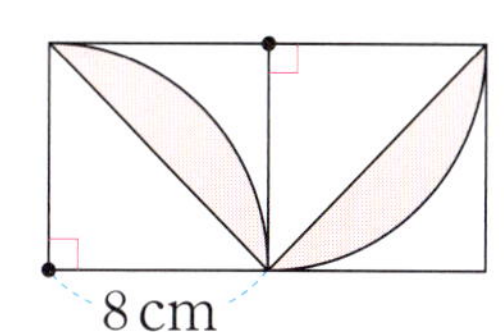

8 cm

지름으로 원의 크기를 비교하자.

유형 솔루션

지름이 1 cm인 원 　<　　 원주가 6 cm인 원

(지름)＝(원주)÷(원주율)
＝6÷3＝2 (cm)

지름이 더 길수록 더 큰 원입니다.

대표 유형 01

더 큰 원을 찾아 기호를 써 보세요. (원주율: 3)

> ㉠ 원주가 15 cm인 원
> ㉡ 지름이 4 cm인 원

풀이

❶ (㉠의 지름)＝(㉠의 원주)÷(원주율)

$$=15 \div \boxed{} = \boxed{} \text{(cm)}$$

❷ 지름으로 원의 크기를 비교하면

㉠의 지름($=\boxed{}$ cm) $\bigcirc$ ㉡의 지름($=4$ cm)이므로

더 큰 원은 $\boxed{}$ 입니다.

답 ________________

예제 더 작은 원을 찾아 기호를 써 보세요. (원주율: 3)

> ㉠ 반지름이 7 cm인 원
> ㉡ 원주가 54 cm인 원

(　　　　　　　)

>> 정답 및 풀이 **41**쪽

01-1 변형

더 큰 원을 찾아 기호를 써 보세요. (원주율: 3.1)

> ㉠ 지름이 13 cm인 원
> ㉡ 넓이가 251.1 cm²인 원

( )

01-2 변형

더 작은 원을 찾아 기호를 써 보세요. (원주율: 3.14)

> ㉠ 넓이가 50.24 cm²인 원
> ㉡ 원주가 15.7 cm인 원

( )

01-3 발전

가장 큰 원의 넓이는 몇 cm²인지 구하세요. (원주율: 3)

> ㉠ 원주가 33 cm인 원
> ㉡ 지름이 15 cm인 원
> ㉢ 반지름이 4.5 cm인 원

( )

지름과 원주의 관계를 이용하자.

유형 솔루션

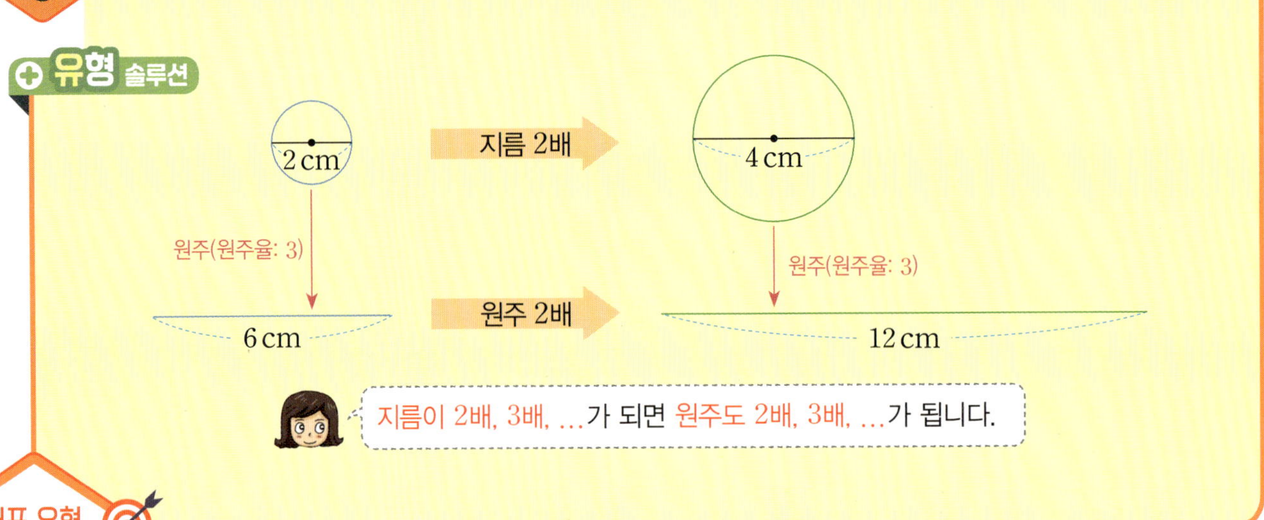

대표 유형
02

큰 바퀴의 지름은 작은 바퀴의 지름의 2배입니다. 작은 바퀴의 원주가 30 cm일 때 큰 바퀴의 원주는 몇 cm일까요? (원주율: 3)

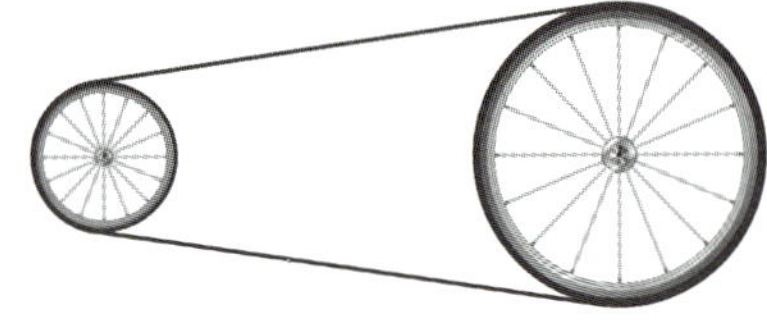

풀이

❶ 큰 바퀴의 지름은 작은 바퀴의 지름의 2배이므로

큰 바퀴의 원주는 작은 바퀴의 원주의 ☐ 배입니다.

❷ (큰 바퀴의 원주)＝(작은 바퀴의 원주)×☐＝30×☐＝☐(cm)

답 _______________

예제 큰 바퀴의 지름은 작은 바퀴의 지름의 3배입니다. 작은 바퀴의 원주가 27 cm일 때 큰 바퀴의 원주는 몇 cm일까요? (원주율: 3)

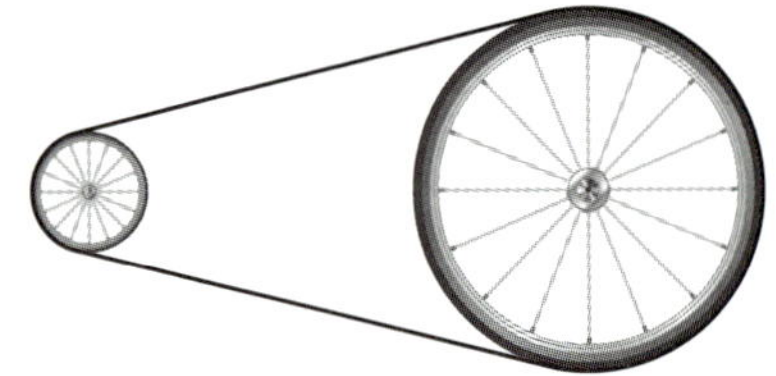

(   )

02-1 변형 큰 바퀴의 지름은 작은 바퀴의 지름의 3배입니다. 큰 바퀴의 원주가 139.5 cm일 때 작은 바퀴의 원주는 몇 cm일까요? (원주율: 3.1)

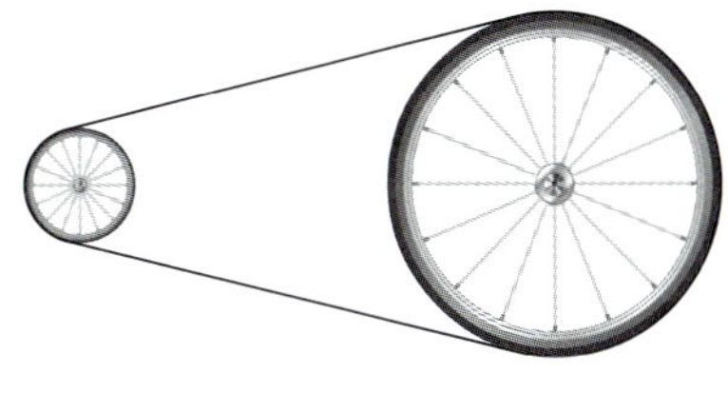

(   )

02-2 변형 큰 원의 원주는 229.4 cm입니다. 작은 원의 원주는 몇 cm일까요? (원주율: 3.1)

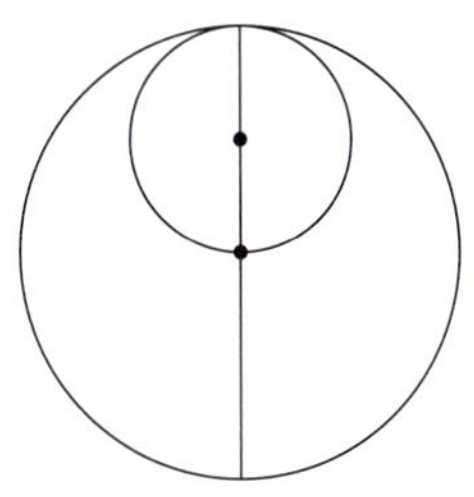

(   )

02-3 발전 가장 작은 원의 원주는 20.41 cm입니다. 가장 큰 원의 원주는 몇 cm일까요?

(원주율: 3.14)

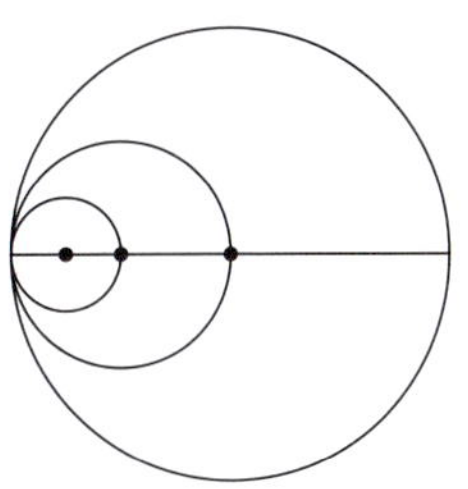

(   )

5

원의 넓이

한 바퀴 굴러간 거리는 원주로 구하자.

(한 바퀴 굴러간 거리)=(굴러간 원의 원주)

대표 유형 03

지름이 24 mm인 동전을 한 방향으로 4바퀴 굴렸습니다. 동전이 굴러간 거리는 몇 mm일까요?
(원주율: 3.1)

풀이

❶ (동전의 원주)=(동전의 지름)×(원주율)

$$=\boxed{}\times 3.1=\boxed{}\ (\text{mm})$$

❷ (굴러간 거리)=(동전의 원주)×(굴러간 바퀴 수)

$$=\boxed{}\times 4=\boxed{}\ (\text{mm})$$

답 ________________

예제 지름이 30 cm인 원 모양 고리를 한 방향으로 5바퀴 굴렸습니다. 고리가 굴러간 거리는 몇 cm일까요? (원주율: 3.1)

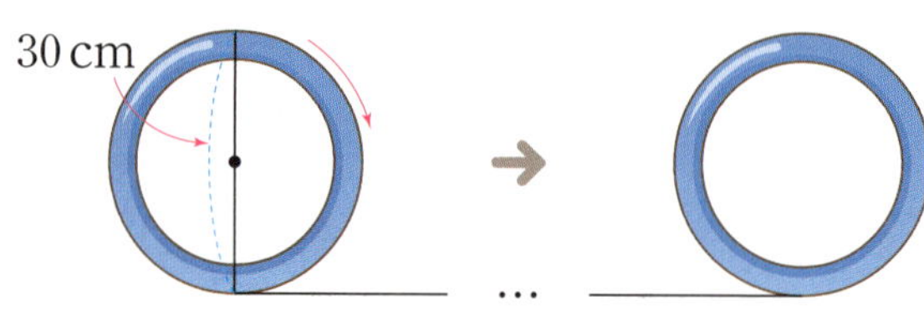

(   )

>> 정답 및 풀이 **42**쪽

03 – 1 〈변형〉 반지름이 11 cm인 원판을 한 방향으로 12바퀴 굴렸습니다. 원판이 굴러간 거리는 몇 cm
일까요? (원주율: 3.1)

( )

03 – 2 〈변형〉 원 모양 바퀴를 한 방향으로 24바퀴 굴렸더니 28 m 80 cm만큼 굴러갔습니다. 바퀴의 지
름은 몇 cm일까요? (원주율: 3)

( )

03 – 3 〈변형〉 지름이 60 cm인 자전거 바퀴를 한 방향으로 몇 바퀴 굴렸더니 12 m 60 cm만큼 굴러갔
습니다. 자전거 바퀴를 몇 바퀴 굴린 것일까요? (원주율: 3)

( )

03 – 4 〈발전〉 반지름이 20 cm인 굴렁쇠를 한 방향으로 3바퀴 굴리고 이어서 반지름이 15 cm인 굴렁쇠
를 같은 방향으로 4바퀴 굴렸습니다. 두 굴렁쇠가 굴러간 거리는 모두 몇 m 몇 cm일까요?
(원주율: 3.1)

( )

곡선 부분의 길이는 원주로 구하자.

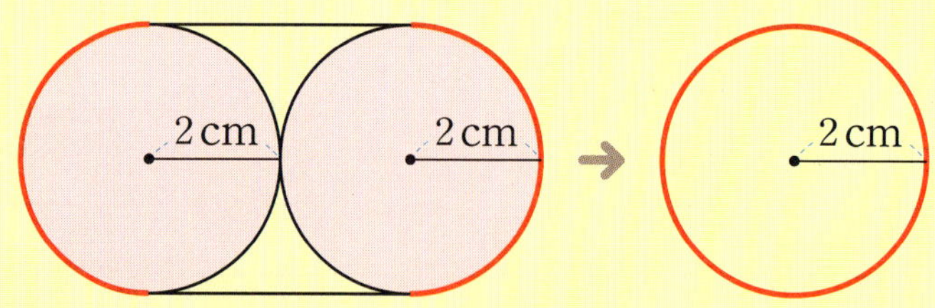

(빨간색 선의 길이)＝(곡선 부분의 길이)＝(반지름이 2 cm인 원의 원주)

대표 유형 04

그림과 같이 지름이 22 cm인 원 2개를 겹치지 않게 붙여 놓았습니다. 빨간색 선의 길이는 몇 cm일까요? (원주율: 3)

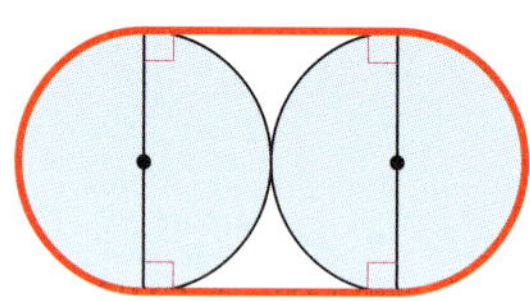

풀이

❶ (곡선 부분의 길이)＝(원주)＝ ☐ ×3＝ ☐ (cm)

❷ (직선 부분의 길이)＝(원의 지름의 2배)＝ ☐ ×2＝ ☐ (cm)

❸ (빨간색 선의 길이)＝(곡선 부분의 길이)＋(직선 부분의 길이)

＝ ☐ ＋ ☐ ＝ ☐ (cm)

답 ______________

예제 그림과 같이 반지름이 8 cm인 원 2개를 겹치지 않게 붙여 놓았습니다. 빨간색 선의 길이는 몇 cm일까요? (원주율: 3)

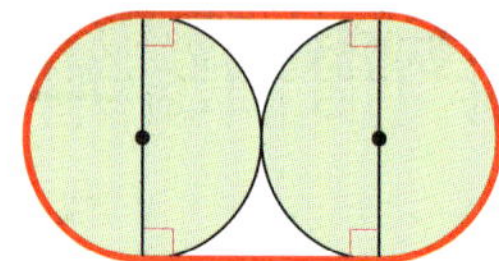

( )

04 - 1 〔변형〕 그림과 같이 반지름이 7 cm인 원 3개를 겹치지 않게 붙여 놓았습니다. 빨간색 선의 길이는 몇 cm일까요? (원주율: 3.1)

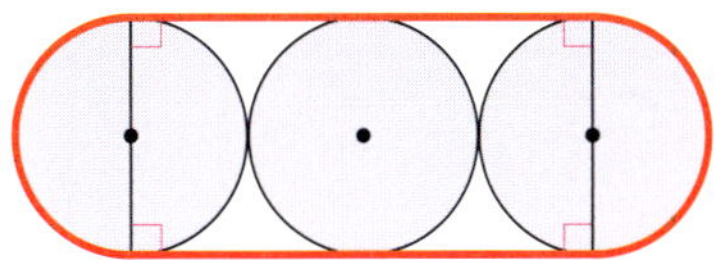

(   )

04 - 2 〔변형〕 그림과 같이 지름이 18 cm인 원 4개를 겹치지 않게 붙여 놓았습니다. 빨간색 선의 길이는 몇 cm일까요? (원주율: 3.1)

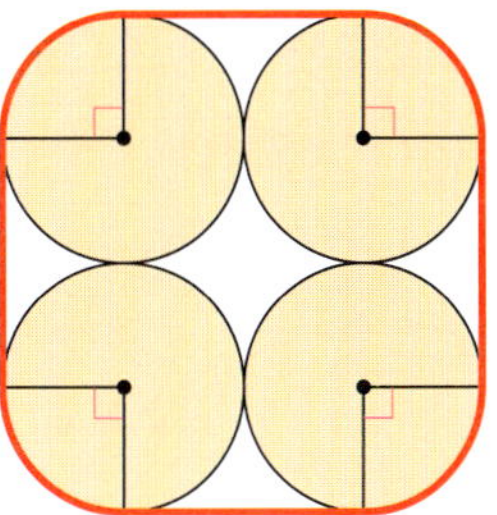

(   )

04 - 3 〔변형〕 그림과 같이 반지름이 5 cm인 원 3개를 겹치지 않게 붙여 놓았습니다. 빨간색 선의 길이는 몇 cm일까요? (원주율: 3.14)

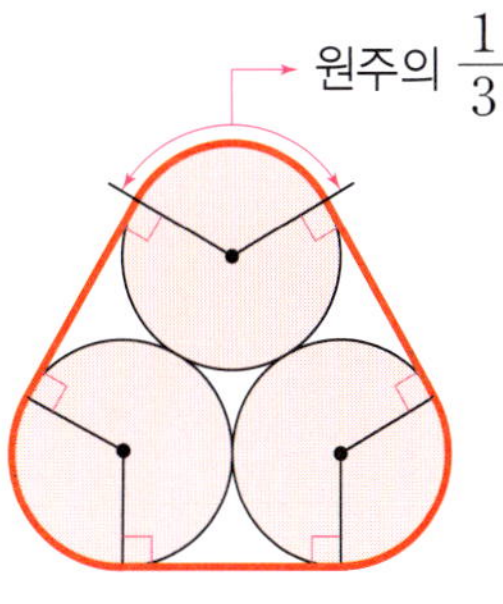

(   )

색칠한 부분의 둘레를 나눠서 구하자.

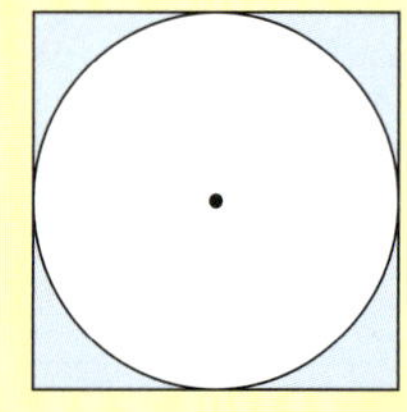 = 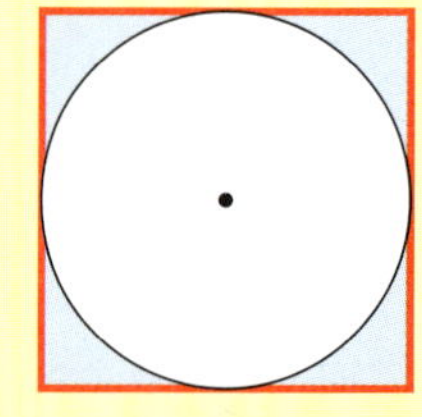 + 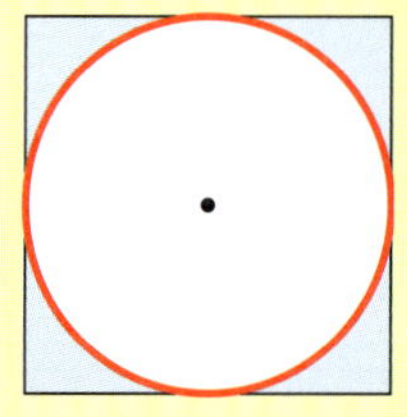

(색칠한 부분의 둘레)　　　(직선 부분의 길이)　　　(곡선 부분의 길이)

대표 유형 05

색칠한 부분의 둘레는 몇 cm일까요? (원주율: 3)

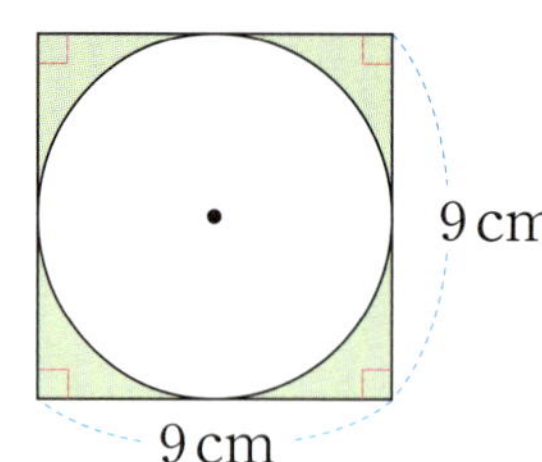

풀이

❶ (직선 부분의 길이)=(정사각형의 둘레)=□×4=□(cm)

❷ (곡선 부분의 길이)=(지름이 9 cm인 원의 원주)=□×3=□(cm)

❸ (색칠한 부분의 둘레)=□+□=□(cm)

답 ________________

예제 색칠한 부분의 둘레는 몇 cm일까요? (원주율: 3)

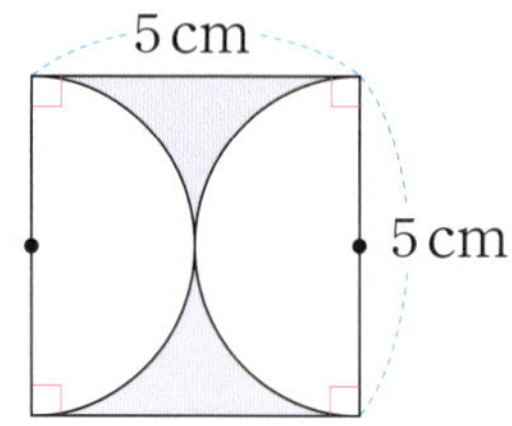

(　　　　　　　　　)

>> 정답 및 풀이 **43~44**쪽

05-1 색칠한 부분의 둘레는 몇 cm일까요? (원주율: 3.1)

변형

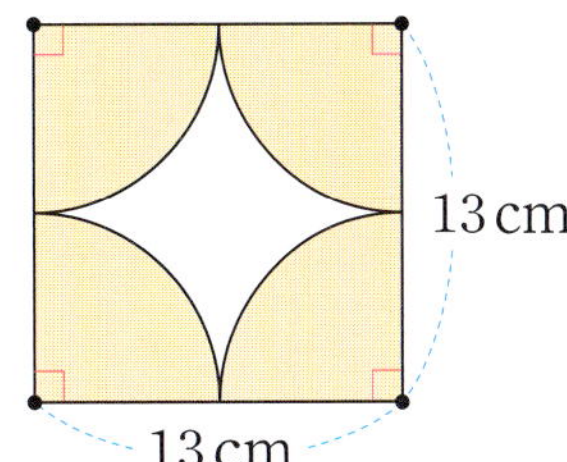

( )

05-2 색칠한 부분의 둘레는 몇 cm일까요? (원주율: 3.14)

변형

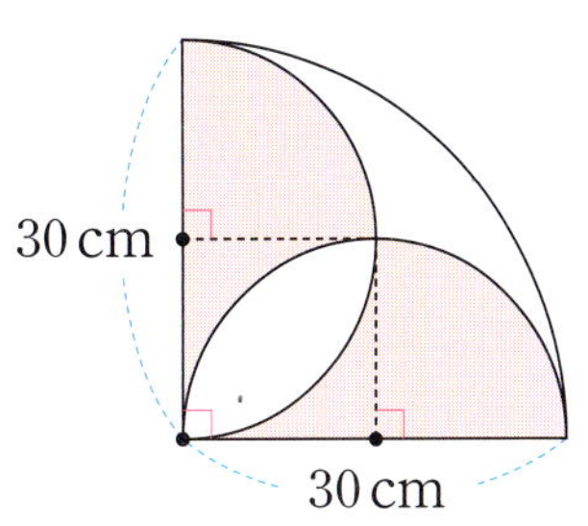

( )

05-3 색칠한 부분의 둘레는 몇 cm일까요? (원주율: 3.1)

발전

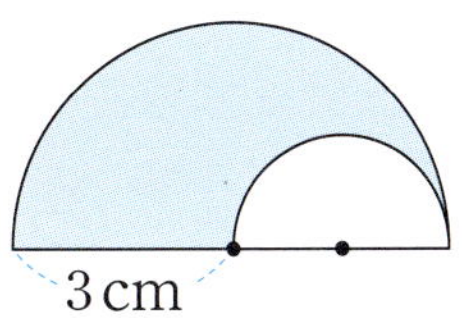

( )

도형의 일부를 옮기자.

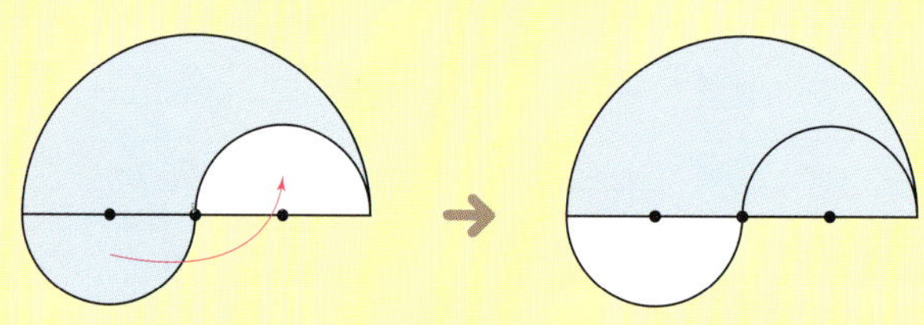

(색칠한 부분의 넓이) = (반원의 넓이)

대표 유형 06

색칠한 부분의 넓이는 몇 cm^2일까요? (원주율: 3)

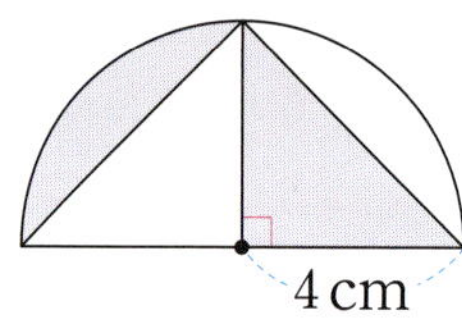
4 cm

풀이

❶ 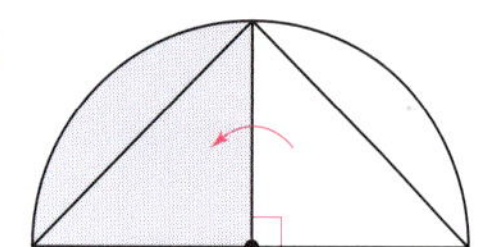 색칠한 부분의 일부를 옮깁니다.

❷ (색칠한 부분의 넓이)=(원의 넓이)$\times\dfrac{1}{\boxed{}}=4\times4\times\boxed{}\times\dfrac{1}{\boxed{}}=\boxed{}$ (cm^2)

답 ______________

예제 색칠한 부분의 넓이는 몇 cm^2일까요? (원주율: 3)

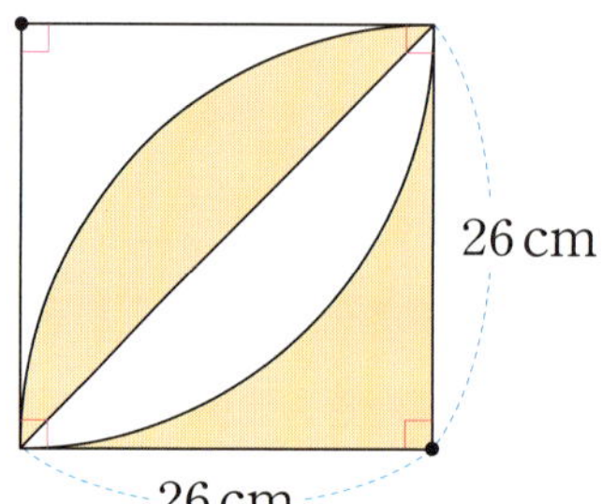
26 cm
26 cm

(   )

06-1 변형

색칠한 부분의 넓이는 몇 cm^{2}일까요? (원주율: 3.1)

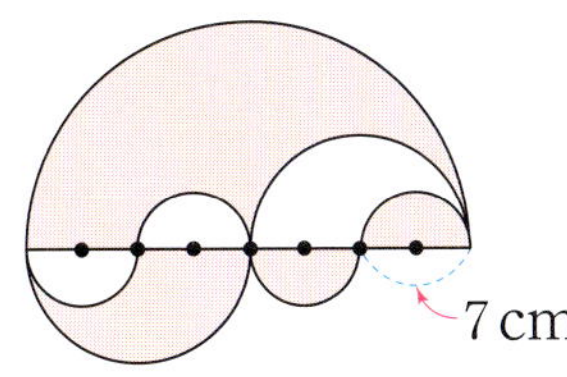

(   )

06-2 변형

색칠한 부분의 넓이는 몇 cm^{2}일까요? (원주율: 3.1)

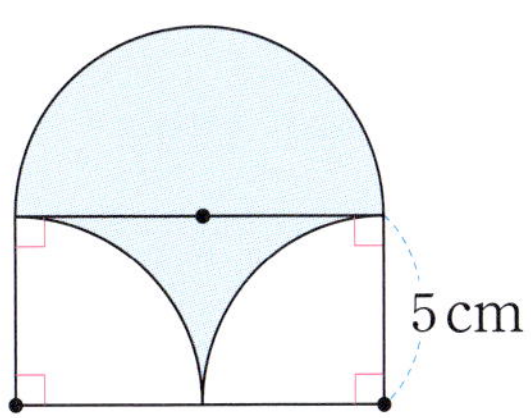

(   )

06-3 발전

색칠한 부분의 넓이는 몇 cm^{2}일까요? (원주율: 3.14)

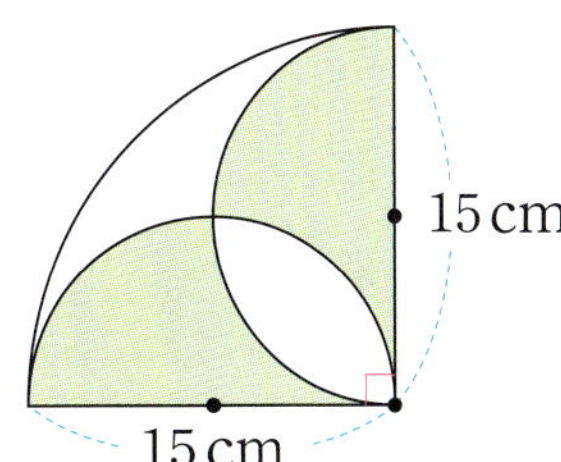

(   )

원의 반지름으로 직사각형의 변의 길이를 구하자.

대표 유형 07

그림과 같이 직사각형 안에 반지름이 5 cm인 원 2개를 맞닿게 그렸습니다. 직사각형 안에 색칠하지 않은 부분의 넓이는 몇 cm^2일까요? (원주율: 3)

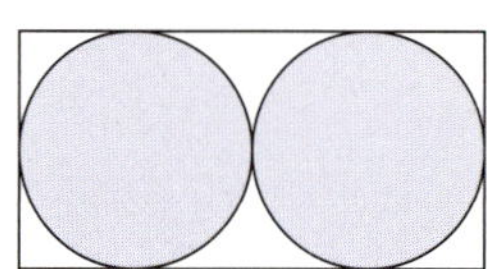

풀이

❶ 원의 반지름이 5 cm이므로

(직사각형의 가로)＝5×4＝□(cm)

(직사각형의 세로)＝5×□＝□(cm)

❷ (색칠한 부분의 넓이)＝(반지름이 5 cm인 원의 넓이)×□

＝5×5×3×□＝□(cm^2)

❸ (색칠하지 않은 부분의 넓이)＝(직사각형의 넓이)－(색칠한 부분의 넓이)

＝□×10－□＝□(cm^2)

답 ____________________

예제 그림과 같이 직사각형 안에 반지름이 3 cm인 원 3개를 맞닿게 그렸습니다. 직사각형 안에 색칠하지 않은 부분의 넓이는 몇 cm^2일까요? (원주율: 3)

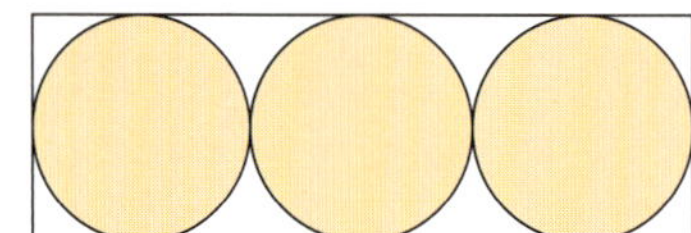

(   )

07 – 1 변형

그림과 같이 직사각형 안에 반지름이 7 cm인 반원 2개와 원 2개를 맞닿게 그렸습니다. 직사각형 안에 색칠하지 않은 부분의 넓이는 몇 cm^2일까요? (원주율: 3.1)

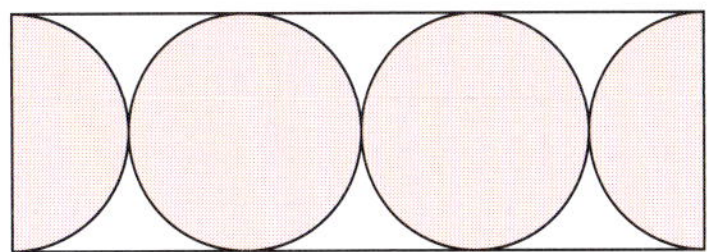

( )

07 – 2 변형

그림과 같이 정사각형 안에 반지름 길이가 같은 원 4개를 맞닿게 그렸습니다. 정사각형의 둘레가 96 cm일 때 정사각형 안에 색칠한 부분의 넓이는 몇 cm^2일까요? (원주율: 3.1)

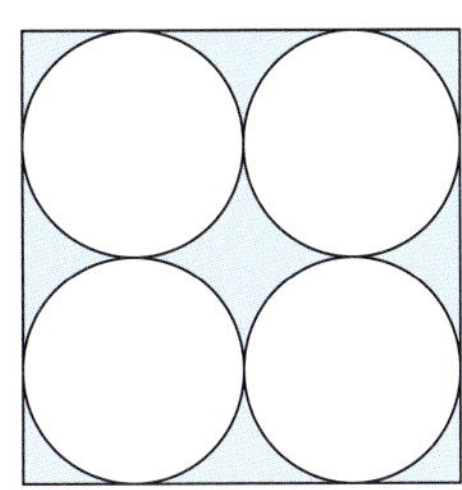

( )

07 – 3 발전

그림과 같이 직사각형 안에 반지름이 9 cm인 원 6개를 맞닿게 그렸습니다. 직사각형 안에 색칠하지 않은 부분의 넓이는 몇 cm^2일까요? (원주율: 3.14)

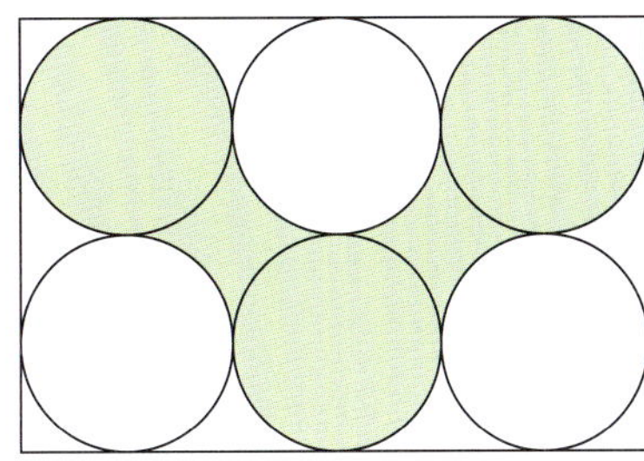

( )

●=■이면 ●+▲=■+▲이다.

넓이가 같습니다.

대표 유형 08

오른쪽 그림은 반원과 직각삼각형을 겹쳐 놓은 것입니다. 분홍색으로 색칠한 부분과 하늘색으로 색칠한 부분의 넓이가 같을 때 선분 ㄱㄴ의 길이는 몇 cm일까요? (원주율: 3)

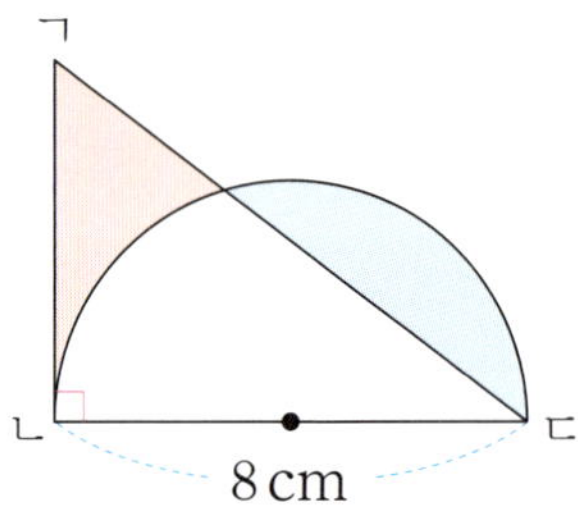

풀이

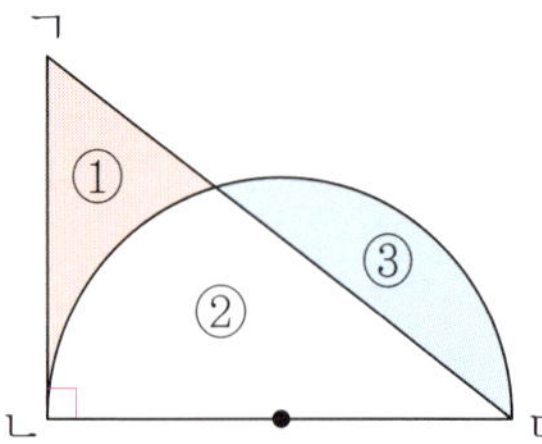

❶ (직각삼각형의 넓이)=(①의 넓이)+(②의 넓이)
$\qquad\qquad\qquad$ =(③의 넓이)+(②의 넓이)
$\qquad\qquad\qquad$ =(반원의 넓이)

❷ 반지름은 $8 \div 2 = 4$ (cm)이므로 (반원의 넓이)=$4 \times 4 \times 3 \times \dfrac{1}{\boxed{}} = \boxed{}$ (cm^2)

❸ (선분 ㄱㄴ)=(직각삼각형의 넓이)$\times 2 \div$(선분 ㄴㄷ)
$\qquad\qquad$ =$\boxed{} \times 2 \div 8 = \boxed{}$ (cm)

답 _______________________

예제 오른쪽 그림은 반원과 직사각형을 겹쳐 놓은 것입니다. 분홍색으로 색칠한 부분과 하늘색으로 색칠한 부분의 넓이가 같을 때 선분 ㄴㄷ의 길이는 몇 cm일까요? (원주율: 3)

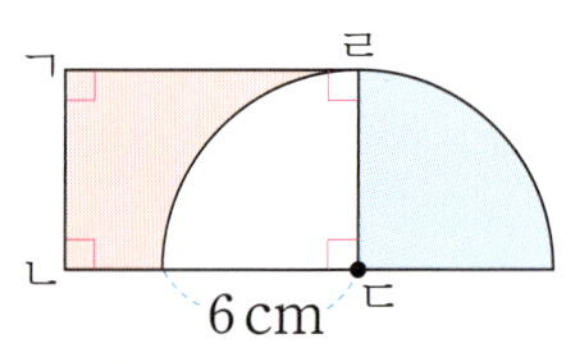

(　　　　　　　)

08-1 〔변형〕 다음 그림은 원의 일부와 직사각형을 겹쳐 놓은 것입니다. 분홍색으로 색칠한 부분과 하늘색으로 색칠한 부분의 넓이가 같을 때 선분 ㄴㄷ의 길이는 몇 cm일까요? (원주율: 3)

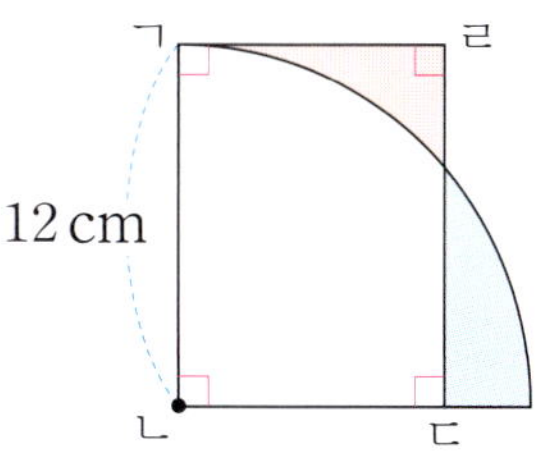

( )

08-2 〔변형〕 다음 그림은 원과 직사각형을 겹쳐 놓은 것입니다. 분홍색으로 색칠한 부분과 하늘색으로 색칠한 부분의 넓이가 같을 때 선분 ㄱㄹ의 길이는 몇 cm일까요? (원주율: 3.1)

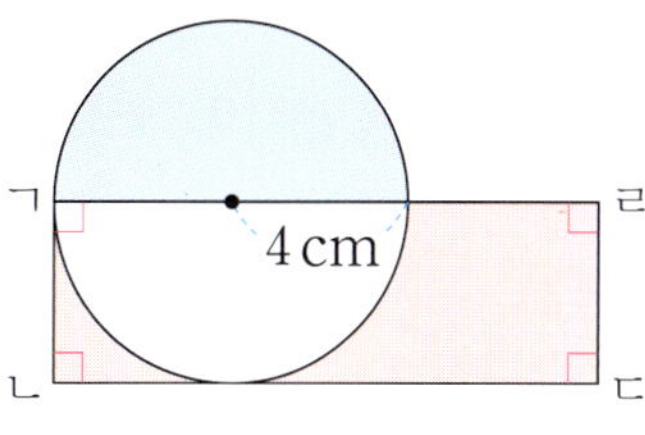

( )

08-3 〔발전〕 다음 그림은 원과 삼각형을 겹쳐 놓은 것입니다. 선분 ㄴㄷ의 길이가 9.3 cm이고 분홍색으로 색칠한 부분과 하늘색으로 색칠한 부분의 넓이가 같을 때 원의 반지름은 몇 cm일까요?

(원주율: 3.1)

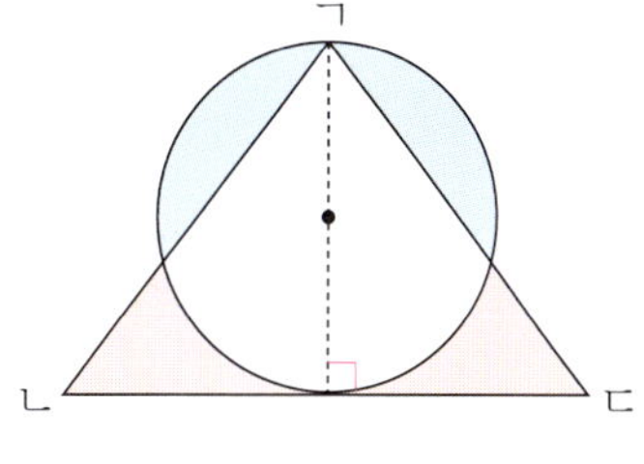

( )

01 가장 큰 원을 찾아 기호를 써 보세요. (원주율: 3.1)　　🎯 **대표 유형 01**

> ㉠ 원주가 21.7 cm인 원
> ㉡ 지름이 6.5 cm인 원
> ㉢ 반지름이 3.6 cm인 원

Tip
지름을 구하여 원의 크기를 비교합니다.

풀이

답 ______________________

02 큰 바퀴의 지름은 작은 바퀴의 지름의 1.5배입니다. 큰 바퀴의 원주가 45 cm일 때 작은 바퀴의 원주는 몇 cm일까요? (원주율: 3)　🎯 **대표 유형 02**

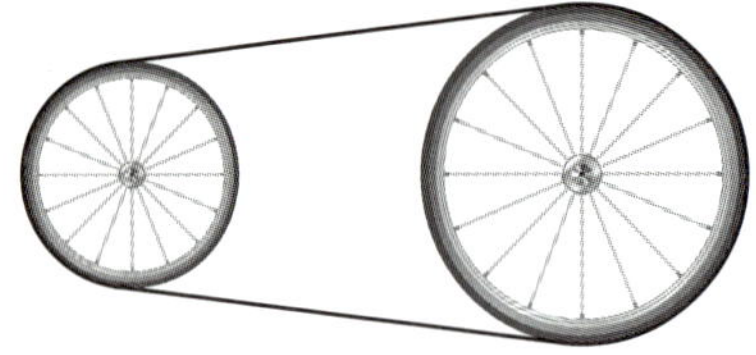

Tip
지름이 ■배가 되면 원주도 ■배가 됩니다.

풀이

답 ______________________

03 반지름이 8 cm인 원판을 한 방향으로 10바퀴 굴렸습니다. 원판이 굴러간 거리는 몇 cm일까요? (원주율: 3.14)　🎯 **대표 유형 03**

Tip
원판이 한 바퀴 굴러간 거리는 원판의 원주와 같습니다.

풀이

답 ______________________

04 색칠한 부분의 넓이는 몇 cm^2일까요? (원주율: 3.1)

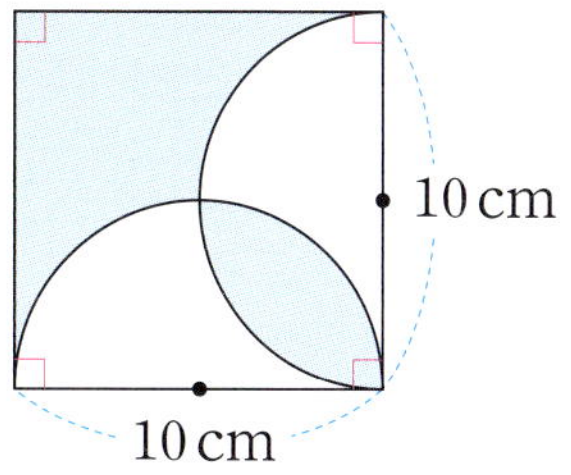

색칠한 부분의 일부를 옮겨 넓이를 구하기 쉬운 모양으로 바꿉니다.

풀이

답 ___________________

05 다음 그림은 원의 일부와 직각삼각형을 겹쳐 놓은 것입니다. 분홍색으로 색칠한 부분과 하늘색으로 색칠한 부분의 넓이가 같을 때 선분 ㄴㄷ의 길이는 몇 cm일까요? (원주율: 3)

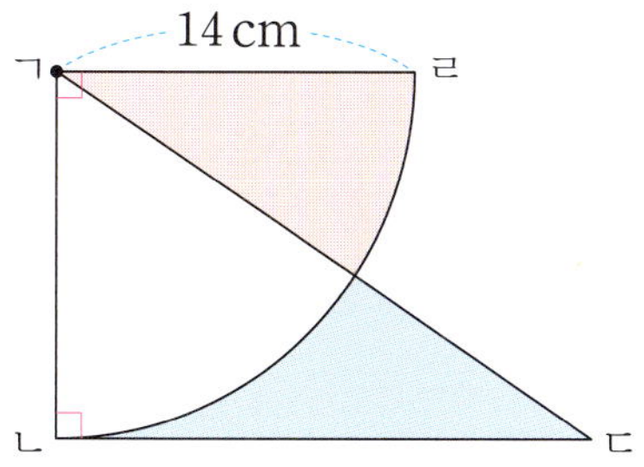

풀이

답 ___________________

06 그림과 같이 직사각형 안에 반지름이 20 cm인 원 3개를 맞닿게 그렸습니다. 색칠한 부분의 넓이는 몇 cm²일까요?

(원주율: 3.14)

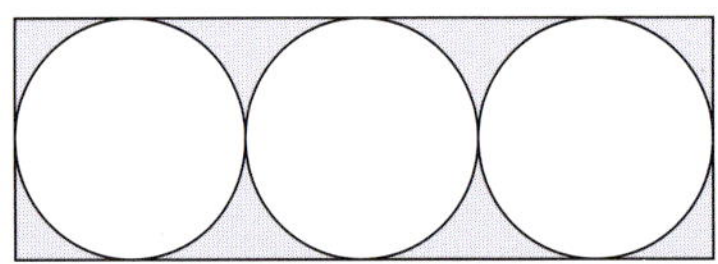

풀이

답 ___________________

07 색칠한 부분의 둘레는 몇 cm일까요? (원주율: 3.14)

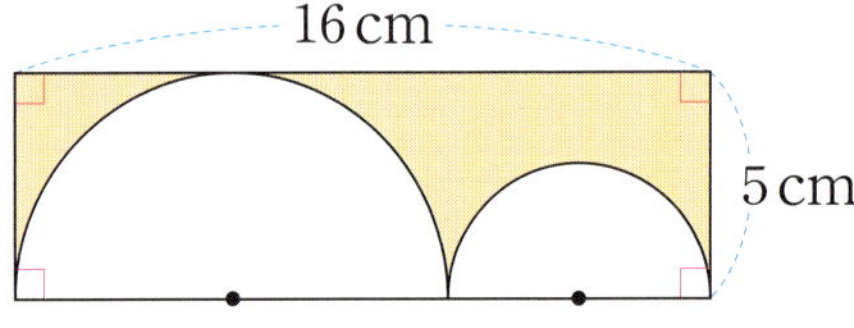

Tip
직선 부분과 곡선 부분으로 나누어 구합니다.

풀이

답 ___________________

08 그림과 같이 지름이 같은 원 4개를 겹치지 않게 붙여 놓았습니다. 빨간색 선의 길이가 63 cm일 때 지름은 몇 cm일까요? (원주율: 3)

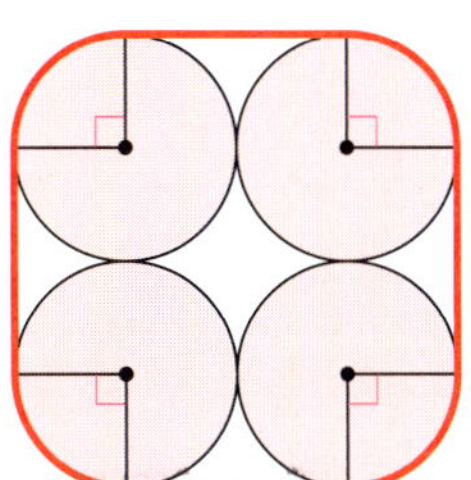

빨간색 선의 곡선 부분의 길이는 원주와 같습니다.

풀이

답 _______________

---

09 지름이 30 cm인 굴렁쇠를 한 방향으로 9바퀴 굴리고 이어서 지름이 35 cm인 굴렁쇠를 같은 방향으로 몇 바퀴 굴렸습니다. 두 굴렁쇠가 굴러간 거리는 모두 12 m 30 cm일 때 지름이 35 cm인 굴렁쇠를 몇 바퀴 굴린 것일까요? (원주율: 3)

풀이

답 _______________

6

원기둥, 원뿔, 구

원기둥 알아보기

 **교과서 개념**

- **원기둥**: 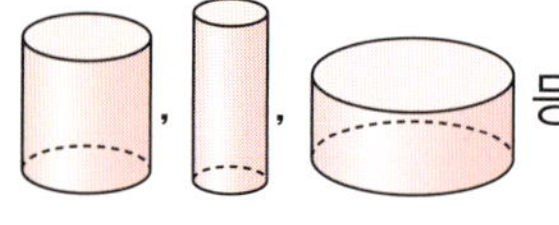 등과 같은 입체도형

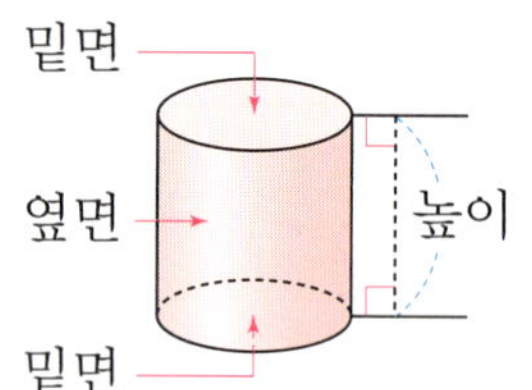

- **밑면**: 서로 평행하고 합동인 두 면
- **옆면**: 두 밑면과 만나는 면, 굽은 면
- **높이**: 두 밑면에 수직인 선분의 길이

- **원기둥의 전개도**: 원기둥을 잘라서 펼쳐 놓은 그림

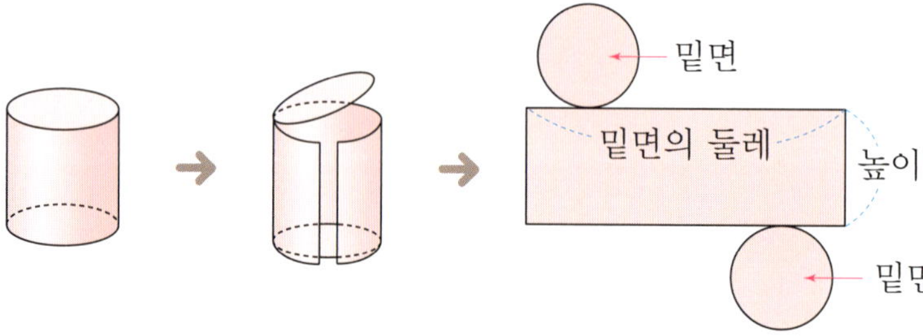

01 원기둥을 모두 고르세요. ·· ( )

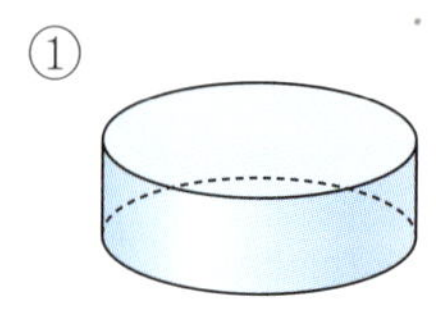 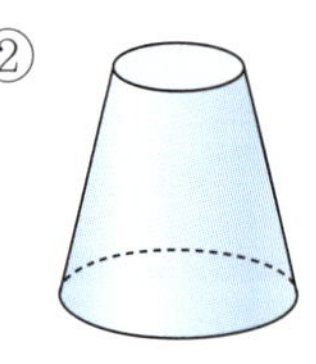 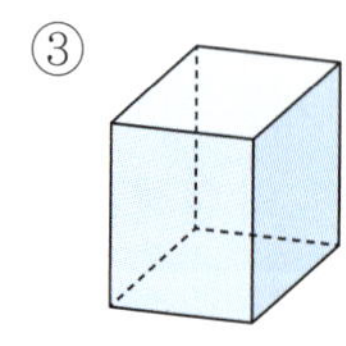 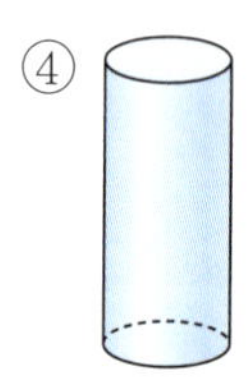 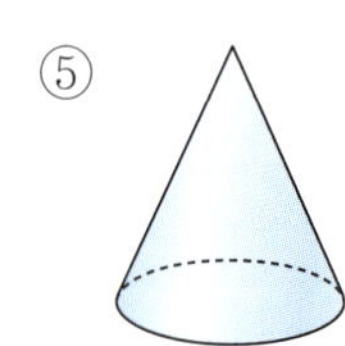

02 원기둥의 전개도를 찾아 기호를 써 보세요.

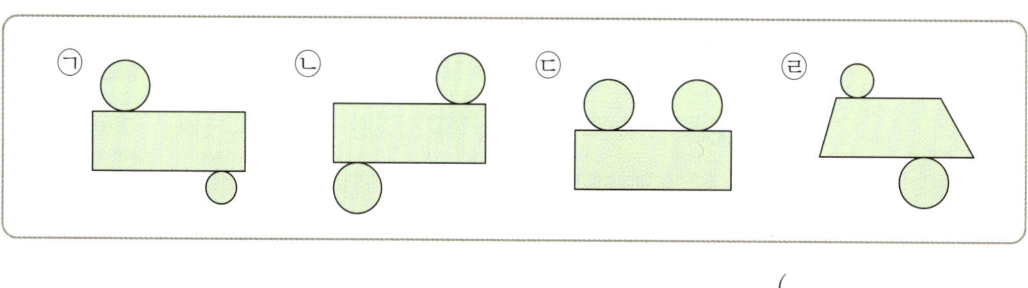

( )

활용 개념 1 필요한 색 테이프의 넓이 구하기 (원주율: 3)

• 원기둥의 옆면을 색 테이프로 겹치지 않게 둘러쌀 때 색 테이프의 넓이 구하기

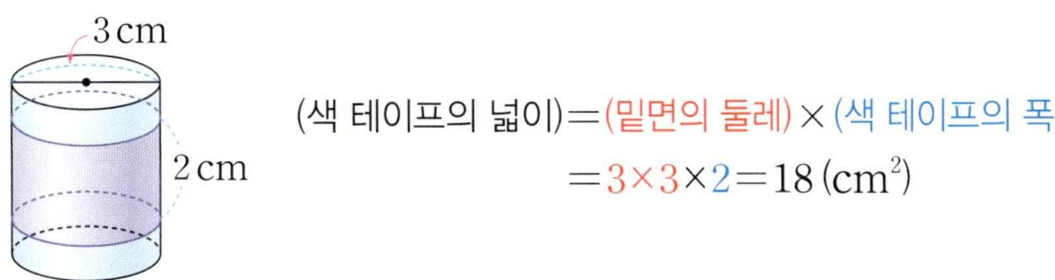

(색 테이프의 넓이)＝(밑면의 둘레)×(색 테이프의 폭)
$$=3×3×2=18\,(cm^2)$$

03 오른쪽 그림과 같이 원기둥의 옆면을 폭이 4 cm인 색 테이프로 겹치지 않게 둘러싸려고 합니다. 필요한 색 테이프의 넓이는 몇 cm²일까요?

(원주율: 3)

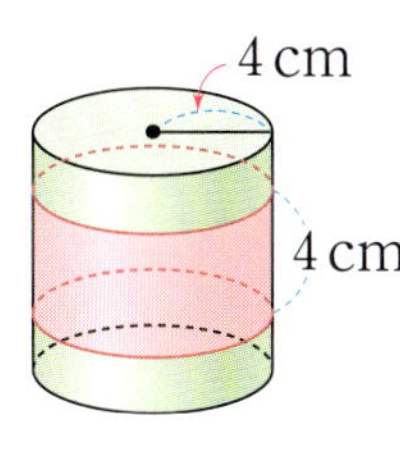

(   )

활용 개념 2 원기둥의 전개도로 원기둥의 밑면의 반지름 구하기 (원주율: 3)

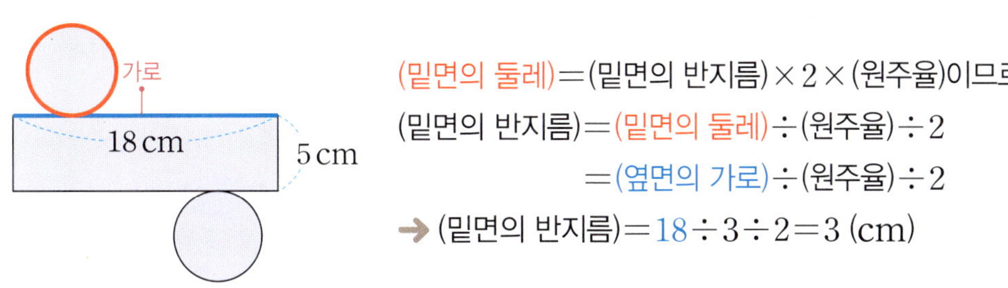

(밑면의 둘레)＝(밑면의 반지름)×2×(원주율)이므로
(밑면의 반지름)＝(밑면의 둘레)÷(원주율)÷2
$$=(옆면의 가로)÷(원주율)÷2$$
→ (밑면의 반지름)＝$18÷3÷2=3\,(cm)$

04 주어진 원기둥의 전개도에서 원기둥의 밑면의 반지름은 몇 cm일까요? (원주율: 3)

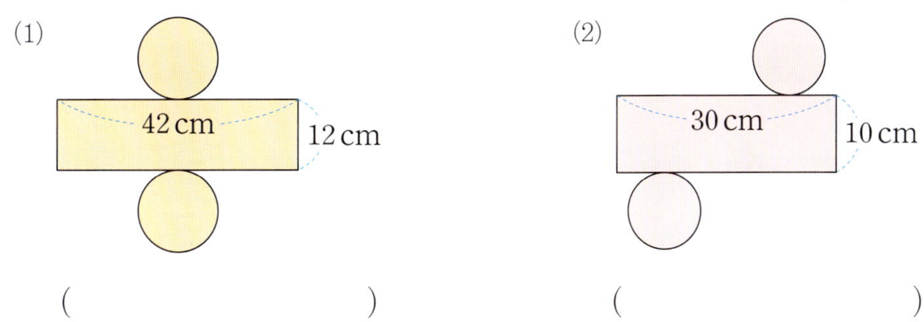

(1)

(   )

(2)

(   )

원뿔, 구 알아보기

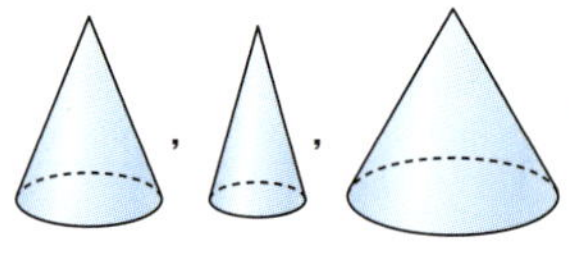

● **원뿔**: 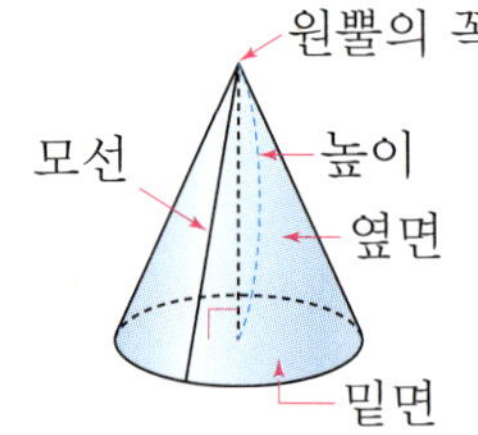 , , 등과 같은 입체도형

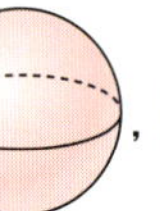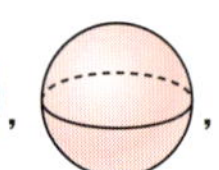

원뿔의 꼭짓점
모선
높이
옆면
밑면

— **밑면**: 평평한 면
— **옆면**: 옆을 둘러싼 굽은 면
— **원뿔의 꼭짓점**: 뾰족한 부분의 점
— **모선**: 원뿔의 꼭짓점과 밑면인 원의 둘레의 한 점을 이은 선분
— **높이**: 원뿔의 꼭짓점에서 밑면에 수직으로 내린 선분의 길이

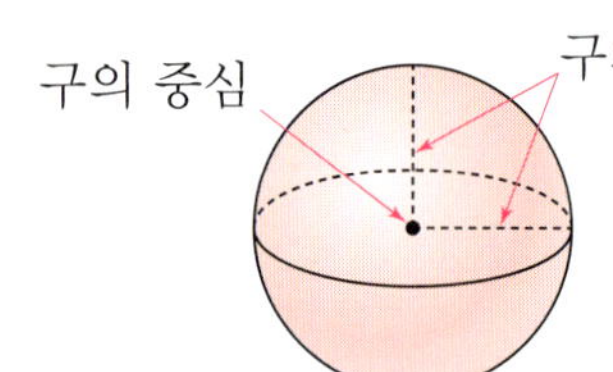

● **구**: , , 등과 같은 입체도형

구의 중심
구의 반지름

— **구의 중심**: 구에서 가장 안쪽에 있는 점
— **구의 반지름**: 구의 중심에서 구의 겉면의 한 점을 이은 선분

01 원뿔에 △표, 구에 ○표 하세요.

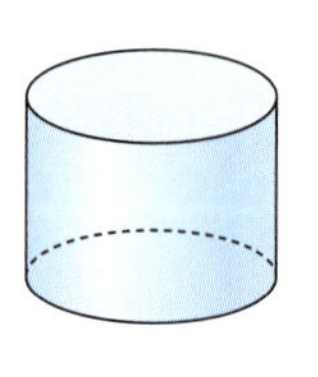

(   )   (   )   (   )   (   )

02 입체도형을 보고 ☐ 안에 알맞은 말을 써넣으세요.

(1) 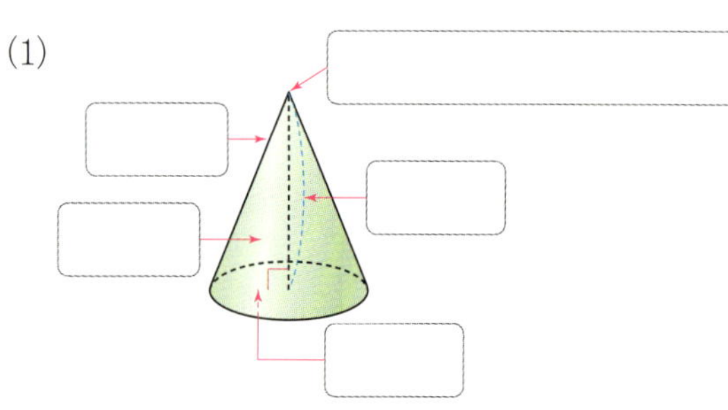

(2) 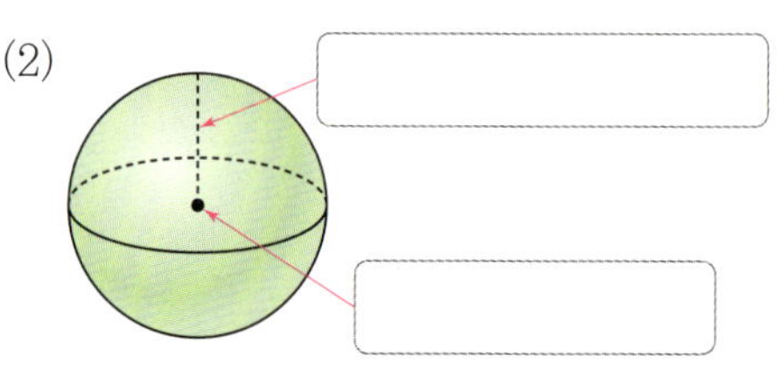

 위, 앞, 옆에서 본 모양으로 입체도형 알아보기

입체도형	위에서 본 모양	앞에서 본 모양	옆에서 본 모양
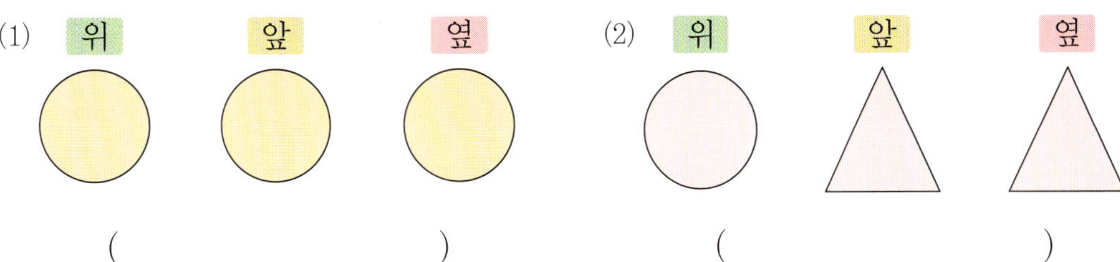	○	○	○
	○	□	□
	○	△	△

6

원기둥, 원뿔, 구

03 다음 그림은 어떤 입체도형을 위, 앞, 옆에서 본 모양입니다. 이 입체도형의 이름을 써 보세요.

(1) 위　　앞　　옆

(　　　　　　　　)

(2) 위　　앞　　옆

(　　　　　　　　)

04 두 입체도형을 앞에서 본 도형의 넓이가 같습니다. ☐ 안에 알맞은 수를 구하세요.

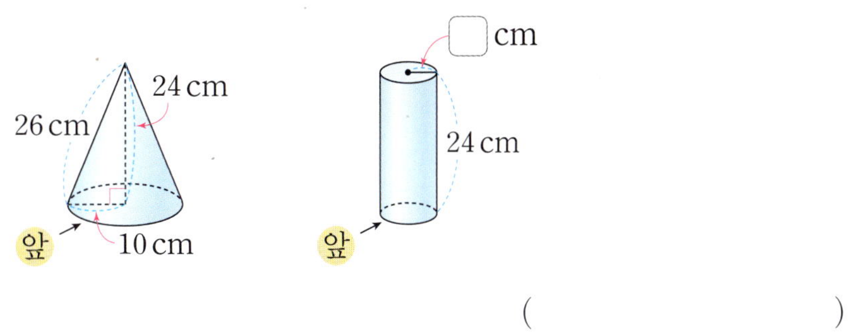

(　　　　　　　　)

평면도형 돌려 보기

● 한 변을 기준으로 평면도형 돌려 보기

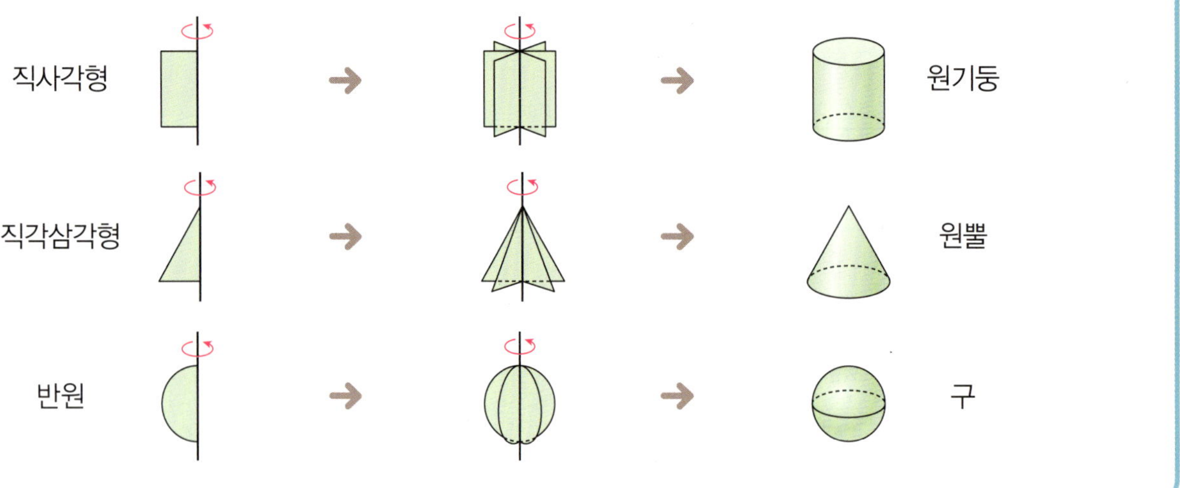

01 한 변을 기준으로 평면도형을 돌려 만든 입체도형을 그려 보세요.

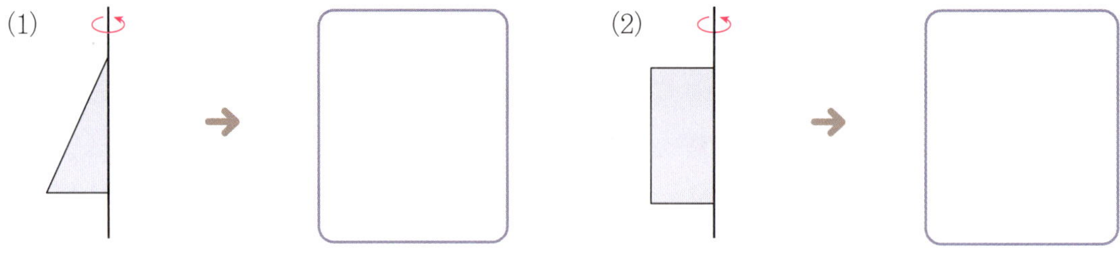

02 반원 모양의 종이를 지름을 기준으로 돌려 만든 입체도형의 반지름은 몇 cm일까요?

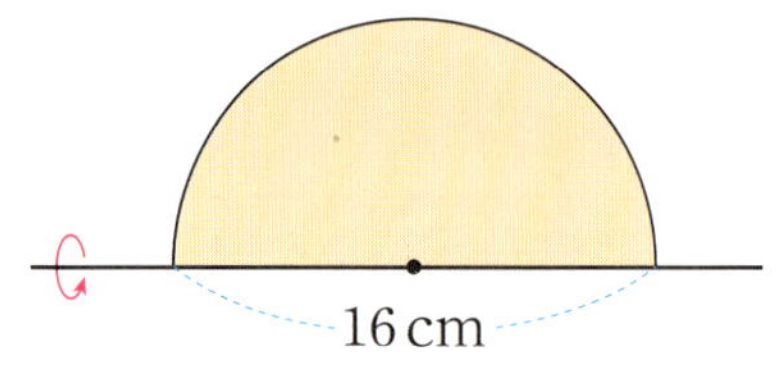

(   )

활용 개념 **1** 회전체 [중등 연계]

- **회전체**: 한 직선을 기준으로 평면도형을 돌려 만든 입체도형
- **회전축**: 회전체를 만들 때 축이 되는 직선

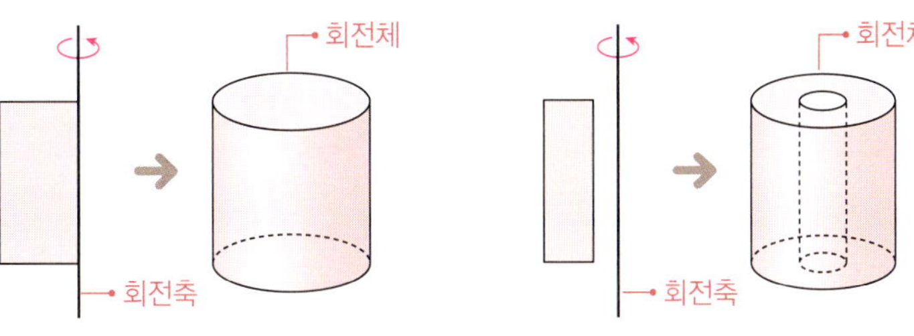

03 회전축을 기준으로 직사각형 모양의 종이를 그림과 같이 돌려서 회전체 2개를 만들었습니다. 만든 두 회전체의 밑면의 둘레의 차는 몇 cm일까요? (원주율: 3)

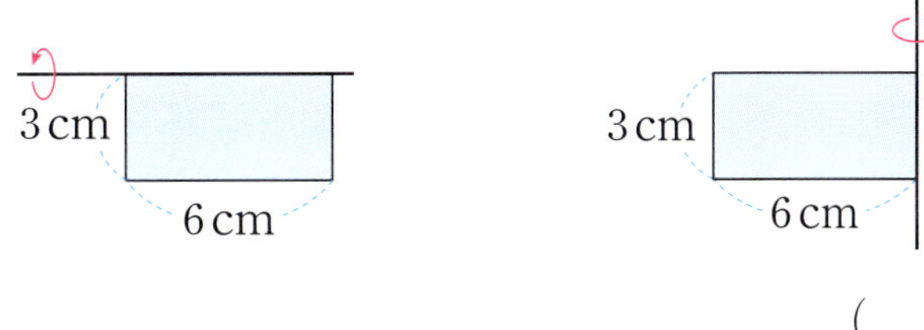

( )

6

원기둥, 원뿔, 구

활용 개념 **2** 입체도형을 평면으로 잘랐을 때 생기는 면의 모양 [중등 연계]

- **단면**: 입체도형을 평면으로 잘랐을 때 생기는 면

입체도형			
회전축을 품은 평면으로 잘랐을 때 단면	□	△	○
회전축에 수직인 평면으로 잘랐을 때 단면	○	○	○

04 어떤 입체도형을 주어진 면으로 잘랐더니 다음과 같았습니다. 이 입체도형의 이름을 써 보세요.

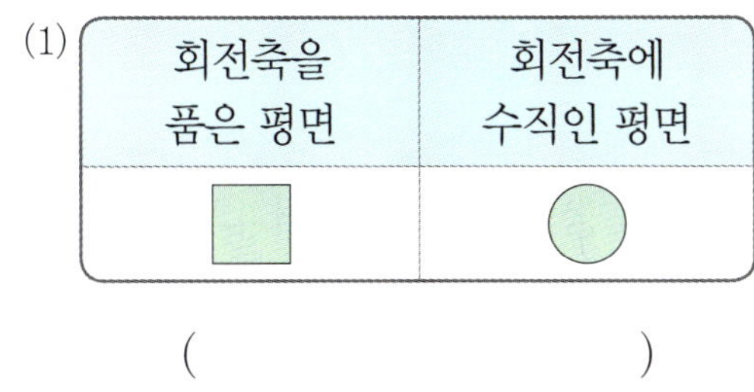

(1)

회전축을 품은 평면	회전축에 수직인 평면
□	○

( )

(2)

회전축을 품은 평면	회전축에 수직인 평면
○	○

( )

입체도형의 특징을 알자.

입체도형				
밑면의 모양	오각형	오각형	원	원
밑면의 수	2개	1개	2개	1개
굽은 면	없음	없음	있음	있음

대표 유형 01

원기둥과 각기둥의 공통점을 찾아 기호를 써 보세요.

> ㉠ 꼭짓점이 있습니다.
> ㉡ 밑면의 모양은 원입니다.
> ㉢ 밑면이 2개입니다.

풀이

❶ 원기둥의 특징: ㉡, ☐

　원기둥의 특징: ☐, ☐

❷ 원기둥과 각기둥의 공통점은 ☐입니다.

답 ____________________

예제 원뿔과 각뿔의 공통점을 찾아 기호를 써 보세요.

> ㉠ 뿔 모양이고 꼭짓점이 있습니다.
> ㉡ 굽은 면이 있습니다.
> ㉢ 밑면의 모양은 다각형입니다.

(　　　　　　　　　)

01-1 원기둥과 원뿔의 공통점을 찾아 모두 기호를 써 보세요.

변형

> ㉠ 굽은 면이 있습니다.
> ㉡ 밑면의 모양이 원입니다.
> ㉢ 꼭짓점이 있습니다.

(   )

01-2 원기둥과 구의 공통점을 찾아 기호를 써 보세요.

변형

> ㉠ 평평한 면이 있습니다.
> ㉡ 회전축에 수직인 평면으로 자른 모양은 원입니다.
> ㉢ 어느 방향에서 보아도 모양이 같습니다.

(   )

01-3 원기둥, 원뿔, 구에 대한 설명으로 알맞은 것을 찾아 기호를 써 보세요.

발전

> ㉠ 원뿔과 구는 꼭짓점이 있습니다.
> ㉡ 원기둥과 원뿔을 회전축을 품은 평면으로 자른 모양은 원입니다.
> ㉢ 원기둥과 원뿔은 밑면이 있습니다.

(   )

원기둥과 전개도에서 길이가 같은 부분을 찾자.

유형 솔루션

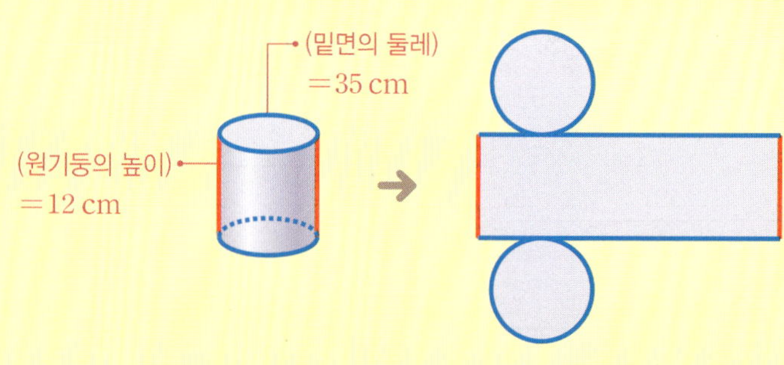

(원기둥의 전개도의 둘레)=$35 \times 4 + 12 \times 2 = 164$ (cm)

대표 유형 02

다음 원기둥의 전개도에서 밑면의 둘레가 10 cm입니다. 원기둥의 전개도의 둘레는 몇 cm인지 구하세요.

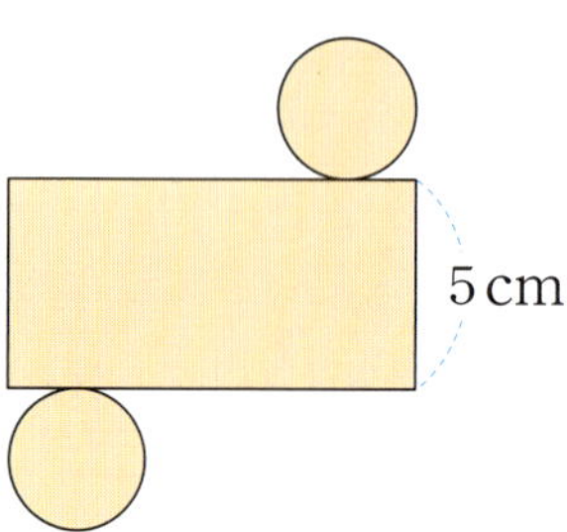

풀이

❶ 밑면의 둘레는 10 cm이고 원기둥의 높이는 ☐ cm입니다.

❷ (원기둥의 전개도의 둘레)=(밑면의 둘레)×4+(원기둥의 높이)×2

$$=10 \times \boxed{} + \boxed{} \times 2 = \boxed{} \text{ (cm)}$$

답 ____________________

예제 다음 원기둥의 전개도에서 밑면의 둘레가 11 cm입니다. 원기둥의 전개도의 둘레는 몇 cm인지 구하세요.

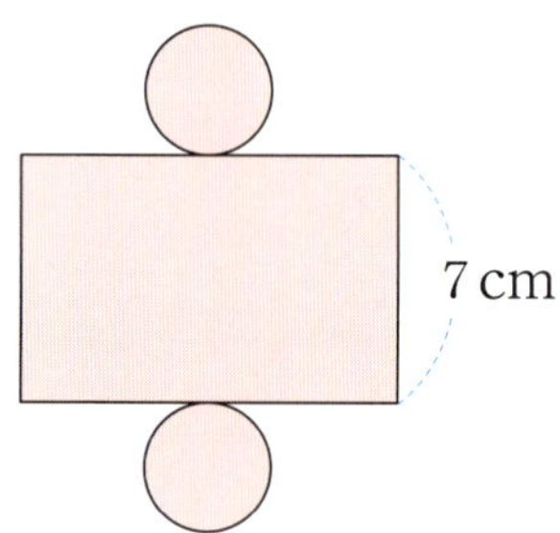

( )

02 – 1 원기둥과 원기둥의 전개도입니다. 이 원기둥의 밑면의 둘레가 34 cm일 때 원기둥의 전개도
변형 의 둘레는 몇 cm인지 구하세요.

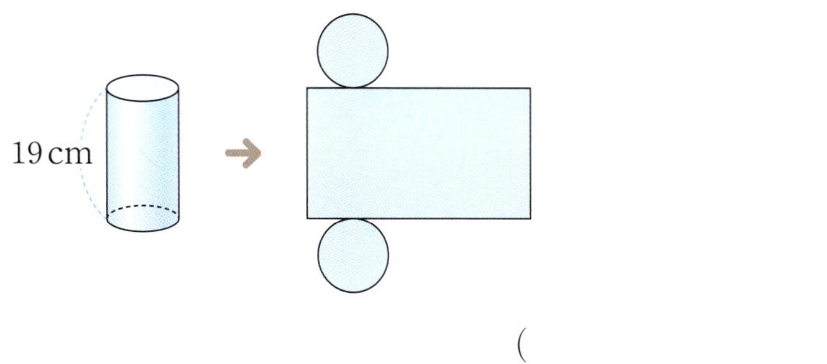

(   )

02 – 2 원기둥과 원기둥의 전개도입니다. 이 원기둥의 전개도의 둘레는 몇 cm인지 구하세요.
변형 (원주율: 3.1)

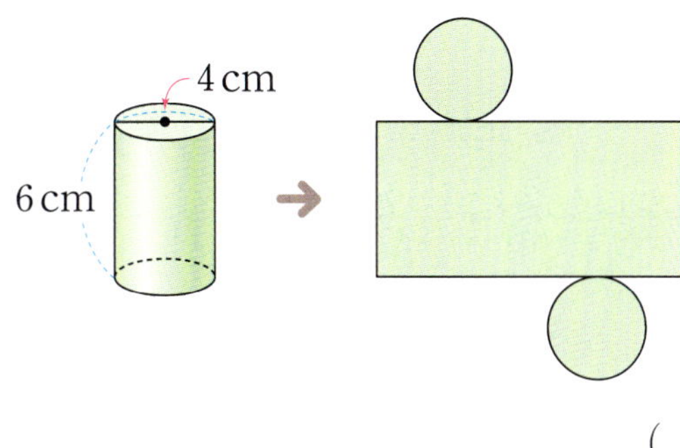

(   )

02 – 3 다음 원기둥의 전개도의 둘레는 705.2 cm입니다. 이 원기둥의 전개도를 접어 만든 원기둥
발전 의 밑면의 둘레는 몇 cm인지 구하세요. (원주율: 3.1)

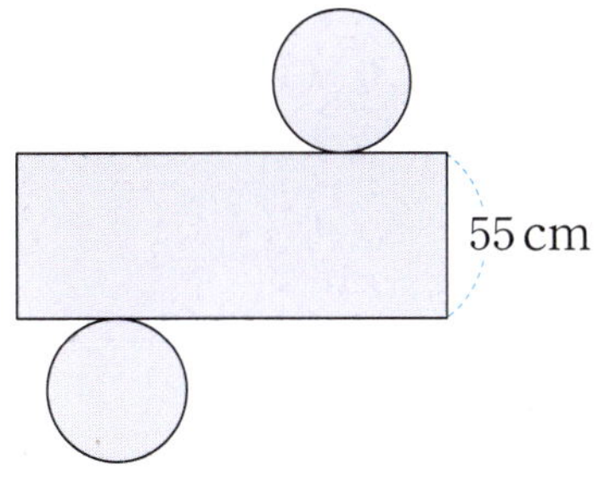

(   )

원기둥의 전개도로 원기둥의 옆면의 넓이를 생각하자.

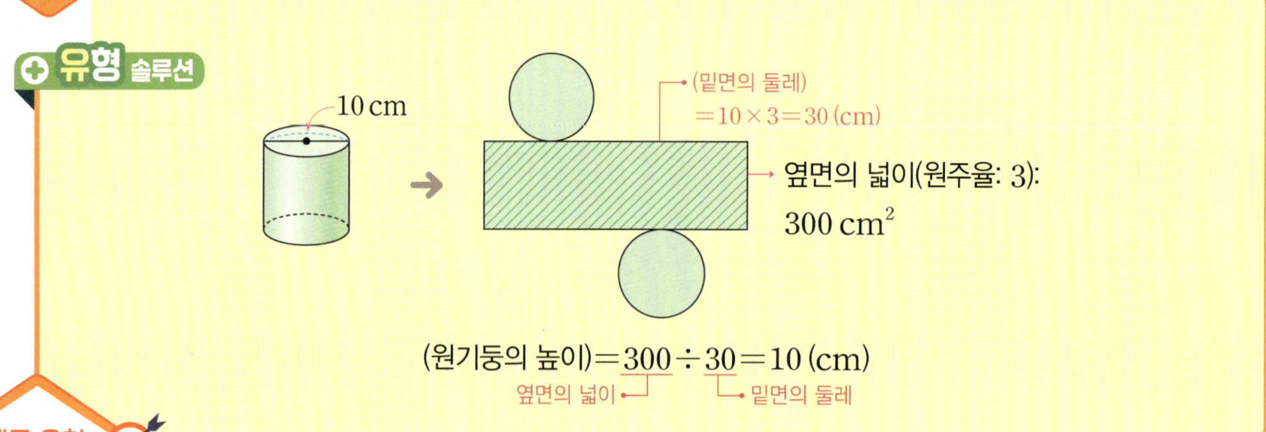

대표 유형 03

오른쪽 원기둥의 옆면의 넓이가 336 cm^{2}일 때 원기둥의 높이는 몇 cm인지 구하세요. (원주율: 3)

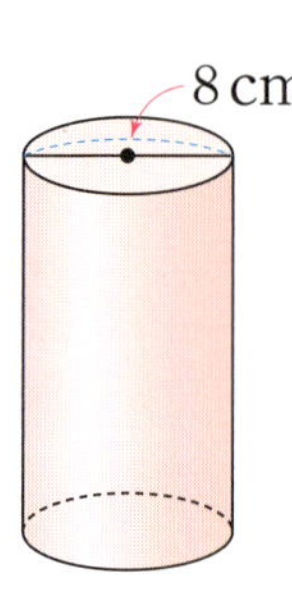

풀이

❶ (밑면의 둘레)$=$(밑면의 지름)$\times$(원주율)$=$ ☐ $\times 3 =$ ☐ (cm)

❷ (원기둥의 높이)$=$(옆면의 넓이)$\div$(밑면의 둘레)$=336 \div$ ☐ $=$ ☐ (cm)

답 _______________

예제 오른쪽 원기둥의 옆면의 넓이가 684 cm^{2}일 때 원기둥의 높이는 몇 cm인지 구하세요. (원주율: 3)

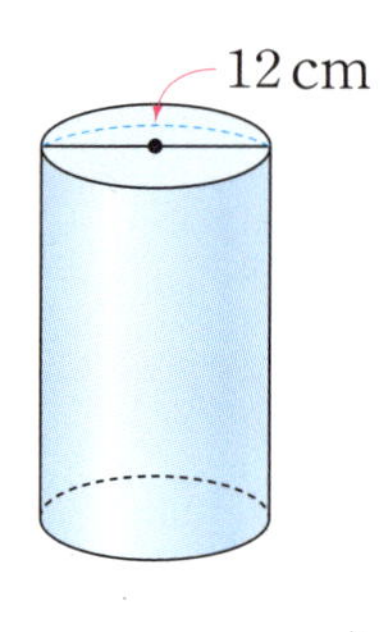

(   )

03-1 _{변형} 오른쪽 원기둥의 옆면의 넓이가 $1200\ \text{cm}^2$일 때 원기둥의 밑면의 지름은 몇 cm인지 구하세요. (원주율: 3)

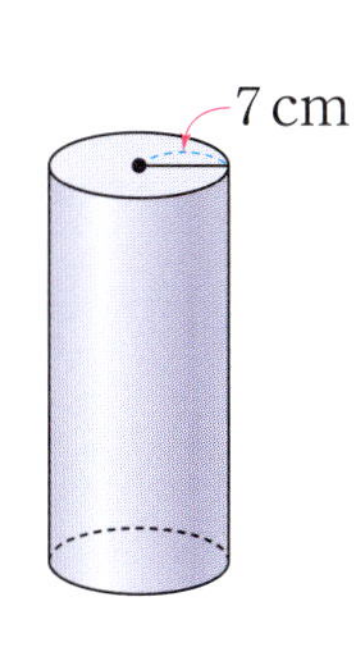

(   )

03-2 _{변형} 오른쪽 원기둥의 모든 면의 넓이의 합이 $1554\ \text{cm}^2$일 때 원기둥의 높이는 몇 cm인지 구하세요. (원주율: 3)

(   )

03-3 _{발전} 삼각기둥의 옆면의 넓이의 합과 원기둥의 옆면의 넓이가 같을 때 원기둥의 높이는 몇 cm인지 구하세요. (원주율: 3)

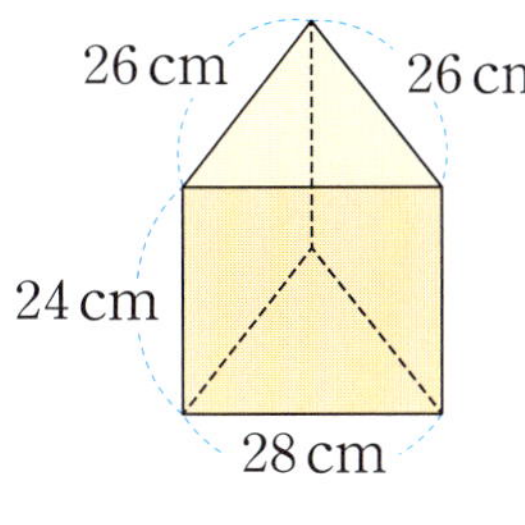

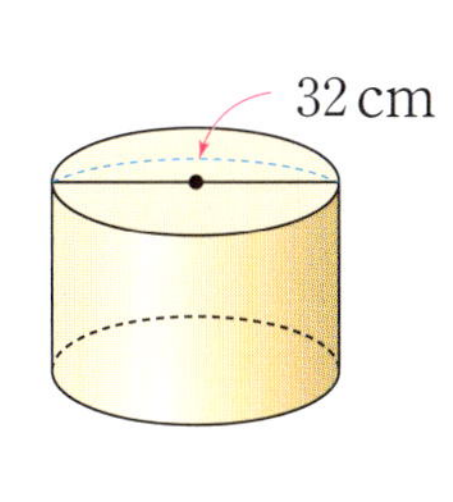

(   )

한 바퀴 굴렸을 때 칠해진 부분의 넓이는 롤러의 옆면의 넓이로 구하자.

유형 솔루션

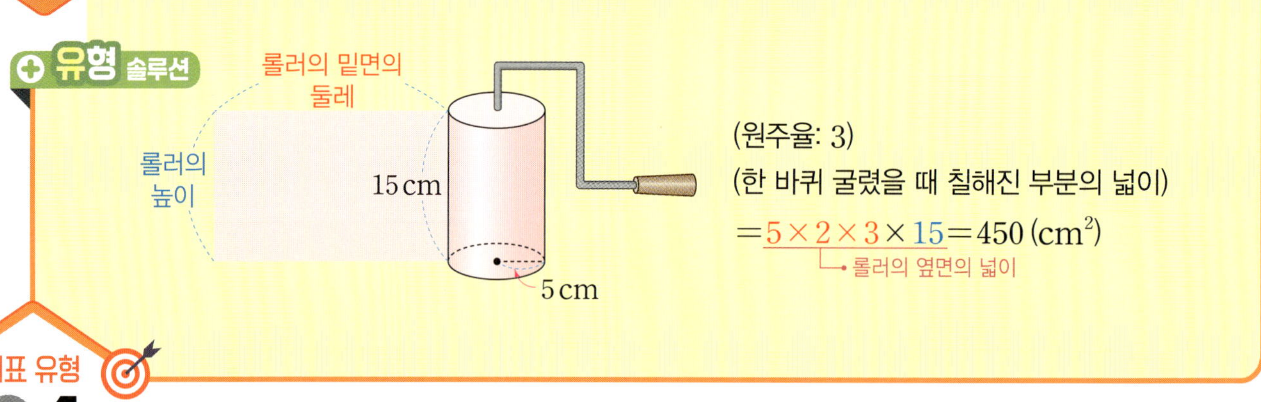

$$= 5 \times 2 \times 3 \times 15 = 450 \,(\text{cm}^2)$$

대표 유형 04

오른쪽과 같은 원기둥 모양의 롤러에 페인트를 묻혀 한 방향으로 2바퀴 굴렸습니다. 페인트가 칠해진 부분의 넓이는 몇 cm^2인지 구하세요.

(원주율: 3)

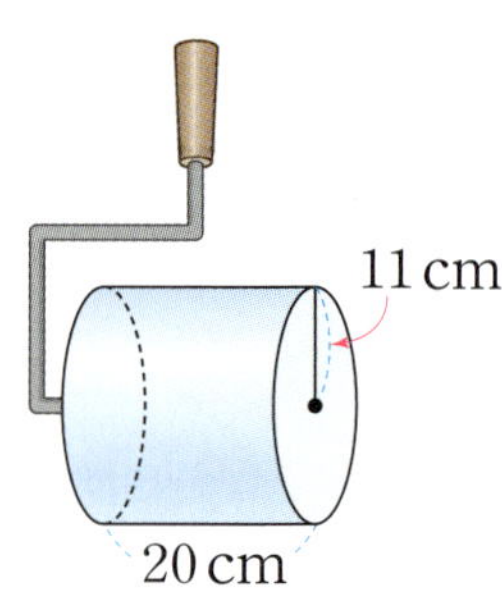

풀이

❶ (롤러의 밑면의 둘레)= [　] ×2×3= [　] (cm)

❷ (한 바퀴 굴렸을 때 칠해진 부분의 넓이)

= (롤러의 옆면의 넓이)= [　] ×20= [　] (cm^2)

❸ 원기둥 모양의 롤러에 페인트를 묻혀 한 방향으로 [　] 바퀴 굴렸으므로

(페인트가 칠해진 부분의 넓이)= [　] ×2= [　] (cm^2)

답 _______________

예제 오른쪽과 같은 원기둥 모양의 롤러에 페인트를 묻혀 한 방향으로 4바퀴 굴렸습니다. 페인트가 칠해진 부분의 넓이는 몇 cm^2인지 구하세요.

(원주율: 3)

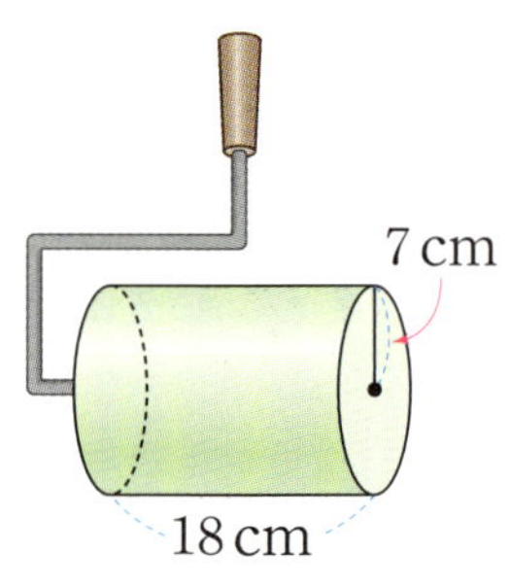

(　　　　　　　　　)

≫ 정답 및 풀이 **51~52**쪽

04-1 〔변형〕 오른쪽과 같은 원기둥 모양의 롤러에 페인트를 묻혀 몇 바퀴 굴렸을 때 페인트가 칠해진 부분의 넓이는 2520 cm²입니다. 롤러를 적어도 몇 바퀴 굴렸는지 구하세요. (원주율: 3)

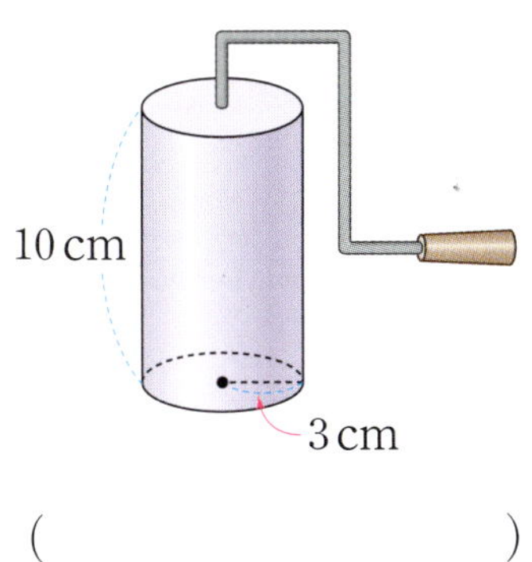

(   )

04-2 〔변형〕 오른쪽과 같은 원기둥 모양의 롤러에 페인트를 묻혀 한 방향으로 7바퀴 굴렸을 때 페인트가 칠해진 부분의 넓이는 1680 cm²입니다. 롤러의 높이는 몇 cm인지 구하세요.
(원주율: 3)

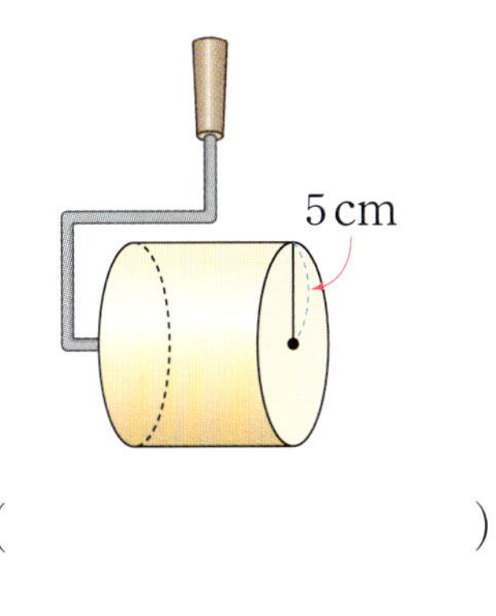

(   )

04-3 〔변형〕 오른쪽과 같은 원기둥 모양의 롤러에 페인트를 묻혀 한 방향으로 24바퀴 굴렸을 때 페인트가 칠해진 부분의 넓이는 8640 cm²입니다. 롤러의 밑면의 반지름은 몇 cm인지 구하세요. (원주율: 3)

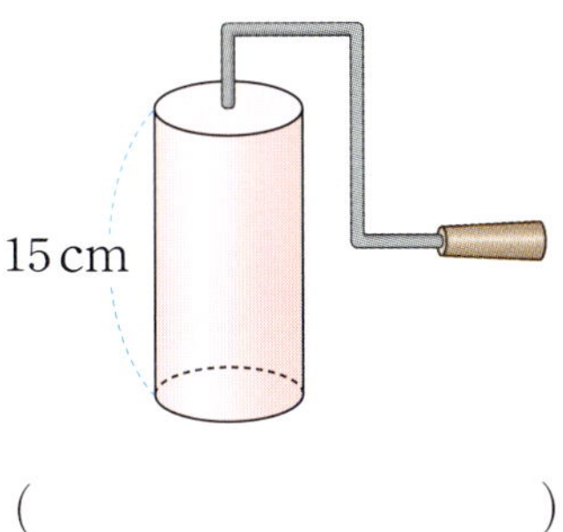

(   )

위, 앞, 옆에서 본 모양을 그려보자.

	원기둥	원뿔	구
위에서 본 모양	원	원	원
앞, 옆에서 본 모양	직사각형	이등변삼각형	원

대표 유형 05

오른쪽 원뿔을 앞에서 본 모양의 넓이는 몇 cm^2인지 구하세요.

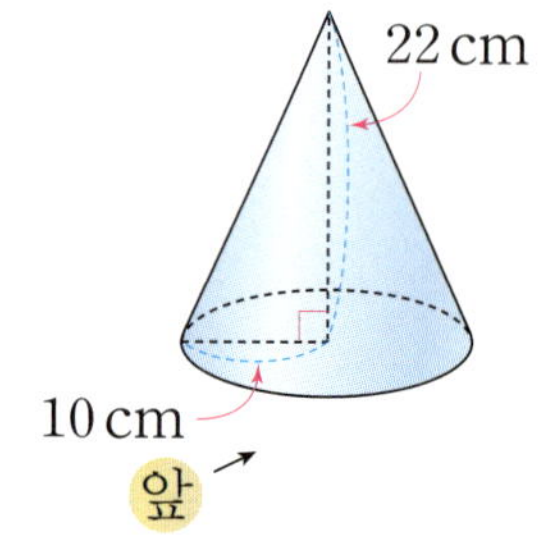

풀이

❶ 원뿔을 앞에서 본 모양을 그리면 오른쪽과 같은 삼각형 모양입니다.

❷ (삼각형의 넓이)$=20\times$ ▢ $\div$ ▢ $=$ ▢ (cm^2)

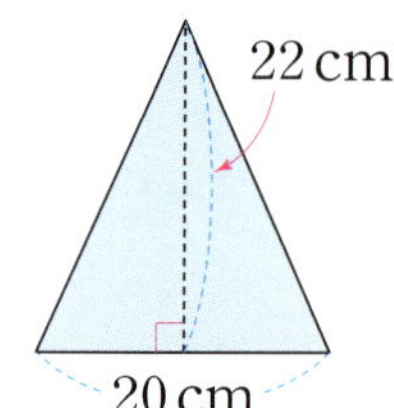

답 ______________

예제 오른쪽 원기둥을 앞에서 본 모양의 넓이는 몇 cm^2인지 구하세요.

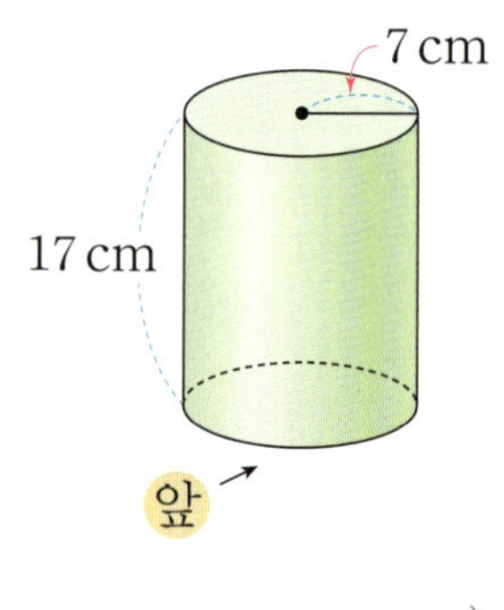

(   )

05-1 오른쪽 구를 위에서 본 모양의 넓이는 몇 cm²인지 구하세요.
변형

(원주율: 3)

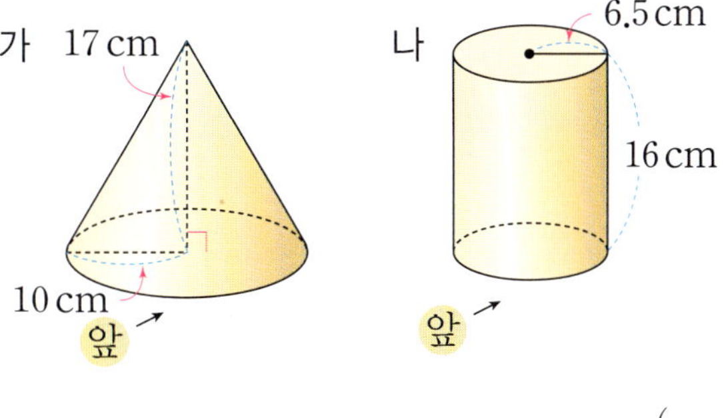

(   )

05-2 두 입체도형 중 앞에서 본 모양의 넓이가 더 넓은 것은 어느 것인지 기호를 써 보세요.
변형

(   )

05-3 오른쪽 원뿔을 옆에서 본 모양의 넓이는 525 cm²입니다.
발전   이 원뿔의 높이는 몇 cm인지 구하세요.

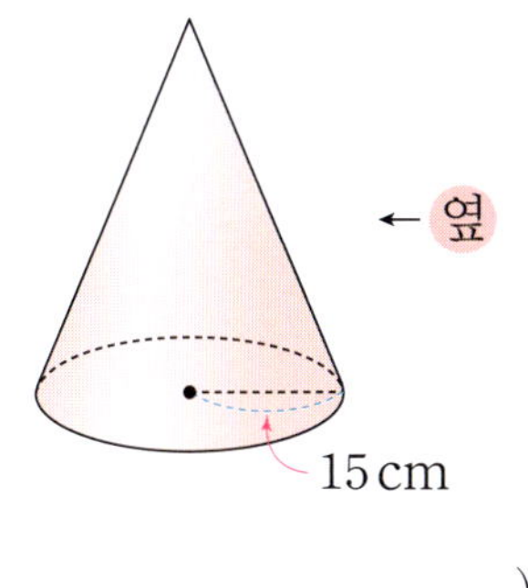

(   )

6

원기둥, 원뿔, 구

위에서 본 모양으로 포장지의 가로를 구하자.

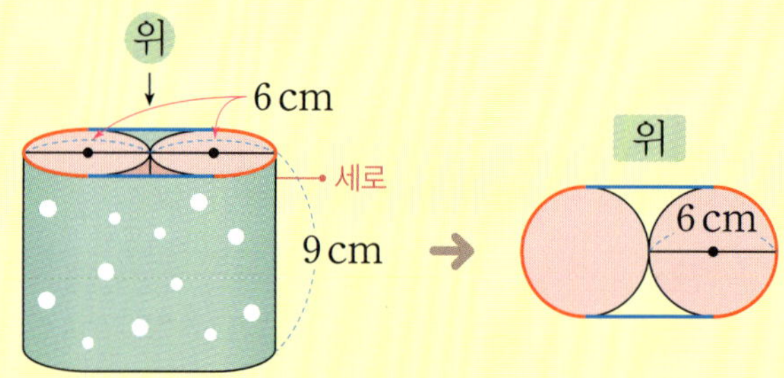

(원주율: 3)

(사용한 포장지의 가로)$= 6 \times 3 + 6 \times 2 = 30$ (cm)
원기둥의 밑면의 둘레

대표 유형 06

오른쪽 그림과 같이 원기둥 모양의 같은 과자 통 2개를 직사각형 모양의 포장지로 겹쳐진 부분 없이 둘러쌌습니다. 사용한 포장지의 넓이는 몇 cm^2인지 구하세요. (원주율: 3)

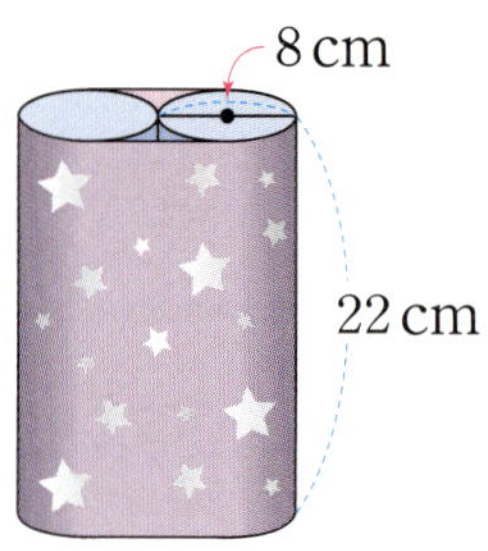

풀이

❶ (사용한 포장지의 가로)=(과자 통의 밑면의 둘레)+(과자 통의 밑면의 지름)$\times 2$

$$= \boxed{} \times 3 + \boxed{} \times 2 = \boxed{} \text{ (cm)}$$

❷ (사용한 포장지의 세로)$= \boxed{}$ cm

❸ (사용한 포장지의 넓이)$= \boxed{} \times \boxed{} = \boxed{}$ (cm^2)

답 _______________

예제 오른쪽 그림과 같이 원기둥 모양의 같은 과자 통 3개를 직사각형 모양의 포장지로 겹쳐진 부분 없이 둘러쌌습니다. 사용한 포장지의 넓이는 몇 cm^2인지 구하세요. (원주율: 3)

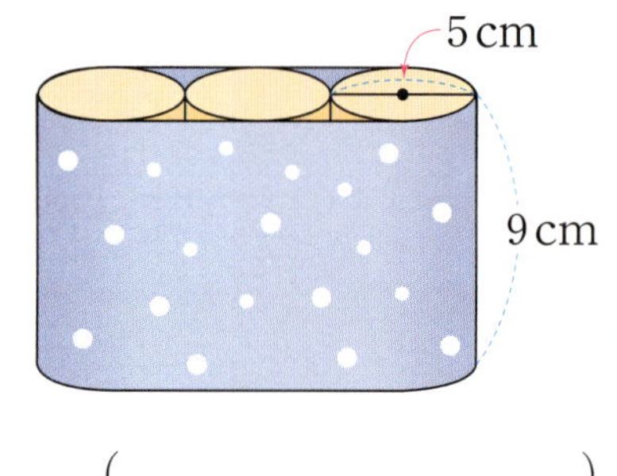

( )

06-1 변형
그림과 같이 원기둥 모양의 같은 음료수 캔 4개를 직사각형 모양의 포장지로 겹쳐진 부분 없이 둘러쌌습니다. 사용한 포장지의 넓이는 몇 cm^2인지 구하세요. (원주율: 3.1)

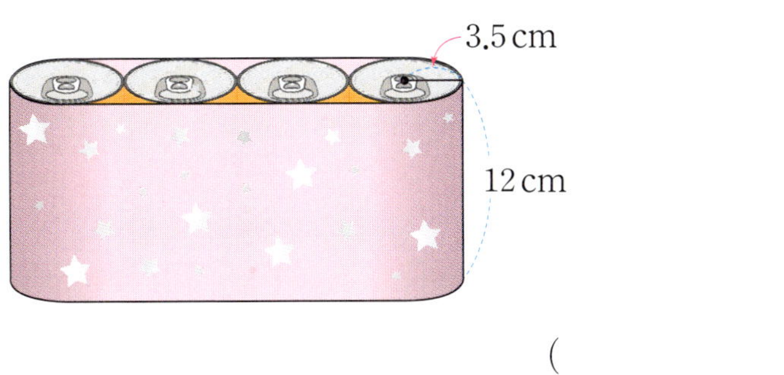

(   )

06-2 변형
그림과 같이 원기둥 모양의 같은 풀 4개를 직사각형 모양의 포장지로 겹쳐진 부분 없이 둘러쌌습니다. 사용한 포장지의 넓이는 몇 cm^2인지 구하세요. (원주율: 3.1)

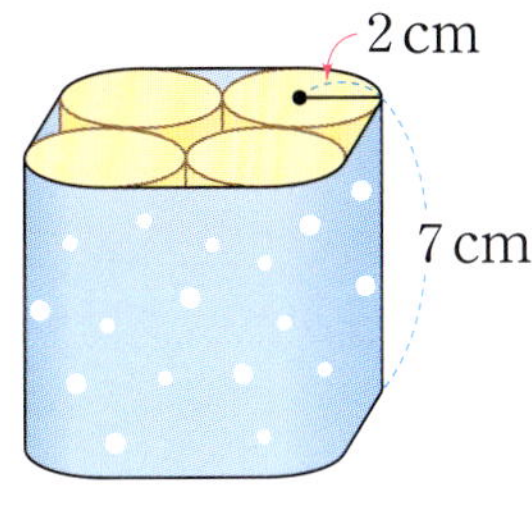

(   )

06-3 발전
그림과 같이 원기둥 모양의 같은 통 3개를 직사각형 모양의 포장지로 겹쳐진 부분 없이 둘러쌌습니다. 가와 나에 사용한 포장지 넓이의 차는 몇 cm^2인지 구하세요. (원주율: 3.1)

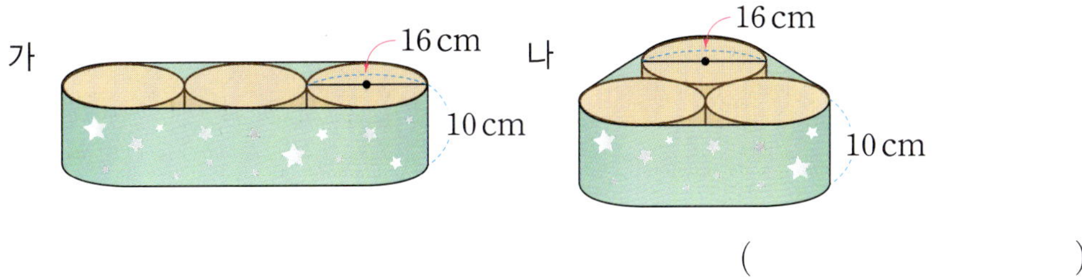

(   )

돌리기 전의 평면도형을 생각하자.

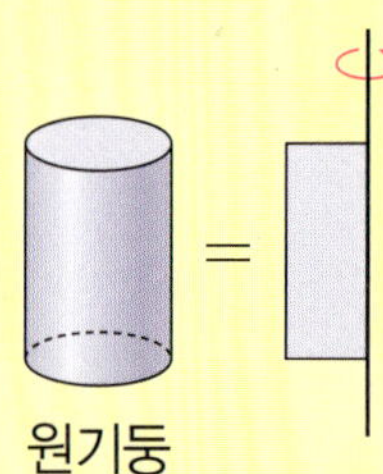

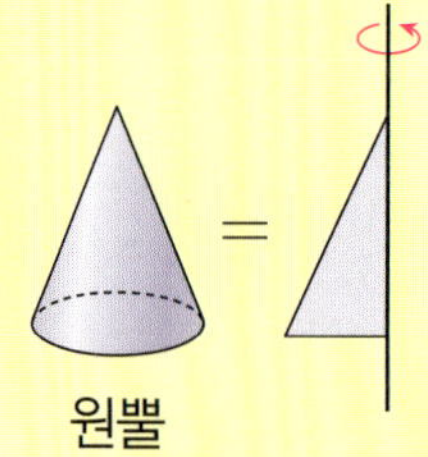

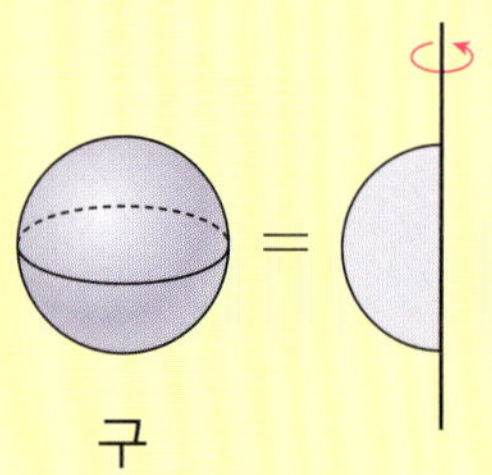

대표 유형 07

오른쪽 입체도형은 한 변을 기준으로 어떤 평면도형을 돌려 만든 것입니다. 돌리기 전의 평면도형의 둘레는 몇 cm인지 구하세요.

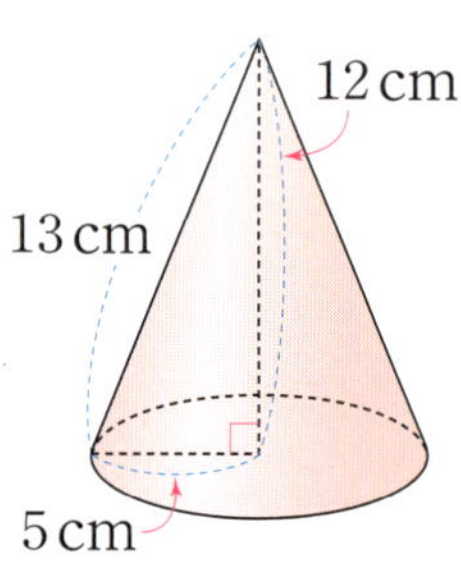

풀이

❶ 돌리기 전의 평면도형은 오른쪽과 같습니다.

❷ (평면도형의 둘레)=13+ ☐ + ☐ = ☐ (cm)

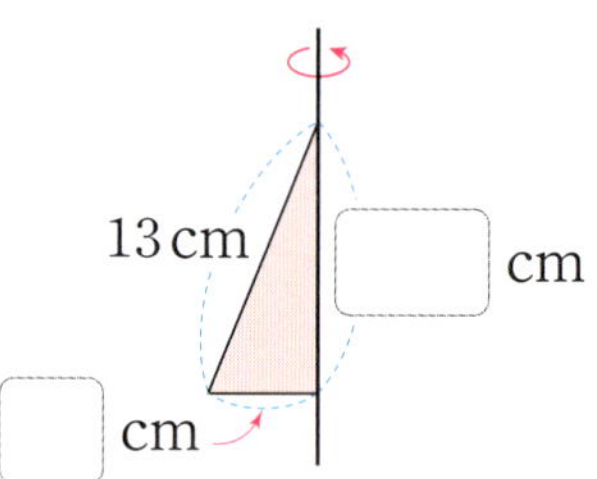

답 ______________________

예제 오른쪽 입체도형은 한 변을 기준으로 어떤 평면도형을 돌려 만든 것입니다. 돌리기 전의 평면도형의 둘레는 몇 cm인지 구하세요.

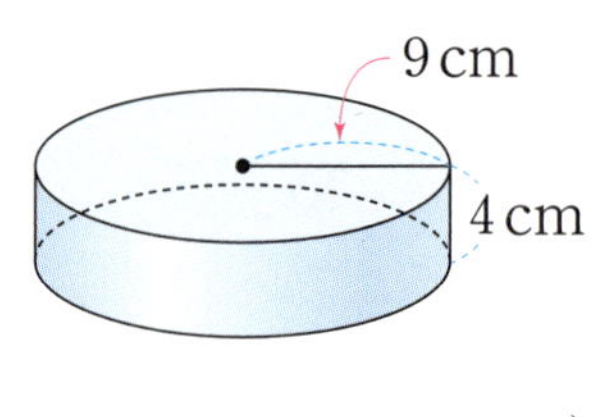

(   )

>> 정답 및 풀이 **54~55**쪽

07 – 1 **변형** 오른쪽 입체도형은 한 변을 기준으로 어떤 평면도형을 돌려 만든 것입니다. 돌리기 전의 평면도형의 둘레는 몇 cm인지 구하세요.

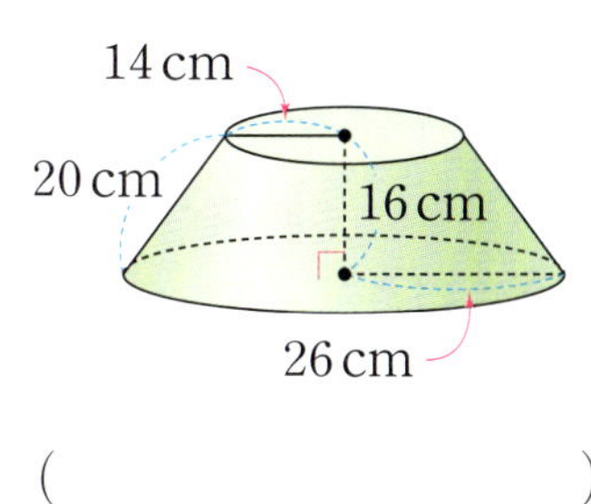

(   )

07 – 2 **변형** 오른쪽 입체도형은 한 선분을 기준으로 어떤 평면도형을 돌려 만든 것입니다. 돌리기 전의 평면도형의 둘레는 몇 cm인지 구하세요. (원주율: 3.1)

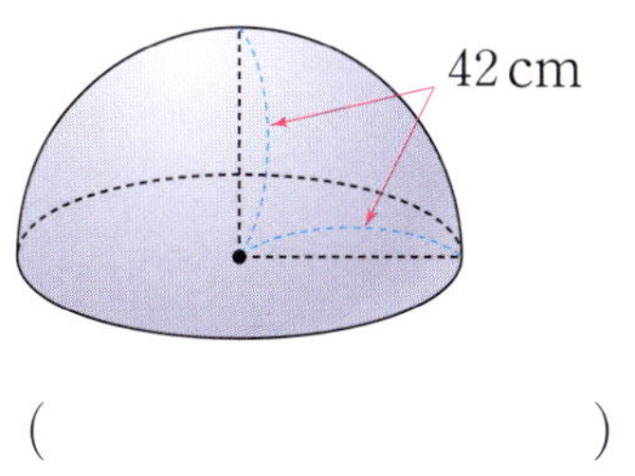

(   )

07 – 3 **발전** 오른쪽 입체도형은 한 변을 기준으로 어떤 평면도형을 돌려 만든 것입니다. 돌리기 전의 평면도형의 둘레는 몇 cm인지 구하세요.

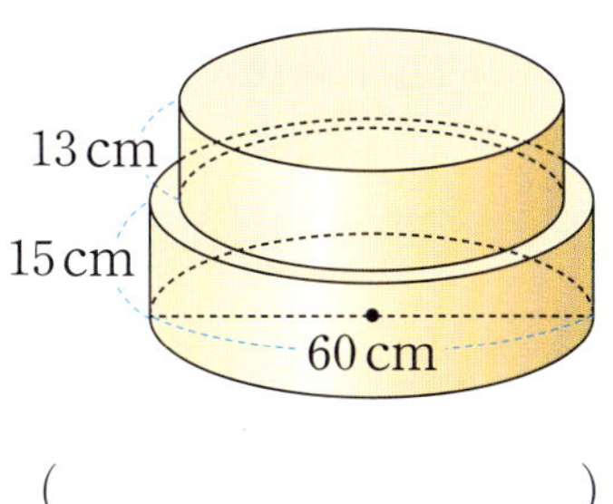

(   )

실전 적용

대표 유형 01

01 원뿔과 구의 공통점을 찾아 기호를 써 보세요.

> ㉠ 꼭짓점이 있습니다.
> ㉡ 굽은 면이 있습니다.
> ㉢ 회전축을 품은 평면으로 자른 모양은 원입니다.

풀이

답 ____________

대표 유형 02

02 원기둥과 원기둥의 전개도입니다. 이 원기둥의 밑면의 둘레가 40 cm일 때 원기둥의 전개도의 둘레는 몇 cm인지 구하세요.

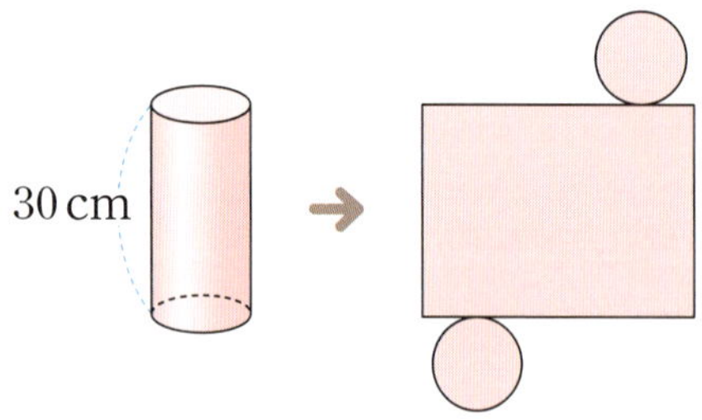

Tip
(원기둥의 전개도의 둘레)
=(밑면의 둘레)×4
+(원기둥의 높이)×2

풀이

답 ____________

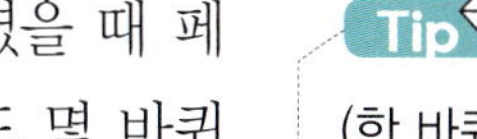

03 다음과 같은 원기둥 모양의 롤러에 페인트를 묻혀 몇 바퀴 굴렸을 때 페인트가 칠해진 부분의 넓이는 6200 cm²입니다. 롤러를 적어도 몇 바퀴 굴렸는지 구하세요. (원주율: 3.1)

🎯 대표 유형 **04**

Tip
(한 바퀴 굴렸을 때
칠해진 부분의 넓이)
=(롤러의 옆면의 넓이)

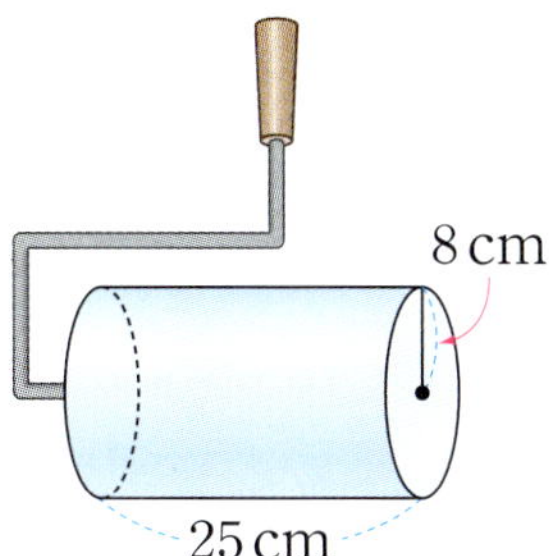

풀이

답 _______________

04 다음 구를 옆에서 본 모양의 넓이는 몇 cm²인지 구하세요. (원주율: 3.14)

🎯 대표 유형 **05**

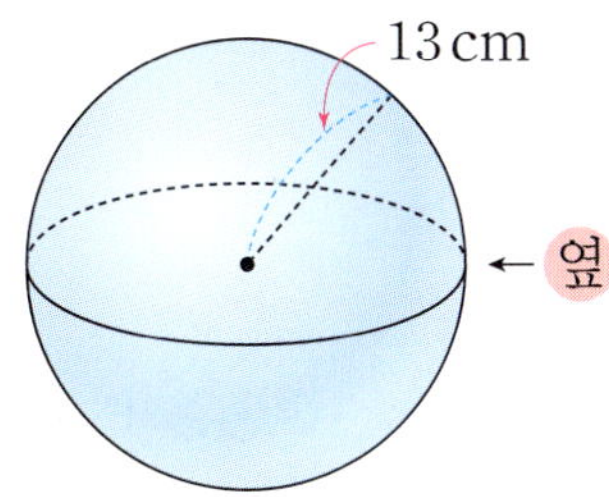

풀이

답 _______________

6 원기둥, 원뿔, 구

◎ 대표 유형 **06**

05 그림과 같이 원기둥 모양의 같은 참치 통조림 4개를 직사각형 모양의 포장지로 겹쳐진 부분 없이 둘러쌌습니다. 사용한 포장지의 넓이는 몇 cm^2 인지 구하세요. (원주율: 3.1)

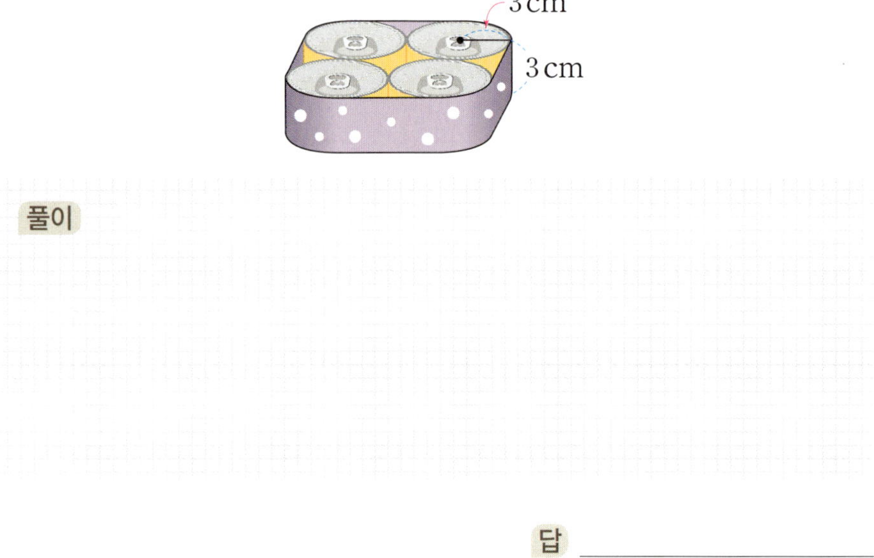

풀이

답 _______________

◎ 대표 유형 **03**

06 다음 정육면체의 겉넓이와 원기둥의 모든 면의 넓이의 합이 같을 때 원기둥의 높이는 몇 cm인지 구하세요. (원주율: 3)

Tip

(정육면체의 겉넓이)
=(정육면체의 한 면의 넓이)
　×6

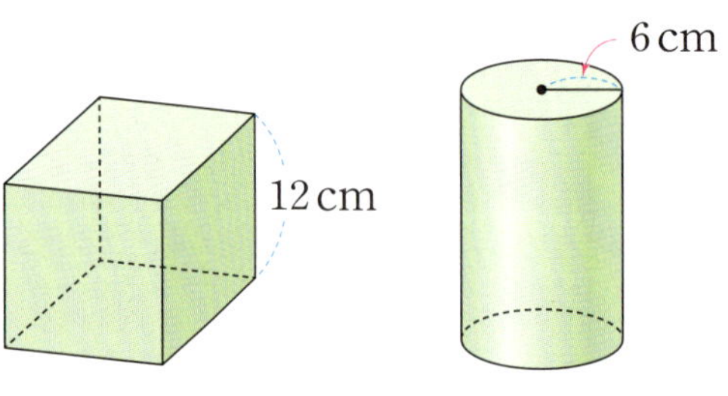

풀이

답 _______________

07 오른쪽 입체도형은 한 변을 기준으로 어떤 평면도형을 돌려 만든 것입니다. 돌리기 전의 평면도형의 둘레는 몇 cm인지 구하세요.

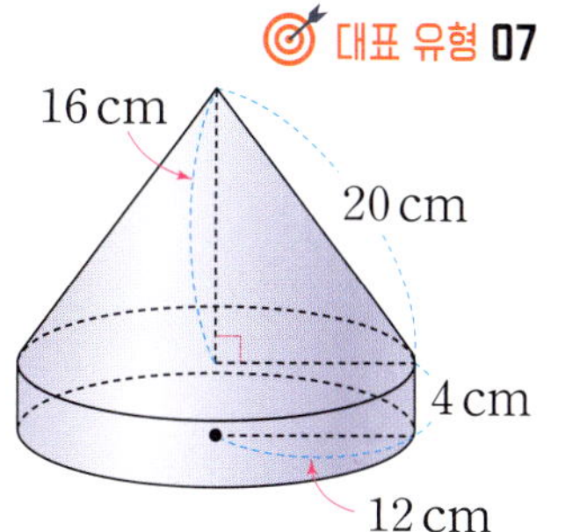

풀이

답 ___________________

08 오른쪽 입체도형을 앞에서 본 모양의 넓이는 몇 cm²인지 구하세요. (원주율: 3.14)

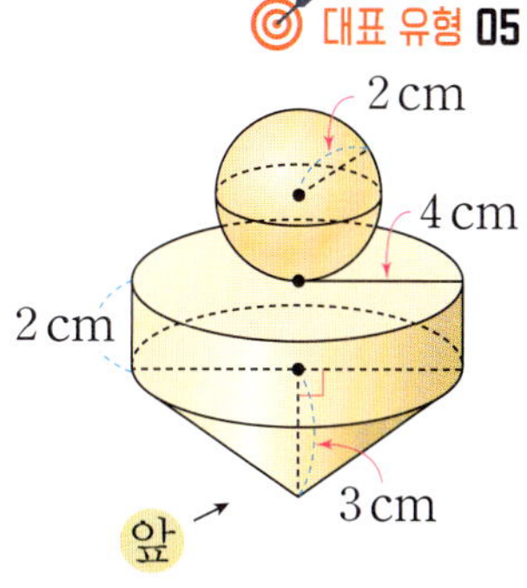

풀이

답 ___________________

率 先 垂 範

거느릴·**솔**　먼저·**선**　드리울·**수**　법·**범**

'남보다 앞장서서 행동하여 몸소 다른사람의 본보기가 됨'을
이르는 말이다.

상위권 진입비결
최고수준
S

率 先 垂 範

거느릴·**솔**　먼저·**선**　드리울·**수**　법·**범**

'남보다 앞장서서 행동하여 몸소 다른사람의 본보기가 됨'을
이르는 말이다.

상위권 진입 비결

BOOK 2

초등
6-2

상위권 진입 비결
최고수준
S

상위권 진입 비결
최고수준 S
복습책

6-2

1. 분수의 나눗셈

대표 유형 01

1 $2\dfrac{\square}{8}$ 가 기약분수이고 나눗셈의 몫이 자연수일 때 $\square$ 안에 들어갈 수 있는 자연수를 구하세요.

$$2\dfrac{\square}{8} \div \dfrac{3}{16}$$

( )

대표 유형 02

2 $\square$ 가 28의 약수일 때 $\square$ 안에 들어갈 수 있는 수를 모두 구하세요.

$$4\dfrac{1}{12} \div 1\dfrac{3}{4} < \dfrac{7}{8} \div \dfrac{\square}{32} < 2\dfrac{11}{12} \div \dfrac{5}{21}$$

( )

대표 유형 03

3 길이가 $8\dfrac{1}{3}$ m인 끈은 $\dfrac{5}{9}$ m씩, 길이가 $10\dfrac{1}{2}$ m인 끈은 $\dfrac{3}{8}$ m씩 똑같이 잘랐습니다. 자른 끈은 모두 몇 도막이 되었을까요?

(   )

대표 유형 04

4 가▲나＝가×(나－가)와 같이 약속할 때 ㉠에 알맞은 수를 구하세요.

$$\dfrac{5}{6} ▲ ㉠ = 1\dfrac{5}{18}$$

(   )

대표 유형 05

5 4장의 수 카드를 한 번씩만 사용하여 계산 결과가 가장 작은 (진분수)÷(진분수)의 나눗셈을 만들었을 때의 몫을 구하세요.

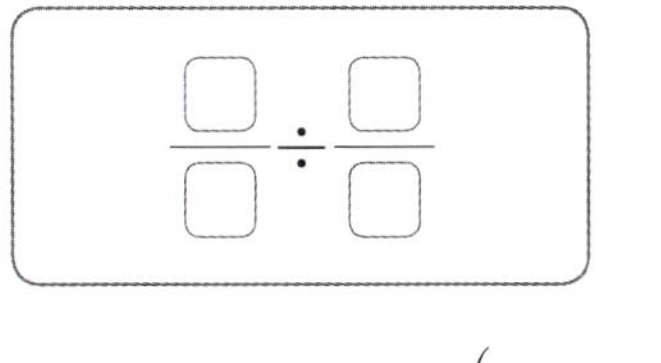

(   )

대표 유형 06

6 두 개의 공 ㉮, ㉯를 같은 높이에서 수직으로 바닥에 떨어뜨렸습니다. ㉮ 공은 떨어진 높이의 $\frac{3}{5}$ 만큼씩 일정하게 튀어 오르고, ㉯ 공은 떨어진 높이의 $\frac{2}{3}$ 만큼씩 일정하게 튀어 오릅니다. ㉮ 공이 두 번째로 튀어 오른 높이가 27 cm라고 할 때, ㉯ 공이 두 번째로 튀어 오른 높이는 몇 cm인지 구하세요.

(   )

대표 유형 07

7 길이가 55 cm인 양초에 불을 붙이고 4분이 지난 후 양초의 길이를 재었더니 $48\frac{1}{3}$ cm였습니다. 같은 빠르기로 남은 양초가 모두 타려면 몇 분이 더 걸릴까요?

(   )

대표 유형 08

8 가로가 $1\frac{5}{16}$ m, 세로가 $6\frac{2}{3}$ m인 직사각형 모양의 벽을 칠하는 데 페인트를 $1\frac{1}{20}$ L 사용했습니다. 페인트 6 L로 칠할 수 있는 벽의 넓이는 몇 m²일까요?

(   )

1. 분수의 나눗셈

>> 정답 및 풀이 **58**쪽

본문 '실전 적용'의 반복학습입니다.

1 가 ▼ 나＝가＋가÷나와 같이 약속할 때 $\dfrac{3}{4}$ ▼ $\dfrac{9}{10}$ 를 계산해 보세요.

(   )

2 $\dfrac{\square}{8}$ 가 기약분수이고 나눗셈의 몫이 자연수일 때 $\square$ 안에 들어갈 수 있는 수는 모두 몇 개인지 구하세요.

$$3\dfrac{3}{4} \div \dfrac{\square}{8}$$

(   )

3 $\square$ 안에 들어갈 수 있는 수 중에서 가장 작은 수를 구하세요.

$$63 \div \dfrac{9}{\square} > 112 \div 1\dfrac{1}{3}$$

(   )

4 길이가 각각 $11\frac{3}{8}$ m, $14\frac{5}{6}$ m인 두 색 테이프를 겹치지 않게 이어 붙인 후 $1\frac{13}{24}$ m씩 똑같이 잘랐습니다. 색 테이프는 모두 몇 도막이 되었을까요?

(   )

5 떨어뜨린 높이의 $\frac{3}{5}$만큼씩 일정하게 튀어 오르는 공이 있습니다. 이 공을 떨어뜨려 두 번째로 튀어 오른 높이가 $2\frac{17}{50}$ m일 때 처음 공을 떨어뜨린 높이는 몇 m일까요?

(   )

6 3장의 수 카드를 한 번씩만 사용하여 계산 결과가 가장 작은 (자연수)÷(진분수)의 나눗셈을 만들었을 때의 몫을 구하세요.

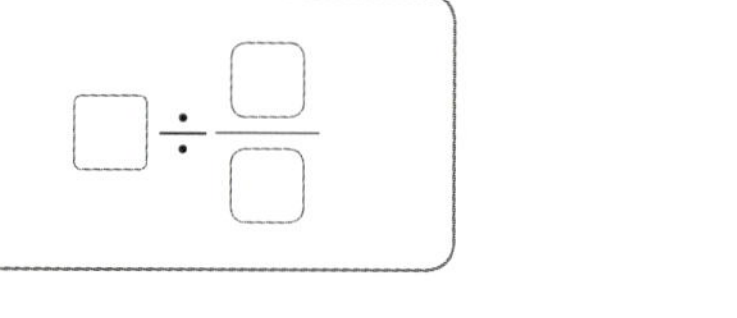

(   )

7 길이가 27 m인 철사의 절반만큼을 모두 사용하여 한 변의 길이가 $2\frac{1}{4}$ m인 정다각형 1개를 만들었습니다. 만든 정다각형의 이름을 써 보세요.

(   )

8 $\frac{3}{8}$ L의 경유로 $3\frac{3}{5}$ km를 가는 버스가 있습니다. 이 버스가 12 km를 가는 데 필요한 경유는 몇 L일까요?

(   )

9 ☐ 안에 들어갈 수 있는 자연수는 모두 몇 개인지 구하세요.

$$5\frac{5}{6} \div 1\frac{2}{3} < \square \div \frac{2}{5} < 20\frac{1}{8} \div 2\frac{3}{10}$$

(   )

10 길이가 42 cm인 양초가 있습니다. 이 양초가 15분 동안 $4\frac{1}{5}$ cm 탄다면 같은 빠르기로 양초가 모두 타는 데 걸리는 시간은 몇 시간 몇 분인지 구하세요.

( )

11 밑변의 길이가 $2\frac{5}{6}$ m, 높이가 $1\frac{7}{9}$ m인 삼각형 모양의 벽을 칠하는 데 페인트를 $5\frac{1}{3}$ L 사용했습니다. 페인트 1 L로 칠할 수 있는 벽의 넓이는 몇 m^2일까요?

( )

12 $\frac{9}{16}$ 로 나누어도 계산 결과가 자연수이고, $\frac{13}{24}$ 으로 나누어도 계산 결과가 자연수인 분수 중에서 가장 작은 수를 구하세요.

( )

2. 소수의 나눗셈

>> 정답 및 풀이 **59**쪽

본문 '유형 변형'의 반복학습입니다.

대표 유형 01

1 오른쪽은 넓이가 37.95 cm²인 평행사변형입니다. 이 평행사변형의 둘레는 몇 cm일까요?

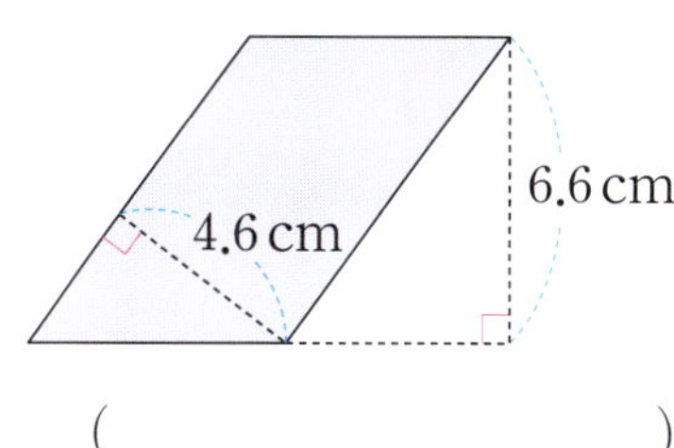

(   )

대표 유형 02

2 ☐ 안에 알맞은 수를 모두 더한 값을 구하세요.

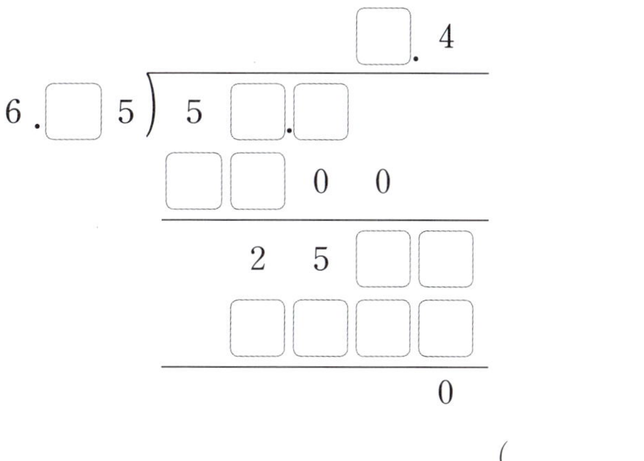

(   )

대표 유형 03

3 어떤 수에 7.8을 곱해야 할 것을 잘못하여 8.7을 곱했더니 39.15가 되었습니다. 잘못 계산했을 때의 값과 바르게 계산했을 때의 값의 차를 구하세요.

(   )

대표 유형 04

4 길이가 421.6 km인 기찻길의 양쪽에 처음부터 끝까지 깃발을 꽂았습니다. 직선인 기찻길에 깃발을 한쪽은 12.4 km 간격으로 꽂고, 다른 한쪽은 13.6 km 간격으로 꽂았다면 꽂은 깃발은 모두 몇 개일까요? (단, 깃발의 두께는 생각하지 않습니다.)

(   )

5 대표 유형 05

우유를 작은 병에 0.4 L씩 나누어 담으면 43병이 되고 0.1 L가 남습니다. 이 우유를 다시 큰 병에 1.5 L씩 나누어 담고, 물 21.8 L는 큰 병에 1.7 L씩 나누어 담으려고 합니다. 큰 병에 담고 남는 양은 우유와 물 중 어느 것이 더 적을까요?

(   )

6 대표 유형 06

나눗셈에서 몫의 소수 29째 자리 숫자와 소수 34째 자리 숫자의 합과 차를 각각 구하세요.

$$6.21 \div 3.7$$

합 (   )
차 (   )

7 대표 유형 07

길이가 115 m인 기차가 일정한 빠르기로 2시간에 402 km를 간다고 합니다. 이 기차가 같은 빠르기로 길이가 2.845 km인 터널을 완전히 통과하는 데 걸리는 시간은 몇 분인지 반올림하여 소수 첫째 자리까지 나타내 보세요.

(   )

8 대표 유형 08

나눗셈의 몫을 반올림하여 소수 첫째 자리까지 나타내면 5.5입니다. ☐ 안에 들어갈 수 있는 수 중 가장 큰 수를 구하세요.

$$43.\boxed{}2 \div 7.9$$

(   )

2. 소수의 나눗셈

>> 정답 및 풀이 **60**쪽

본문 '실전 적용'의 반복학습입니다.

1 ㉠에 알맞은 수를 구하세요.

$$9.5 \times ㉠ = 41.42$$

(   )

2 나눗셈에서 몫의 소수 51째 자리 숫자를 구하세요.

$$2.4 \div 1.76$$

(   )

3 오른쪽은 넓이가 $36.2 \, cm^2$인 마름모입니다. 이 마름모의 한 대각선의 길이가 $5 \, cm$일 때 다른 대각선의 길이는 몇 cm일까요?

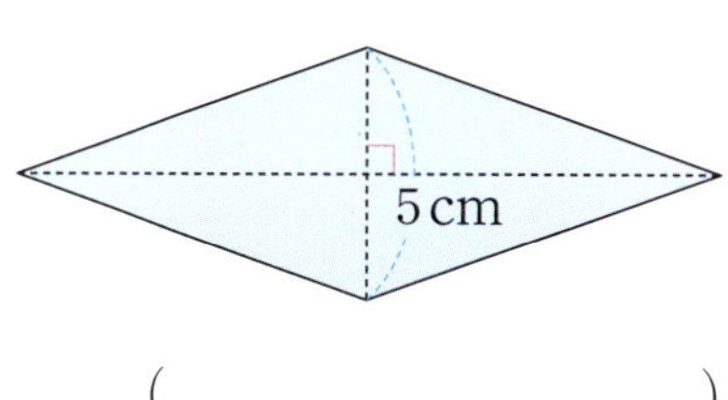

(   )

4 ☐ 안에 알맞은 수를 써넣으세요.

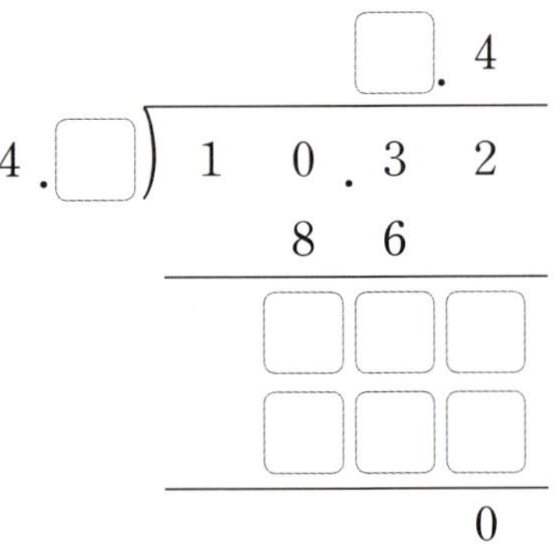

5 길이가 393.9 m인 끈을 7 m씩 자르려고 합니다. 7 m짜리 끈은 몇 도막이 되고, 남는 끈은 몇 m인지 구하세요.

(   ), (   )

6 오른쪽 삼각형 ㄱㄴㄷ에서 선분 ㄱㄴ의 길이는 몇 m일까요?

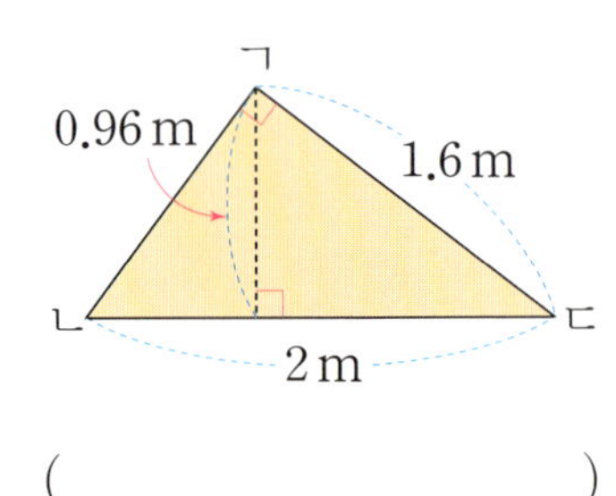

(   )

7 어떤 수를 4.8로 나누어야 할 것을 잘못하여 8.4로 나누었더니 4.2가 되었습니다. 바르게 계산했을 때의 몫을 구하세요.

( )

8 길이가 957 m인 직선 도로의 양쪽에 처음부터 끝까지 16.5 m 간격으로 가로등을 세웠습니다. 세운 가로등은 모두 몇 개인지 구하세요. (단, 가로등의 두께는 생각하지 않습니다.)

( )

9 고구마 121.6 kg을 한 명에게 13 kg씩 나누어 주려고 합니다. 이 고구마를 남김없이 모두 나누어 주려면 고구마는 적어도 몇 kg 더 필요할까요?

( )

10 나눗셈의 몫을 소수 44째 자리까지 구한 몫의 각 자리 숫자의 합을 구하세요.

$$9.7 \div 3.6$$

(   )

11 길이가 75 m인 기차가 일정한 빠르기로 한 시간에 210 km를 간다고 합니다. 이 기차가 같은 빠르기로 길이가 2.375 km인 터널을 완전히 통과하는 데 걸리는 시간은 몇 초인지 구하세요.

(   )

12 나눗셈의 몫을 반올림하여 일의 자리까지 나타내면 8입니다. ☐ 안에 들어갈 수 있는 수를 구하세요.

$$\boxed{}.12 \div 0.5$$

(   )

3. 공간과 입체

>> 정답 및 풀이 **61**쪽

본문 '유형 변형'의 반복학습입니다.

대표 유형 01

1 쌓기나무로 쌓은 모양을 보고 위에서 본 모양에 수를 쓴 것입니다. 3층 이상에 쌓인 쌓기나무는 모두 몇 개일까요?

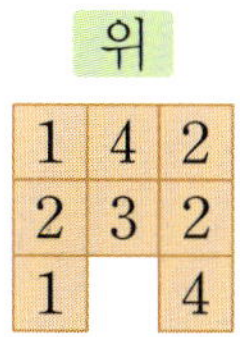

(   )

대표 유형 02

2 왼쪽 정육면체 모양에서 쌓기나무를 몇 개 빼낸 후 남은 쌓기나무 모양을 위, 앞, 옆(오른쪽)에서 본 모양입니다. 빼낸 쌓기나무는 몇 개일까요?

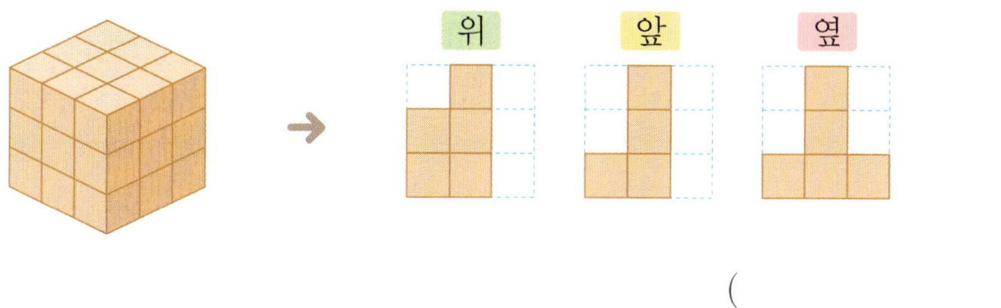

(   )

대표 유형 03

3 왼쪽 모양에 쌓기나무 1개를 더 붙여서 만든 모양을 오른쪽과 같이 구멍이 있는 상자에 넣으려고 합니다. 상자에 넣을 수 있는 서로 다른 모양은 모두 몇 가지일까요?

(단, 뒤집거나 돌려서 모양이 같으면 같은 모양입니다.)

(   )

대표 유형 04

4 쌓기나무 11개로 쌓은 모양입니다. 빨간색 쌓기나무 3개를 빼낸 후 앞과 옆에서 본 모양을 그려 보세요.

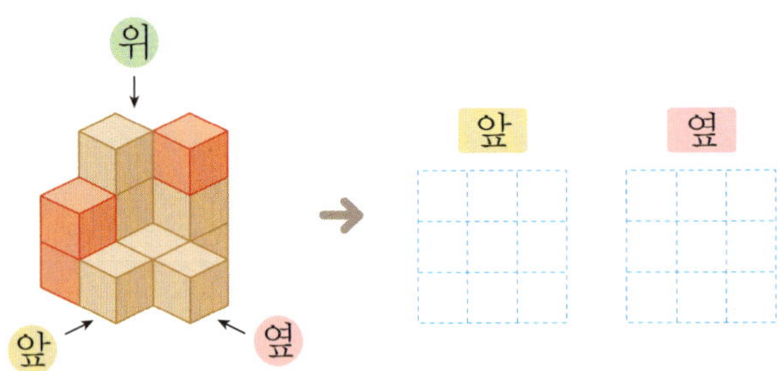

대표 유형 05

5 쌓기나무를 3층으로 쌓은 모양을 보고 층별로 나타낸 모양입니다. 이 모양에 쌓기나무를 더 쌓아 가장 작은 정육면체 모양을 만들 때 더 필요한 쌓기나무는 몇 개일까요?

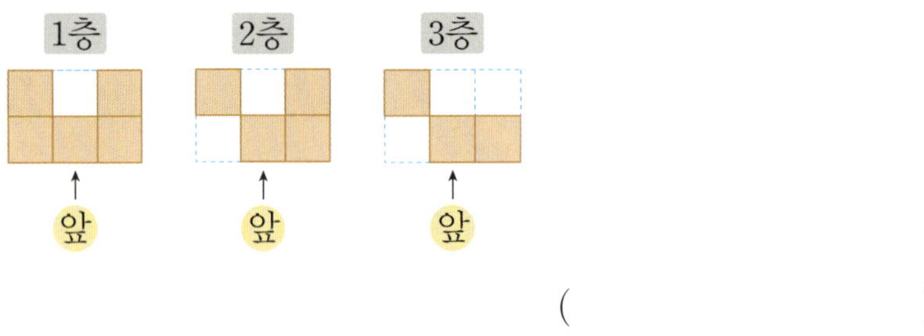

(   )

대표 유형 06

6 조건 을 모두 만족하는 모양을 만들려고 합니다. 만들 수 있는 서로 다른 모양은 모두 몇 가지일까요? (단, 뒤집거나 돌려서 모양이 같으면 같은 모양입니다.)

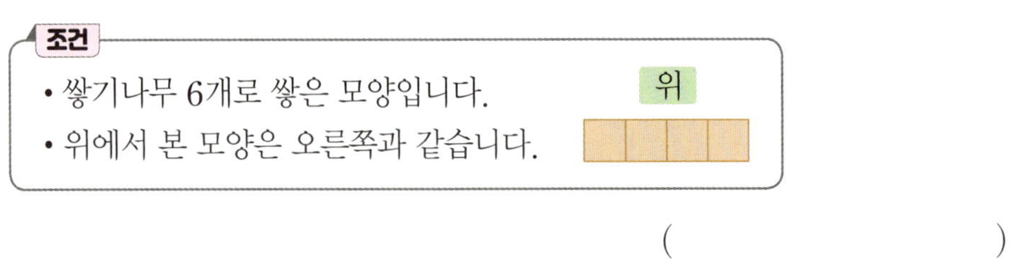

(   )

대표 유형 07

7 쌓기나무를 쌓은 모양의 1층과 3층 모양을 나타낸 것입니다. 2층에 놓인 쌓기나무가 3개일 때 2층 모양이 될 수 있는 경우는 모두 몇 가지일까요?

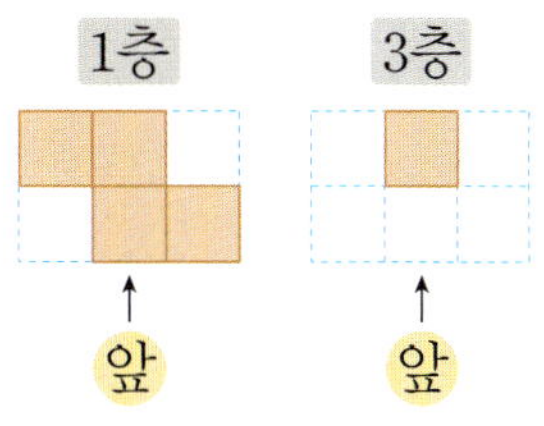

(   )

대표 유형 08

8 오른쪽과 같이 정육면체 모양으로 쌓기나무를 쌓고 바깥쪽 면을 페인트로 모두 칠했습니다. 한 면에 페인트가 칠해진 쌓기나무와 두 면에 페인트가 칠해진 쌓기나무의 개수의 차는 몇 개일까요? (단, 바닥에 닿는 면도 칠합니다.)

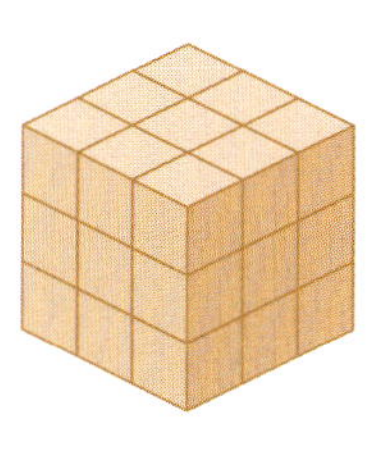

(   )

대표 유형 09

9 위, 앞, 옆(오른쪽)에서 본 모양이 각각 다음과 같도록 쌓기나무를 쌓으려고 합니다. 쌓은 쌓기나무의 개수가 가장 많을 때와 가장 적을 때의 차는 몇 개일까요?

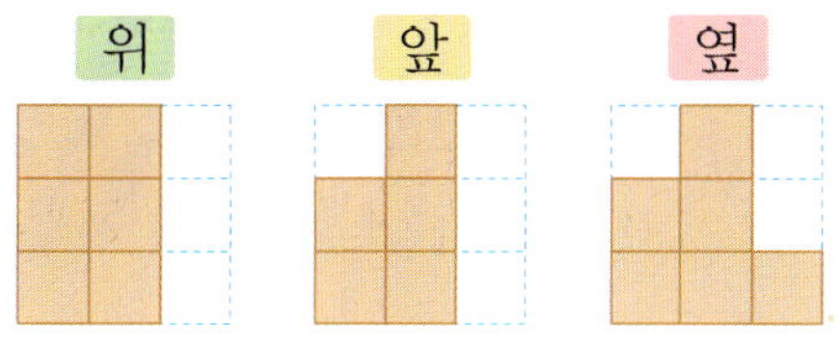

(   )

3. 공간과 입체

본문 '실전 적용'의 반복학습입니다.

1 쌓기나무로 쌓은 모양을 보고 위에서 본 모양에 수를 쓴 것입니다. 3층에 쌓인 쌓기나무는 모두 몇 개일까요?

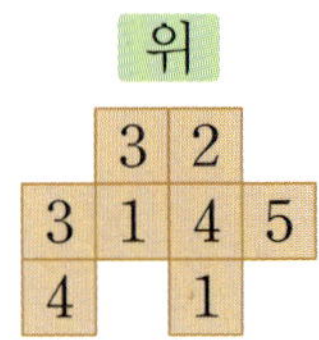

(   )

2 다음 모양에 쌓기나무를 더 쌓아 가장 작은 정육면체 모양을 만들려고 합니다. 더 필요한 쌓기나무는 몇 개일까요?

(   )

3 다음 모양에 쌓기나무 1개를 더 붙여서 만들 수 있는 서로 다른 모양은 모두 몇 가지일까요?

(단, 뒤집거나 돌려서 모양이 같으면 같은 모양입니다.)

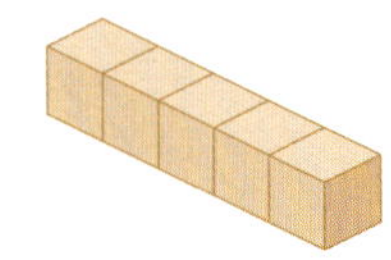

(   )

4 왼쪽 정육면체 모양에서 쌓기나무를 몇 개 빼냈더니 오른쪽 모양이 되었습니다. 빼낸 쌓기나무는 몇 개일까요?

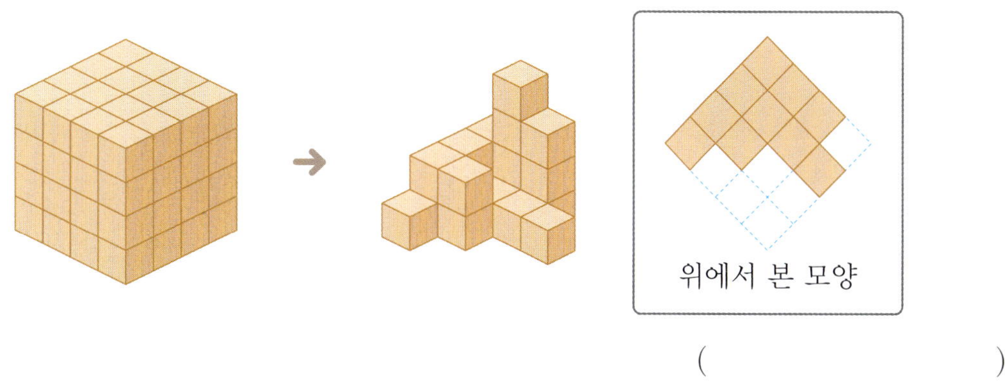

( )

5 쌓기나무 9개로 쌓은 모양입니다. 빨간색 쌓기나무 3개 위에 쌓기나무를 1개씩 더 쌓았을 때 앞과 옆에서 본 모양을 그려 보세요.

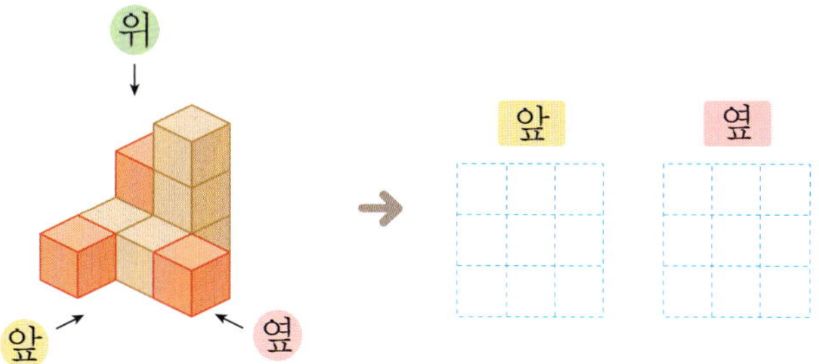

6 다음과 같이 직육면체 모양으로 쌓기나무를 쌓고 바깥쪽 면을 페인트로 모두 칠했습니다. 한 면에 페인트가 칠해진 쌓기나무는 모두 몇 개일까요? (단, 바닥에 닿는 면도 칠합니다.)

(   )

7 쌓기나무를 쌓은 모양의 1층과 3층 모양을 나타낸 것입니다. 2층에 놓인 쌓기나무가 4개일 때 2층 모양이 될 수 있는 경우는 모두 몇 가지일까요?

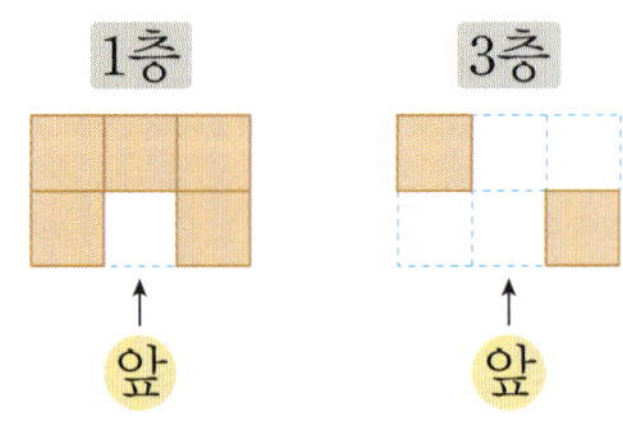

(   )

8 을 모두 만족하는 모양을 만들려고 합니다. 만들 수 있는 서로 다른 모양은 모두 몇 가지일까요? (단, 뒤집거나 돌려서 모양이 같으면 같은 모양입니다.)

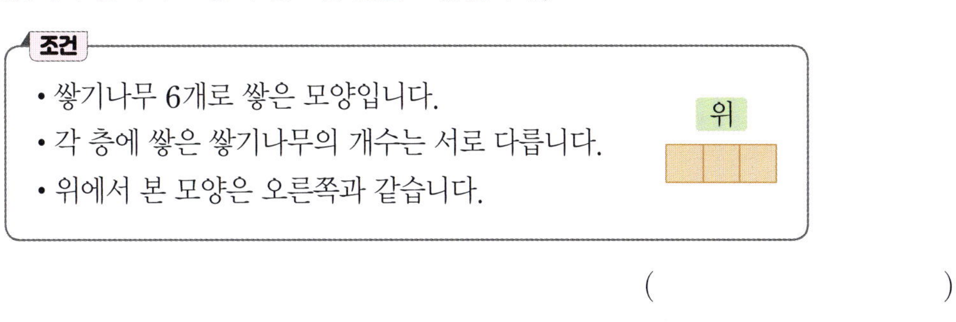

(   )

9 위, 앞, 옆(오른쪽)에서 본 모양이 각각 다음과 같도록 쌓기나무를 쌓으려고 합니다. 만들 수 있는 모양은 모두 몇 가지일까요?

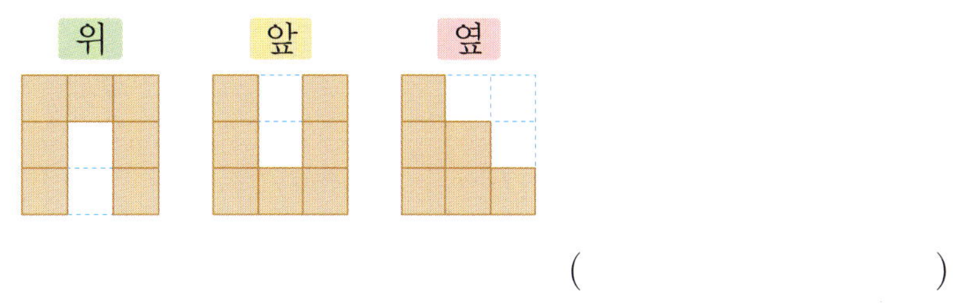

(   )

4. 비례식과 비례배분

대표 유형 01

1 **조건**을 모두 만족하는 비는 모두 몇 개일까요?

> **조건**
> - $\dfrac{2}{5}$: 0.72와 비율이 같습니다.
> - 각 항이 자연수로 이루어져 있습니다.
> - 후항이 50보다 작습니다.

(   )

대표 유형 02

2 다음 그림에서 평행한 두 직선 사이에 있는 두 삼각형 ㉠과 ㉡의 밑변의 길이의 비는 6 : 5입니다. 두 도형의 넓이의 합이 121 cm^{2}일 때 두 삼각형의 높이는 몇 cm일까요?

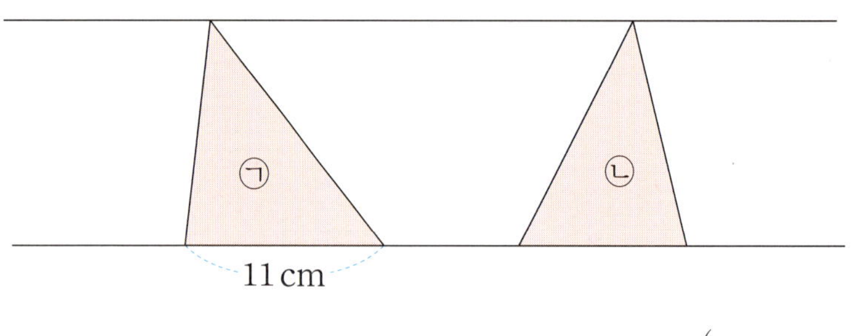

(   )

대표 유형 03

3 맞물려 돌아가는 두 톱니바퀴 ㉮, ㉯가 있습니다. 톱니바퀴 ㉮가 16바퀴 도는 동안 톱니바퀴 ㉯는 20바퀴 돈다고 합니다. 톱니바퀴 ㉮의 톱니가 45개일 때 톱니바퀴 ㉯의 톱니는 몇 개일까요?

(   )

대표 유형 04

4 동희는 콜라와 사이다를 합하여 30캔을 사고 45600원을 냈습니다. 동희가 산 콜라 수와 사이다 수의 비가 3 : 2이고 콜라 한 캔과 사이다 한 캔 값의 비는 8 : 7입니다. 콜라 한 캔은 얼마일까요?

(   )

5 **대표 유형 05**

오른쪽과 같이 겹쳐진 두 도형 원 ㉮와 사각형 ㉯에서 겹쳐진 부분의 넓이는 ㉮의 30 %이고 ㉯의 $\frac{4}{9}$입니다. 원 ㉮와 사각형 ㉯의 넓이의 비를 간단한 자연수의 비로 나타내 보세요.

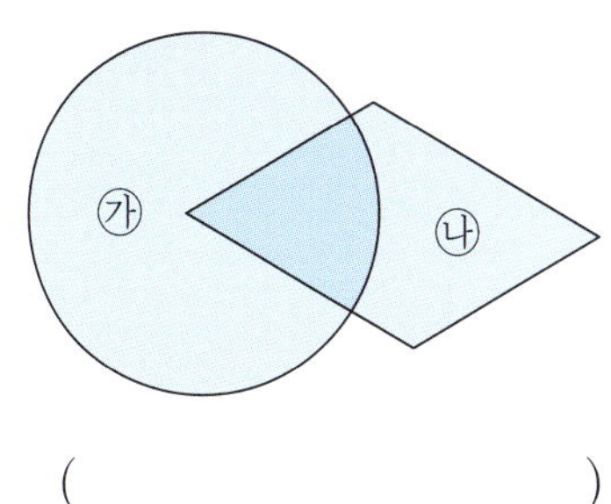

(   )

6 **대표 유형 06**

주머니에 있는 노란색 구슬 수와 초록색 구슬 수의 비는 8 : 11이었습니다. 이 주머니에 초록색 구슬을 몇 개 더 넣었더니 구슬이 모두 48개가 되었고, 노란색 구슬 수와 초록색 구슬 수의 비가 1 : 2가 되었습니다. 이 주머니에 더 넣은 초록색 구슬은 몇 개일까요?

(   )

7 **대표 유형 07**

A 회사는 6000만 원, B 회사는 2000만 원을 투자하여 이익금을 얻었습니다. 두 회사가 투자한 금액의 비에 따라 이익금을 비례배분하였더니 A 회사가 받은 이익금이 900만 원일 때 두 회사가 얻은 전체 이익금은 얼마일까요?

(   )

8 **대표 유형 08**

3일에 16분씩 일정하게 빨라지는 시계가 있습니다. 오늘 오전 10시에 시계를 정확히 맞추었다면 다음 날 오후 1시에 이 시계가 가리키는 시각은 오후 몇 시 몇 분일까요?

(   )

4. 비례식과 비례배분

1 조건 을 모두 만족하는 비를 구하세요.

> 조건
> - 24 : 16과 비율이 같습니다.
> - 전항과 후항의 합이 25입니다.

( )

2 맞물려 돌아가는 두 톱니바퀴 ㉮, ㉯가 있습니다. 톱니바퀴 ㉮의 톱니는 14개이고, 톱니바퀴 ㉯의 톱니는 30개입니다. 톱니바퀴 ㉮가 45바퀴 도는 동안 톱니바퀴 ㉯는 몇 바퀴 돌게 될까요?

( )

3 다음 그림에서 평행한 두 직선 사이에 있는 두 평행사변형 ㉠과 ㉡의 밑변의 길이의 비는 17 : 13입니다. 두 도형의 넓이의 합이 300 cm²일 때 평행사변형 ㉡의 넓이는 몇 cm²일까요?

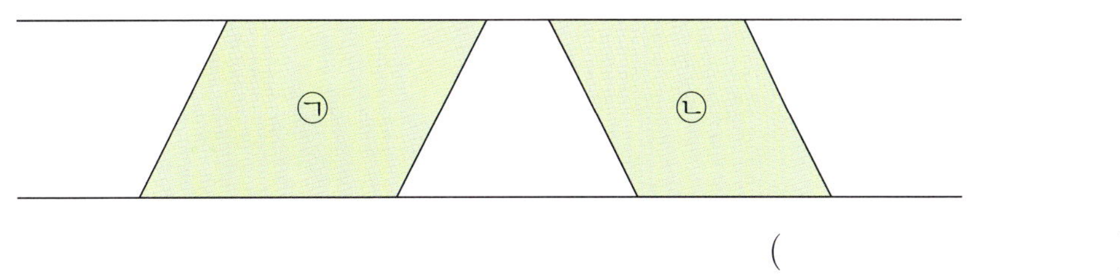

(   )

4 도화지를 준우는 18장, 시은이는 12장 가지고 있었습니다. 준우가 시은이에게 도화지를 몇 장 주었더니 준우와 시은이가 가진 도화지 수의 비가 2 : 3이 되었습니다. 준우가 시은이에게 준 도화지는 몇 장일까요?

(   )

5 연우와 세아가 각각 63만 원, 49만 원을 투자하여 얻은 이익금을 투자한 금액의 비로 나누어 가지려고 합니다. 총 이익금이 48만 원일 때 세아가 가지게 되는 이익금은 얼마일까요?

(   )

6 삼각형의 밑변의 길이와 높이의 비는 4 : 9이고 넓이가 162 cm²입니다. 이 삼각형의 높이는 몇 cm일까요?

( )

7 삼각형 ㄱㄴㄹ의 넓이는 49 cm²이고 선분 ㄴㄹ과 선분 ㄹㄷ의 길이의 비는 7 : 6입니다. 삼각형 ㄱㄴㄷ의 넓이는 몇 cm²일까요?

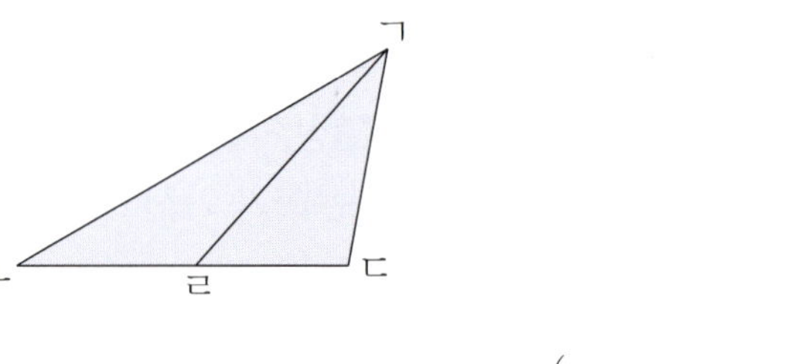

( )

8 10분에 15초씩 일정하게 느려지는 시계가 있습니다. 오후 3시에 시계를 정확히 맞추었다면 같은 날 오후 6시 40분에 이 시계가 가리키는 시각은 오후 몇 시 몇 분 몇 초일까요?

( )

9 다음과 같이 겹쳐진 두 도형 삼각형 ㉮와 사각형 ㉯에서 겹쳐진 부분의 넓이는 ㉮의 $\dfrac{3}{8}$이고 ㉯의 $\dfrac{2}{5}$입니다. 삼각형 ㉮의 넓이가 $64\ \mathrm{cm}^2$일 때 사각형 ㉯의 넓이는 몇 cm^2일까요?

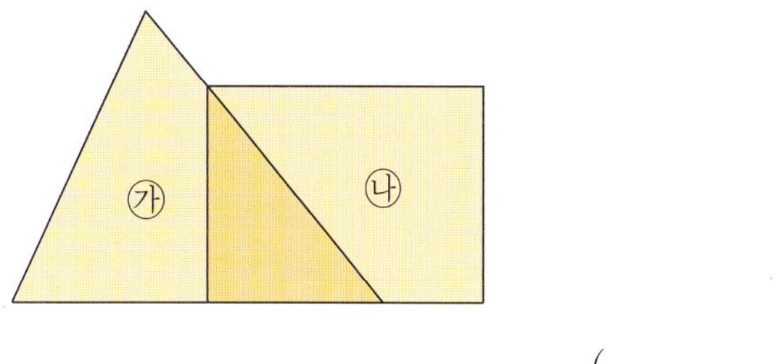

(   )

10 재하와 규림이가 각각 25만 원, 15만 원을 투자하여 얻은 이익금 8만 원을 투자한 금액의 비로 나누어 가지려고 합니다. 재하와 규림이가 처음과 같은 비율로 다시 투자할 때 재하가 가지게 되는 이익금이 15만 원이 되려면 재하는 얼마를 투자해야 할까요?

(단, 투자한 금액에 대한 이익금의 비율은 항상 일정합니다.)

(   )

5. 원의 넓이

본문 '유형 변형'의 반복학습입니다.

대표 유형 01

1 가장 큰 원의 넓이는 몇 cm^2인지 구하세요. (원주율: 3)

> ㉠ 원주가 45 cm인 원
> ㉡ 지름이 16 cm인 원
> ㉢ 반지름이 6.5 cm인 원

(   )

대표 유형 02

2 가장 작은 원의 원주는 29.45 cm입니다. 가장 큰 원의 원주는 몇 cm일까요? (원주율: 3.1)

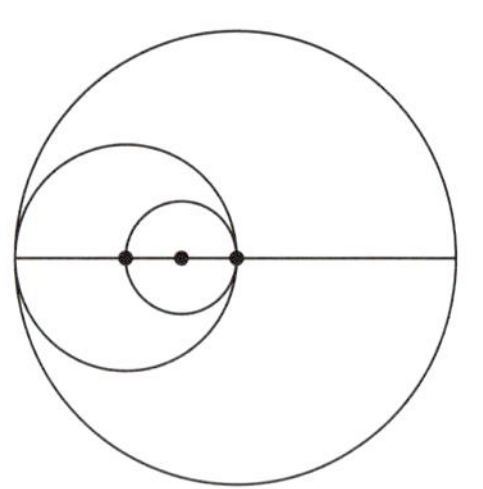

(   )

대표 유형 03

3 반지름이 16 cm인 굴렁쇠를 한 방향으로 4바퀴 굴리고 이어서 반지름이 13 cm인 굴렁쇠를 같은 방향으로 7바퀴 굴렸습니다. 두 굴렁쇠가 굴러간 거리는 모두 몇 m 몇 cm일까요?

(원주율: 3.1)

(   )

대표 유형 **04**

4 그림과 같이 반지름이 6 cm인 원 3개를 겹치지 않게 붙여 놓았습니다. 빨간색 선의 길이는 몇 cm일까요? (원주율: 3.14)

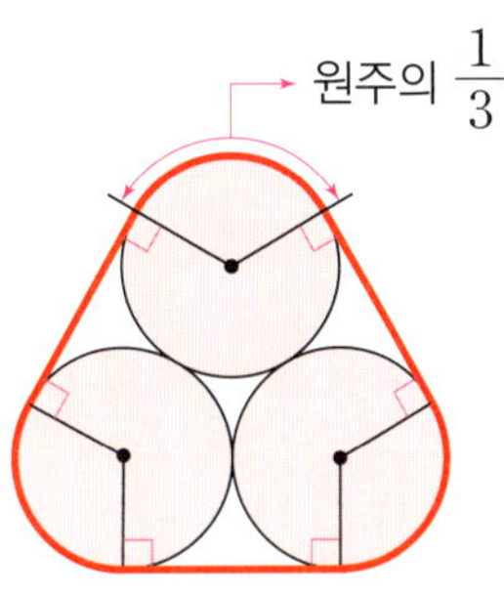

(   )

대표 유형 **05**

5 색칠한 부분의 둘레는 몇 cm일까요? (원주율: 3.1)

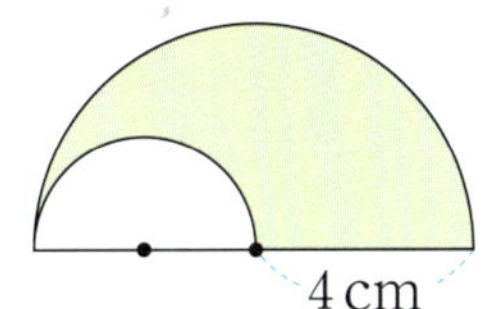

(   )

대표 유형 **06**

6 색칠한 부분의 넓이는 몇 cm^{2}일까요? (원주율: 3.14)

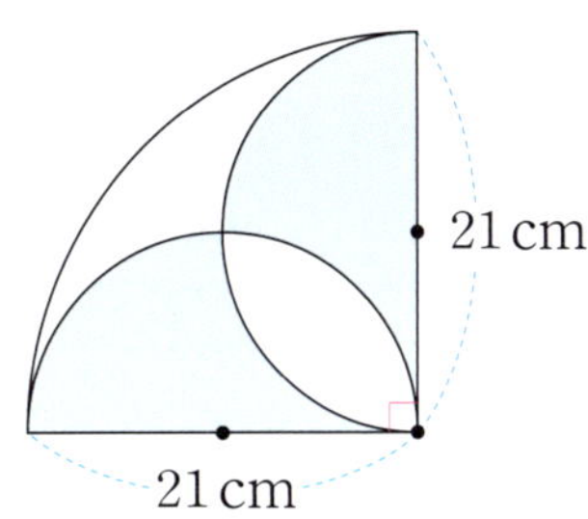

(   )

대표 유형 07

7 그림과 같이 직사각형 안에 반지름이 8 cm인 원 6개를 맞닿게 그렸습니다. 직사각형 안에 색칠하지 않은 부분의 넓이는 몇 cm²일까요? (원주율: 3.14)

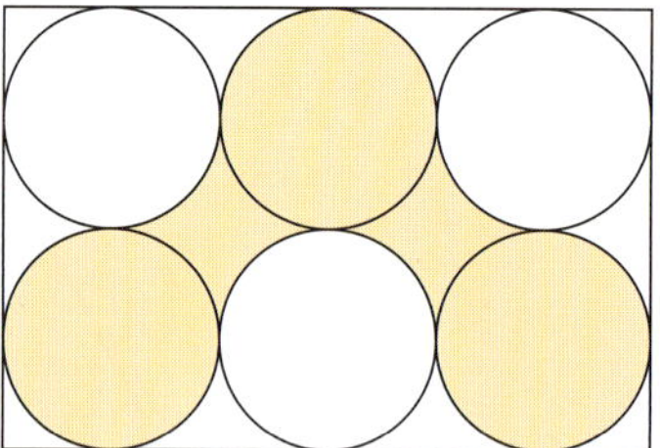

(   )

대표 유형 08

8 다음 그림은 원과 삼각형을 겹쳐 놓은 것입니다. 선분 ㄴㄷ의 길이가 12.4 cm이고 분홍색으로 색칠한 부분과 하늘색으로 색칠한 부분의 넓이가 같을 때 원의 반지름은 몇 cm일까요?

(원주율: 3.1)

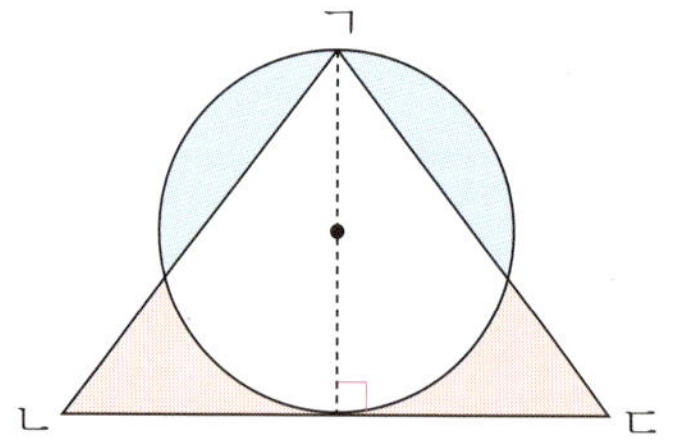

(   )

5. 원의 넓이

>> 정답 및 풀이 66쪽

본문 '실전 적용'의 반복학습입니다.

1 가장 큰 원을 찾아 기호를 써 보세요. (원주율: 3.1)

> ㉠ 원주가 27.9 cm인 원
> ㉡ 지름이 9.3 cm인 원
> ㉢ 반지름이 4.7 cm인 원

(   )

2 큰 바퀴의 지름은 작은 바퀴의 지름의 2.5배입니다. 큰 바퀴의 원주가 90 cm일 때 작은 바퀴의 원주는 몇 cm일까요? (원주율: 3)

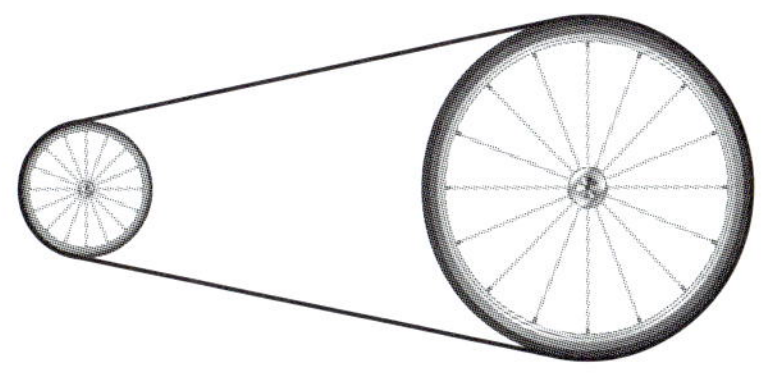

(   )

3 반지름이 10 cm인 원 모양의 쟁반을 한 방향으로 11바퀴 굴렸습니다. 쟁반이 굴러간 거리는 몇 cm일까요? (원주율: 3.14)

(   )

4 색칠한 부분의 넓이는 몇 cm^2일까요? (원주율: 3.1)

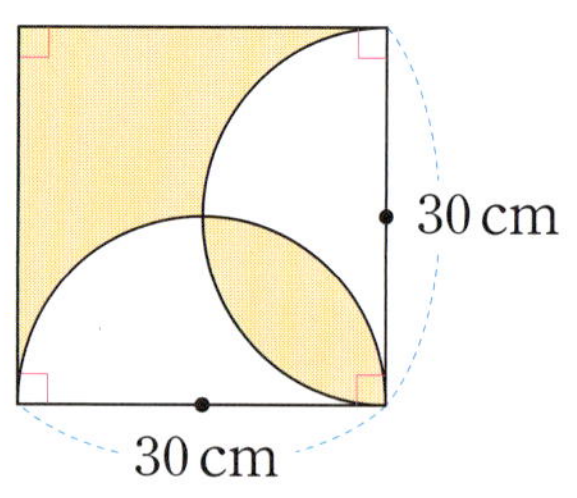

( )

5 다음 그림은 원의 일부와 직각삼각형을 겹쳐 놓은 것입니다. 분홍색으로 색칠한 부분과 하늘색으로 색칠한 부분의 넓이가 같을 때 선분 ㄴㄷ의 길이는 몇 cm일까요? (원주율: 3)

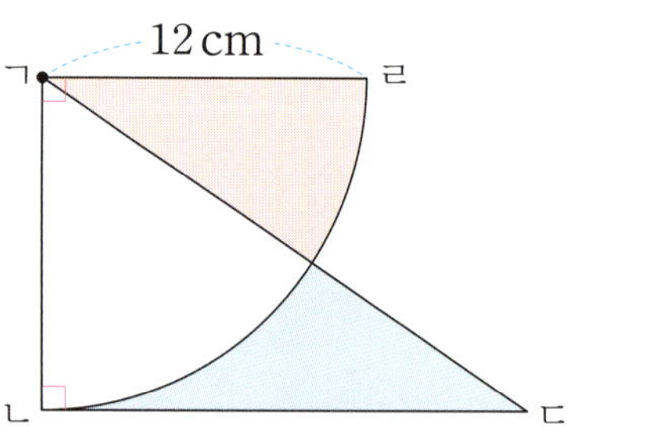

( )

6 그림과 같이 직사각형 안에 반지름이 $14\,\mathrm{cm}$인 원 4개를 맞닿게 그렸습니다. 색칠한 부분의 넓이는 몇 cm^2일까요? (원주율: 3.14)

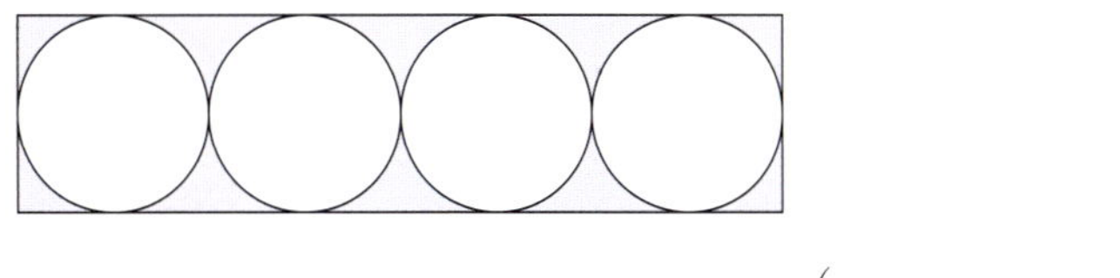

(   )

7 색칠한 부분의 둘레는 몇 cm일까요? (원주율: 3.14)

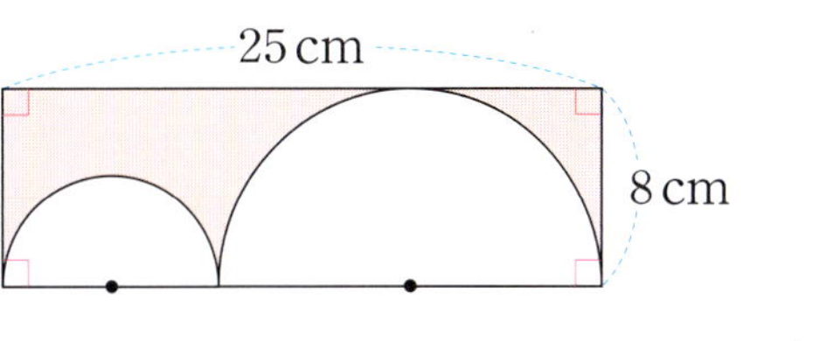

(   )

8 그림과 같이 지름이 같은 원 4개를 겹치지 않게 붙여 놓았습니다. 빨간색 선의 길이가 42 cm일 때 지름은 몇 cm일까요? (원주율: 3)

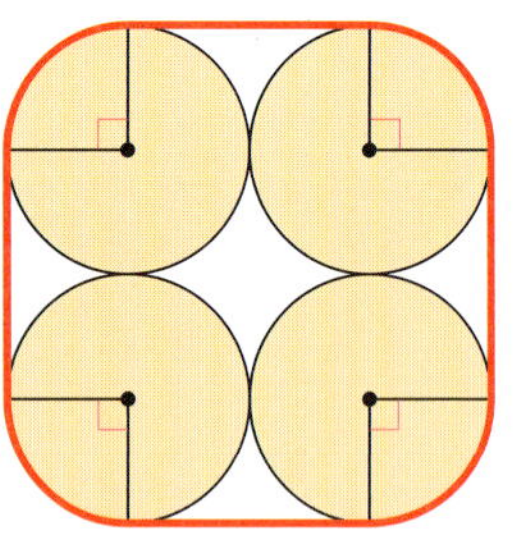

(   )

9 지름이 25 cm인 굴렁쇠를 한 방향으로 6바퀴 굴리고 이어서 지름이 42 cm인 굴렁쇠를 같은 방향으로 몇 바퀴 굴렸습니다. 두 굴렁쇠가 굴러간 거리는 모두 10 m 80 cm일 때 지름이 42 cm인 굴렁쇠를 몇 바퀴 굴린 것일까요? (원주율: 3)

(   )

6. 원기둥, 원뿔, 구

>> 정답 및 풀이 **67**쪽

본문 '유형 변형'의 반복학습입니다.

대표 유형 01

1 원기둥, 원뿔, 구에 대한 설명으로 알맞은 것을 찾아 기호를 써 보세요.

> ㉠ 원기둥과 구는 꼭짓점이 없습니다.
> ㉡ 원기둥과 원뿔을 회전축을 품은 평면으로 자른 모양은 같습니다.
> ㉢ 원뿔과 구는 밑면이 있습니다.

(   )

대표 유형 02

2 다음 원기둥의 전개도의 둘레는 200 cm입니다. 이 원기둥의 전개도를 접어 만든 원기둥의 밑면의 둘레는 몇 cm인지 구하세요. (원주율: 3)

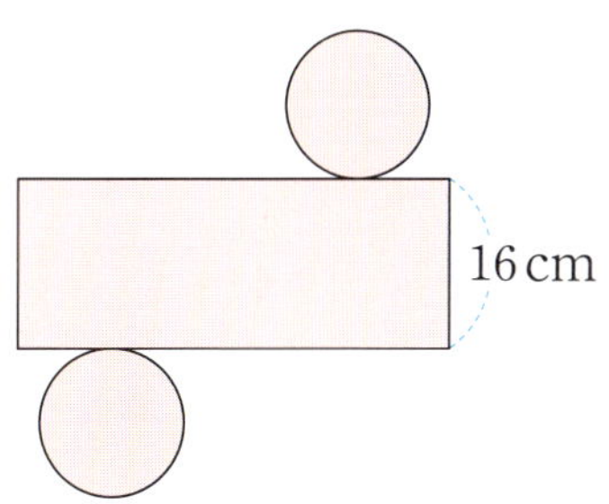

(   )

대표 유형 03

3 삼각기둥의 옆면의 넓이의 합과 원기둥의 옆면의 넓이가 같을 때 원기둥의 높이는 몇 cm인지 구하세요. (원주율: 3)

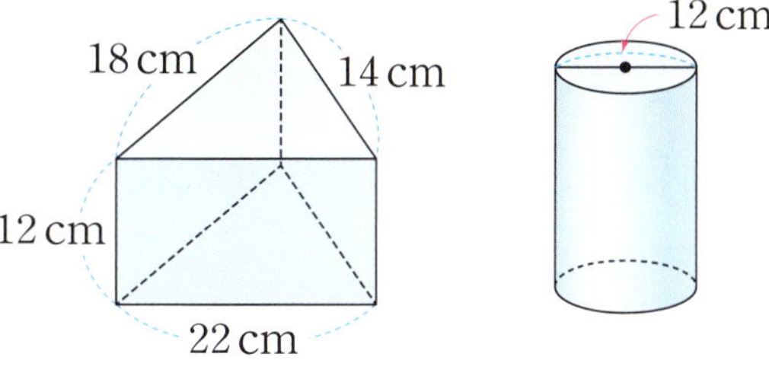

(   )

대표 유형 04

4 오른쪽과 같은 원기둥 모양의 롤러에 페인트를 묻혀 한 방향으로 11바퀴 굴렸을 때 페인트가 칠해진 부분의 넓이는 1782 cm²입니다. 롤러의 밑면의 반지름은 몇 cm인지 구하세요. (원주율: 3)

(   )

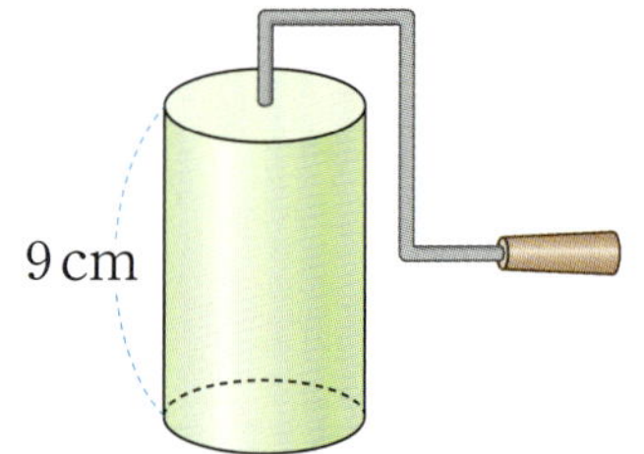

대표 유형 05

5 오른쪽 원기둥을 옆에서 본 모양의 넓이는 192 cm²입니다. 이 원기둥의 높이는 몇 cm인지 구하세요.

(   )

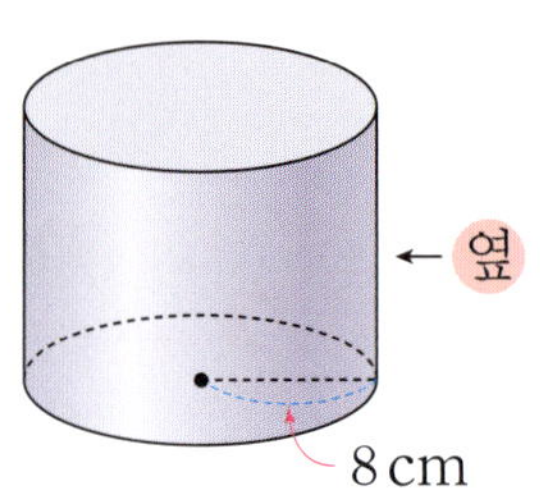

대표 유형 06

6 그림과 같이 원기둥 모양의 같은 통 3개를 직사각형 모양의 포장지로 겹쳐진 부분 없이 둘러쌌습니다. 가와 나에 사용한 포장지의 넓이의 차는 몇 cm²인지 구하세요. (원주율: 3.1)

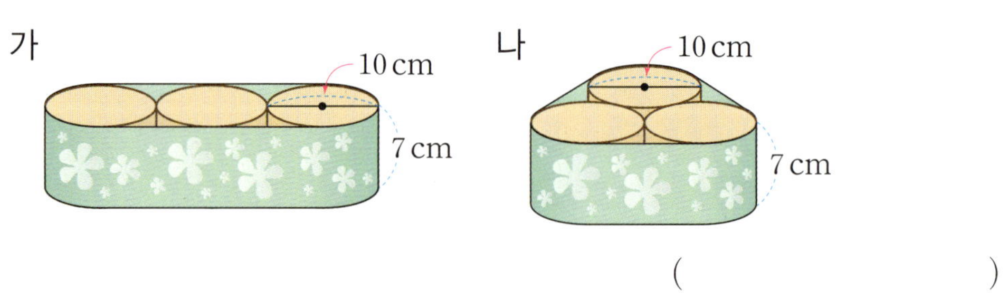

(   )

대표 유형 07

7 오른쪽 입체도형은 한 선분을 기준으로 어떤 평면도형을 돌려 만든 것입니다. 돌리기 전의 평면도형의 둘레는 몇 cm인지 구하세요.
(원주율: 3)

(   )

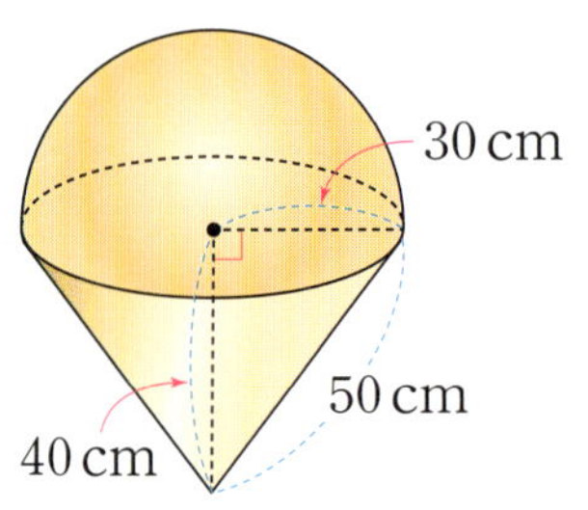

1 원기둥과 구의 공통점을 찾아 기호를 써 보세요.

> ㉠ 꼭짓점이 있습니다.
> ㉡ 굽은 면이 있습니다.
> ㉢ 회전축을 품은 평면으로 자른 모양은 원입니다.

(   )

2 원기둥과 원기둥의 전개도입니다. 이 원기둥의 밑면의 둘레가 25 cm일 때 원기둥의 전개도의 둘레는 몇 cm인지 구하세요.

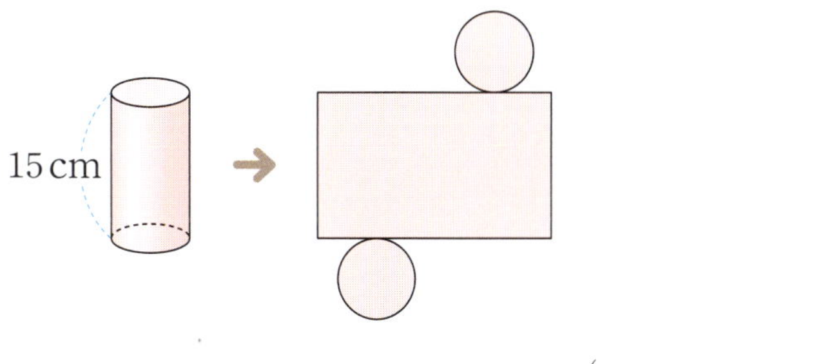

(   )

3 다음과 같은 원기둥 모양의 롤러에 페인트를 묻혀 몇 바퀴 굴렸을 때 페인트가 칠해진 부분의 넓이는 2108 cm^2입니다. 롤러를 적어도 몇 바퀴 굴렸는지 구하세요. (원주율: 3.1)

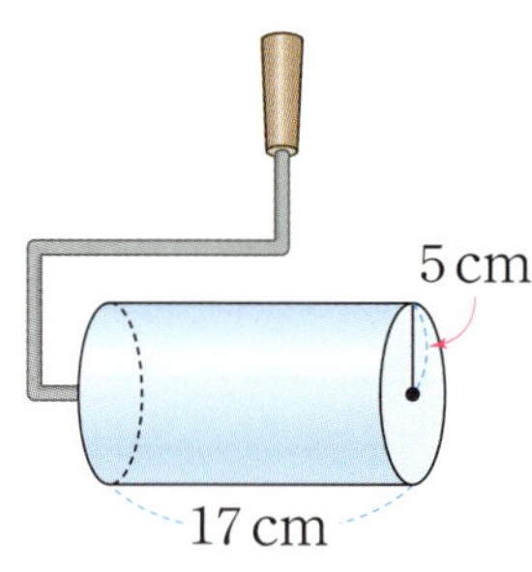

(   )

4 다음 구를 앞에서 본 모양의 넓이는 몇 cm^2인지 구하세요. (원주율: 3.14)

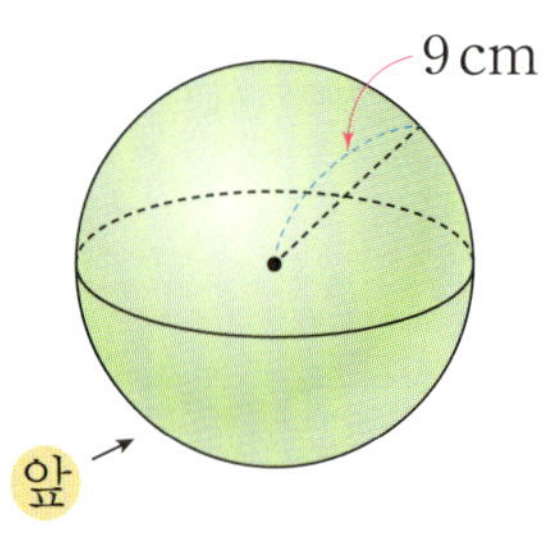

(   )

5 그림과 같이 원기둥 모양의 같은 과자 상자 4개를 직사각형 모양의 포장지로 겹쳐진 부분 없이 둘러쌌습니다. 사용한 포장지의 넓이는 몇 cm²인지 구하세요. (원주율: 3.1)

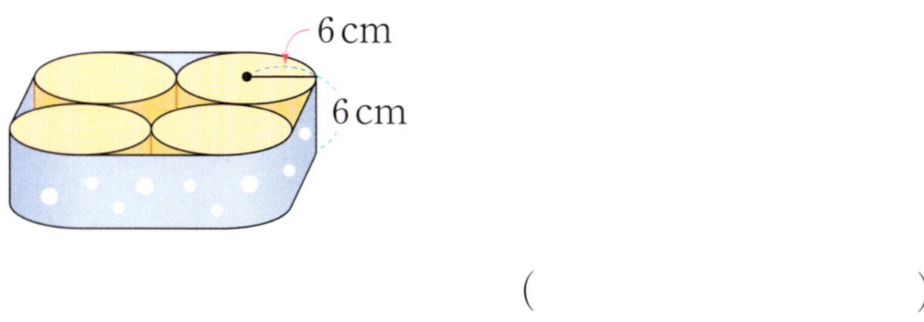

(   )

6 다음 정육면체의 겉넓이와 원기둥의 모든 면의 넓이의 합과 같을 때 원기둥의 높이는 몇 cm인지 구하세요. (원주율: 3)

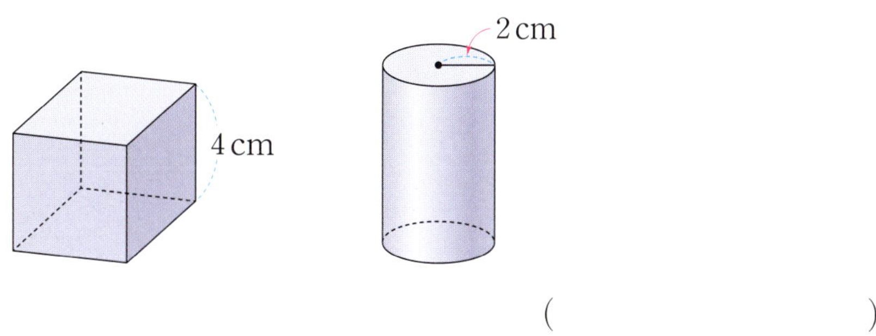

(   )

7 다음 입체도형은 한 선분을 기준으로 어떤 평면도형을 돌려 만든 것입니다. 돌리기 전의 평면도형의 둘레는 몇 cm인지 구하세요. (원주율: 3)

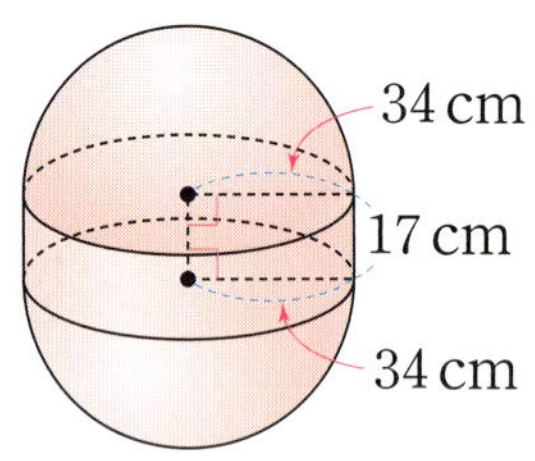

(   )

8 다음 입체도형을 앞에서 본 모양의 넓이는 몇 cm^2인지 구하세요. (원주율: 3.14)

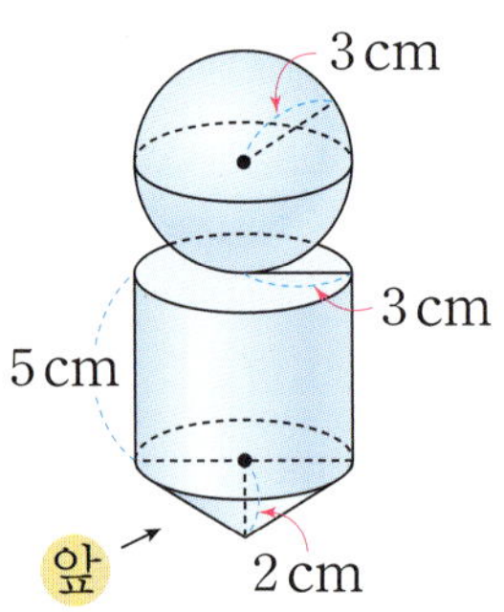

(   )

최고를 꿈꾸는 아이들의
수준 높은 상위권 문제집!

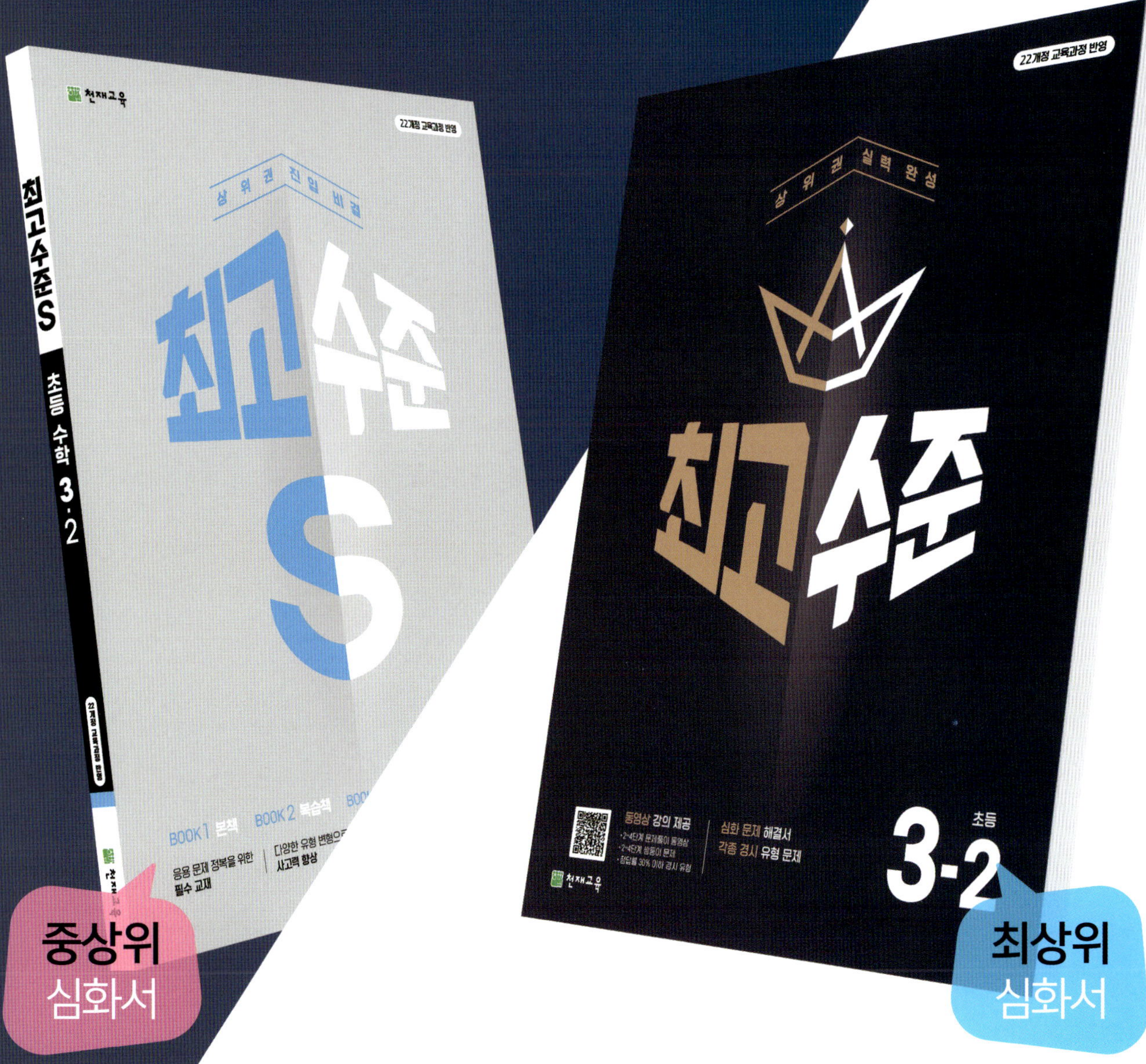

한 가지 이상 해당된다면 **최고수준** 해야 할 때!

- ✔ 응용과 심화 중간단계의 학습이 필요하다면?　　　최고수준S
- ✔ 처음부터 너무 어려운 심화서로 시작하기 부담된다면?　　　최고수준S
- ✔ 창의·융합 문제를 통해 사고력을 폭넓게 기르고 싶다면?　　　최고수준
- ✔ 각종 경시대회를 준비 중이거나 준비 할 계획이라면?　　　최고수준

복습은
이안에
있어!

나보다 시작이 나은 선수들이 있겠지만,
나는 끝이 강한 선수다.

There are better starters than me but I'm a strong finisher.

우사인 볼트 Usain Bolt · 자메이카의 육상 선수

천재교육

정답 및 풀이 포인트 3가지

▶ 혼자서도 이해할 수 있는 친절한 문제 풀이

▶ 참고, 주의 등 자세한 풀이 제시

▶ 다른 풀이를 제시하여 다양한 방법으로 문제 풀이 가능

① 분수의 나눗셈

활용개념 

(분수)÷(분수)

01 (1) 3, 3　(2) 10, 2　　**02** (1) $1\dfrac{3}{4}$　(2) $3\dfrac{3}{4}$

03 $\dfrac{20}{45}\div\dfrac{24}{45}=20\div24=\dfrac{\overset{5}{\cancel{20}}}{\underset{6}{\cancel{24}}}=\dfrac{5}{6}$

04 (1) <　(2) >　　**05** ㉡, ㉠, ㉢

06 (1) $\dfrac{1}{9}$　(2) $\dfrac{5}{4}\left(=1\dfrac{1}{4}\right)$

01 (1) $\dfrac{9}{10}\div\dfrac{3}{10}=9\div3=3$

(2) $\dfrac{5}{6}\div\dfrac{5}{12}=\dfrac{10}{12}\div\dfrac{5}{12}=2$

02 (1) $\dfrac{7}{9}\div\dfrac{4}{9}=7\div4=\dfrac{7}{4}=1\dfrac{3}{4}$

(2) $\dfrac{5}{8}\div\dfrac{1}{6}=\dfrac{15}{24}\div\dfrac{4}{24}=15\div4=\dfrac{15}{4}=3\dfrac{3}{4}$

04 (1) $\dfrac{8}{11}\div\dfrac{2}{11}=8\div2=4$

$\dfrac{13}{15}\div\dfrac{3}{15}=13\div3=\dfrac{13}{3}=4\dfrac{1}{3}$

$\Rightarrow \dfrac{8}{11}\div\dfrac{2}{11}<\dfrac{13}{15}\div\dfrac{3}{15}$

(2) $\dfrac{5}{9}\div\dfrac{2}{9}=5\div2=\dfrac{5}{2}=2\dfrac{1}{2}$

$\dfrac{6}{7}\div\dfrac{3}{7}=6\div3=2$

$\Rightarrow \dfrac{5}{9}\div\dfrac{2}{9}>\dfrac{6}{7}\div\dfrac{3}{7}$

05 ㉠ $\dfrac{5}{6}\div\dfrac{3}{4}=\dfrac{10}{12}\div\dfrac{9}{12}=10\div9=\dfrac{10}{9}=1\dfrac{1}{9}$

㉡ $\dfrac{19}{20}\div\dfrac{3}{10}=\dfrac{19}{20}\div\dfrac{6}{20}=19\div6=\dfrac{19}{6}=3\dfrac{1}{6}$

㉢ $\dfrac{1}{3}\div\dfrac{4}{7}=\dfrac{7}{21}\div\dfrac{12}{21}=7\div12=\dfrac{7}{12}$

$\Rightarrow 3\dfrac{1}{6}>1\dfrac{1}{9}>\dfrac{7}{12}$이므로 계산 결과가 큰 순서대로 기호를 쓰면 ㉡, ㉠, ㉢입니다.

06 (1) $9\left(=\dfrac{9}{1}\right)\Rightarrow\dfrac{1}{9}$　　(2) $\dfrac{4}{5}\Rightarrow\dfrac{5}{4}\left(=1\dfrac{1}{4}\right)$

(자연수)÷(단위분수), (자연수)÷(분수)

01 (1) 3, 5, 15　(2) 4, 7, 14

02 방법1 $5\div\dfrac{1}{4}=\dfrac{20}{4}\div\dfrac{1}{4}=20\div1=20$

방법2 $5\div\dfrac{1}{4}=5\times4=20$

03 ㉢　　　　**04** (1) 48　(2) 18

05 15 m　　**06** 18 m

03 ㉠ $24\div\dfrac{3}{8}=24\div3\times8=64$

㉡ $28\div\dfrac{4}{9}=28\div4\times9=63$

㉢ $12\div\dfrac{8}{15}=12\div8\times15=\overset{3}{12}\times\dfrac{15}{\underset{2}{\cancel{8}}}=\dfrac{45}{2}=22\dfrac{1}{2}$

04 (1) $\square\times\dfrac{1}{4}=12$

$\Rightarrow \square=12\div\dfrac{1}{4}=\dfrac{48}{4}\div\dfrac{1}{4}=48\div1=48$

(2) $\square\times\dfrac{5}{6}=15 \Rightarrow \square=15\div\dfrac{5}{6}=15\div5\times6=18$

05 (세로)=(직사각형의 넓이)÷(가로)

$=9\div\dfrac{3}{5}=9\div3\times5=15\,(m)$

06 (밑변의 길이)=(평행사변형의 넓이)÷(높이)

$=16\div\dfrac{8}{9}=16\div8\times9=18\,(m)$

(분수)÷(분수)를 (분수)×(분수)로 나타내기, (대분수)÷(분수)

01 (1) $6\dfrac{2}{3}$　(2) $1\dfrac{1}{2}$

02 $\dfrac{10}{7}\div\dfrac{15}{4}=\dfrac{10}{7}\times\dfrac{4}{\underset{3}{\cancel{15}}}=\dfrac{8}{21}$

03 $1\dfrac{11}{64}$　　　　**04** $1\dfrac{3}{7}$배

05 $3\dfrac{3}{4}$배

01 (1) $5\dfrac{5}{6} \div \dfrac{7}{8} = \dfrac{35}{6} \div \dfrac{7}{8} = \dfrac{\overset{5}{35}}{\underset{3}{6}} \times \dfrac{\overset{4}{8}}{\underset{1}{7}} = \dfrac{20}{3} = 6\dfrac{2}{3}$

(2) $1\dfrac{3}{5} \div 1\dfrac{1}{15} = \dfrac{8}{5} \div \dfrac{16}{15} = \dfrac{\overset{1}{8}}{\underset{1}{5}} \times \dfrac{\overset{3}{15}}{\underset{2}{16}} = \dfrac{3}{2} = 1\dfrac{1}{2}$

03 $4\dfrac{4}{5}$가 가장 작은 수이고, $5\dfrac{5}{8} > 5\dfrac{1}{4}\left(=5\dfrac{2}{8}\right)$이므로

$5\dfrac{5}{8}$가 가장 큰 수입니다.

$\Rightarrow 5\dfrac{5}{8} \div 4\dfrac{4}{5} = \dfrac{45}{8} \div \dfrac{24}{5} = \dfrac{45}{8} \times \dfrac{5}{\underset{8}{24}}$

$= \dfrac{75}{64} = 1\dfrac{11}{64}$

04 $6\dfrac{3}{7} \div 4\dfrac{1}{2} = \dfrac{45}{7} \div \dfrac{9}{2} = \dfrac{\overset{5}{45}}{7} \times \dfrac{2}{\underset{1}{9}} = \dfrac{10}{7} = 1\dfrac{3}{7}$(배)

05 $5\dfrac{1}{4} \div 1\dfrac{2}{5} = \dfrac{21}{4} \div \dfrac{7}{5} = \dfrac{\overset{3}{21}}{4} \times \dfrac{5}{\underset{1}{7}} = \dfrac{15}{4} = 3\dfrac{3}{4}$(배)

유형 변형

12~27쪽

대표 유형 01   1, 2, 4

❶ $\dfrac{4}{5} \div \dfrac{\bullet}{15} = \dfrac{12}{15} \div \dfrac{\bullet}{15} = \boxed{12} \div \bullet = \dfrac{12}{\bullet}$에서

$\dfrac{12}{\bullet}$은/는 자연수이므로 $\bullet$는 $\boxed{12}$의 약수입니다.

❷ $\boxed{12}$의 약수는 1, 2, 3, 4, 6, 12이고 $\dfrac{\bullet}{15}$는 기약분수이므로

$\bullet$에 들어갈 수 있는 자연수는 $\boxed{1}$, $\boxed{2}$, $\boxed{4}$입니다.

예제   1, 3

❶ $\dfrac{6}{7} \div \dfrac{\bigstar}{28} = \dfrac{24}{28} \div \dfrac{\bigstar}{28} = 24 \div \bigstar = \dfrac{24}{\bigstar}$에서 $\dfrac{24}{\bigstar}$는 자연수이므로 $\bigstar$은 24의 약수입니다.

❷ 24의 약수는 1, 2, 3, 4, 6, 8, 12, 24이고 $\dfrac{\bigstar}{28}$은 기약분수이므로 $\bigstar$에 들어갈 수 있는 자연수는 1, 3입니다.

01-1   5개

❶ $\dfrac{2}{3} \div \dfrac{\square}{24} = \dfrac{16}{24} \div \dfrac{\square}{24} = 16 \div \square = \dfrac{16}{\square}$에서 $\dfrac{16}{\square}$은 자연수이므로 $\square$는 16의 약수입니다.

❷ 16의 약수는 1, 2, 4, 8, 16이므로 $\square$ 안에 들어갈 수 있는 자연수는 모두 5개입니다.

01-2   45

❶ $\dfrac{8}{15} \div \dfrac{3}{\square} = \dfrac{8}{15} \times \dfrac{\square}{3} = \dfrac{8 \times \square}{45}$

❷ 몫이 자연수이므로 $\square$ 안에는 45의 배수가 들어가야 합니다.

❸ 몫이 가장 작을 때 $\square$ 안에 알맞은 수는 45의 배수 중 가장 작은 수인 45입니다.

❶ $2\dfrac{\square}{10}$가 기약분수이므로 □ 안에 들어갈 수 있는 수는 1, 3, 7, 9입니다.

❷ $2\dfrac{\square}{10}\div\dfrac{3}{20}=\dfrac{2\times10+\square}{10}\div\dfrac{3}{20}=\dfrac{2\times(20+\square)}{20}\div\dfrac{3}{20}$

$\quad=2\times(20+\square)\div3=\dfrac{2\times(20+\square)}{3}$에서

$\dfrac{2\times(20+\square)}{3}$는 자연수이므로 $(20+\square)$는 3의 배수입니다.

❸ □ 안에 들어갈 수 있는 자연수는 1, 7로 모두 2개입니다.

대표 유형 02 3

❶ $2\dfrac{4}{5}\div\dfrac{7}{10}=\dfrac{\boxed{14}}{5}\div\dfrac{7}{10}=\dfrac{\boxed{28}}{10}\div\dfrac{7}{10}=\boxed{28}\div7=\boxed{4}$

❷ $5\dfrac{1}{4}\div\dfrac{7}{12}=\dfrac{\boxed{21}}{4}\div\dfrac{7}{12}=\dfrac{\boxed{63}}{12}\div\dfrac{7}{12}=\boxed{63}\div7=\boxed{9}$

❸ $8\div\dfrac{4}{\bullet}=\overset{2}{8}\times\dfrac{\bullet}{\underset{1}{4}}=2\times\bullet$, $\boxed{4}<2\times\bullet<\boxed{9}$이고 $\dfrac{4}{\bullet}$는 자연수가 아니므로

$\quad\bullet$에 들어갈 수 있는 자연수는 $\boxed{3}$입니다.

예제 4

❶ $14\dfrac{2}{3}\div1\dfrac{5}{6}=\dfrac{44}{3}\div\dfrac{11}{6}=\dfrac{88}{6}\div\dfrac{11}{6}=88\div11=8$

❷ $2\dfrac{5}{8}\div\dfrac{3}{16}=\dfrac{21}{8}\div\dfrac{3}{16}=\dfrac{42}{16}\div\dfrac{3}{16}=42\div3=14$

❸ $9\div\dfrac{3}{\heartsuit}=9\times\dfrac{\overset{3}{\heartsuit}}{\underset{1}{3}}=3\times\heartsuit$이고 $8<3\times\heartsuit<14$이고 $\dfrac{3}{\heartsuit}$은 자연수가 아니므로

$\quad\heartsuit$에 들어갈 수 있는 자연수는 4입니다.

02-1 2, 3

❶ $\dfrac{3}{8}\div\dfrac{1}{6}=\dfrac{3}{\underset{4}{8}}\times\overset{3}{6}=\dfrac{9}{4}=2\dfrac{1}{4}$

❷ $\dfrac{4}{9}\div\dfrac{2}{51}=\dfrac{\overset{2}{4}}{\underset{3}{9}}\times\dfrac{\overset{17}{51}}{\underset{1}{2}}=\dfrac{34}{3}=11\dfrac{1}{3}$

❸ $3\div\dfrac{1}{\square}=3\times\square$, $2\dfrac{1}{4}<3\times\square<11\dfrac{1}{3}$이고 $\dfrac{1}{\square}$은 자연수가 아니므로

$\quad$□ 안에 들어갈 수 있는 자연수는 2, 3입니다.

02-2 5개

❶ $\dfrac{7}{9}\div\dfrac{14}{27}=\dfrac{21}{27}\div\dfrac{14}{27}=21\div14=\dfrac{\overset{3}{21}}{\underset{2}{14}}=\dfrac{3}{2}=1\dfrac{1}{2}$

❷ $13\dfrac{3}{4}\div1\dfrac{1}{10}=\dfrac{55}{4}\div\dfrac{11}{10}=\dfrac{\overset{5}{55}}{\underset{2}{4}}\times\dfrac{\overset{5}{10}}{\underset{1}{11}}=\dfrac{25}{2}=12\dfrac{1}{2}$

❸ $\dfrac{\square}{7}\div\dfrac{3}{28}=\dfrac{\square}{\underset{1}{7}}\times\dfrac{\overset{4}{28}}{3}=\dfrac{\square\times4}{3}$이고 $1\dfrac{1}{2}<\dfrac{\square\times4}{3}<12\dfrac{1}{2}$, $\dfrac{3}{2}<\dfrac{\square\times4}{3}<\dfrac{25}{2}$

$\quad9<\square\times8<75$이고 $\dfrac{\square}{7}$는 진분수이므로

$\quad$□ 안에 들어갈 수 있는 수는 2, 3, 4, 5, 6으로 모두 5개입니다.

02-3 2, 3, 4

❶ $5\dfrac{5}{6} \div 1\dfrac{1}{4} = \dfrac{35}{6} \div \dfrac{5}{4} = \dfrac{\overset{7}{\cancel{35}}}{\underset{3}{\cancel{6}}} \times \dfrac{\overset{2}{\cancel{4}}}{\underset{1}{\cancel{5}}} = \dfrac{14}{3} = 4\dfrac{2}{3}$

❷ $1\dfrac{7}{8} \div \dfrac{3}{20} = \dfrac{15}{8} \div \dfrac{3}{20} = \dfrac{\overset{5}{\cancel{15}}}{\underset{2}{\cancel{8}}} \times \dfrac{\overset{5}{\cancel{20}}}{\underset{1}{\cancel{3}}} = \dfrac{25}{2} = 12\dfrac{1}{2}$

❸ $\dfrac{8}{9} \div \dfrac{\square}{27} = \dfrac{8}{\underset{1}{\cancel{9}}} \times \dfrac{\overset{3}{\cancel{27}}}{\square} = \dfrac{24}{\square}$ 이고 $4\dfrac{2}{3} < \dfrac{24}{\square} < 12\dfrac{1}{2}$ 에서 □는 24의 약수이므로

□ 안에 들어갈 수 있는 수는 2, 3, 4입니다.

대표 유형 03 20도막

❶ (이어 붙인 색 테이프의 전체 길이) $= \dfrac{7}{8} + \dfrac{1}{6} = \dfrac{21}{24} + \dfrac{\boxed{4}}{24}$

$\qquad\qquad\qquad\qquad\qquad\qquad = \dfrac{\boxed{25}}{24} = 1\dfrac{\boxed{1}}{24}$ (m)

❷ (도막 수) $= \boxed{1}\dfrac{\boxed{1}}{24} \div \dfrac{5}{96} = \dfrac{\boxed{25}}{24} \div \dfrac{5}{96} = \dfrac{\overset{5}{\cancel{25}}}{\underset{1}{\cancel{24}}} \times \dfrac{\overset{4}{\cancel{96}}}{\underset{1}{\cancel{5}}} = \boxed{20}$ (도막)

예제 14도막

❶ (이어 붙인 색 테이프의 전체 길이) $= \dfrac{11}{15} + \dfrac{9}{10} = \dfrac{22}{30} + \dfrac{27}{30} = \dfrac{49}{30} = 1\dfrac{19}{30}$ (m)

❷ (도막 수) $= 1\dfrac{19}{30} \div \dfrac{7}{60} = \dfrac{49}{30} \div \dfrac{7}{60} = \dfrac{98}{60} \div \dfrac{7}{60} = 98 \div 7 = \dfrac{\overset{14}{\cancel{98}}}{\underset{1}{\cancel{7}}} = 14$ (도막)

03-1 10도막

❶ (이어 붙인 색 테이프의 전체 길이) $= \dfrac{1}{6} + \dfrac{1}{4} = \dfrac{2}{12} + \dfrac{3}{12} = \dfrac{5}{12}$ (m)

❷ (도막 수) $= \dfrac{5}{12} \div \dfrac{1}{24} = \dfrac{10}{24} \div \dfrac{1}{24} = 10 \div 1 = 10$ (도막)

03-2 5도막

❶ (사용하고 남은 철사의 길이) $= 2 - \dfrac{1}{2} = 1\dfrac{1}{2}$ (m)

❷ (도막 수) $= 1\dfrac{1}{2} \div \dfrac{3}{10} = \dfrac{3}{2} \div \dfrac{3}{10} = \dfrac{15}{10} \div \dfrac{3}{10} = 15 \div 3 = 5$ (도막)

03-3 15도막

❶ (이어 붙인 색 테이프의 전체 길이) $= \dfrac{5}{9} + \dfrac{5}{12} + \dfrac{5}{6} = \dfrac{20}{36} + \dfrac{15}{36} + \dfrac{30}{36} = \dfrac{65}{36} = 1\dfrac{29}{36}$ (m)

❷ (도막 수) $= 1\dfrac{29}{36} \div \dfrac{13}{108} = \dfrac{65}{36} \div \dfrac{13}{108} = \dfrac{195}{108} \div \dfrac{13}{108} = 195 \div 13 = \dfrac{\overset{15}{\cancel{195}}}{\underset{1}{\cancel{13}}} = 15$ (도막)

03-4 33도막

❶ (길이가 $1\dfrac{1}{20}$ m인 끈의 도막 수) $= 1\dfrac{1}{20} \div \dfrac{7}{80} = \dfrac{21}{20} \div \dfrac{7}{80} = \dfrac{84}{80} \div \dfrac{7}{80} = 84 \div 7$

$\qquad\qquad\qquad\qquad\qquad\qquad\qquad = \dfrac{\overset{12}{\cancel{84}}}{\underset{1}{\cancel{7}}} = 12$ (도막)

❷ (길이가 $1\dfrac{11}{24}$ m인 끈의 도막 수) $= 1\dfrac{11}{24} \div \dfrac{5}{72} = \dfrac{35}{24} \div \dfrac{5}{72} = \dfrac{105}{72} \div \dfrac{5}{72} = 105 \div 5$

$\qquad\qquad\qquad\qquad\qquad\qquad\qquad = \dfrac{\overset{21}{\cancel{105}}}{\underset{1}{\cancel{5}}} = 21$ (도막)

❸ (전체 도막 수) $= 12 + 21 = 33$ (도막)

❶ 가$=\dfrac{3}{10}$, 나$=\dfrac{3}{4}$이므로 $\left(\dfrac{3}{4}-\dfrac{3}{10}\right)\div\dfrac{3}{4}$입니다.

❷ $\left(\dfrac{3}{4}-\dfrac{3}{10}\right)\div\dfrac{3}{4}=\left(\dfrac{\boxed{15}}{20}-\dfrac{6}{20}\right)\div\dfrac{3}{4}=\dfrac{\boxed{9}}{20}\div\dfrac{3}{4}$

$=\dfrac{\boxed{9}}{20}\div\dfrac{\boxed{15}}{20}=\boxed{9}\div\boxed{15}=\dfrac{\overset{3}{\boxed{9}}}{\underset{5}{\boxed{15}}}=\dfrac{3}{5}$

예제 $1\dfrac{3}{13}$

❶ 가$=\dfrac{8}{9}$, 나$=\dfrac{1}{6}$이므로 $\dfrac{8}{9}\div\left(\dfrac{8}{9}-\dfrac{1}{6}\right)$입니다.

❷ $\dfrac{8}{9}\div\left(\dfrac{8}{9}-\dfrac{1}{6}\right)=\dfrac{8}{9}\div\left(\dfrac{16}{18}-\dfrac{3}{18}\right)=\dfrac{8}{9}\div\dfrac{13}{18}=\dfrac{16}{18}\div\dfrac{13}{18}=16\div13=\dfrac{16}{13}=1\dfrac{3}{13}$

04-1 $21\dfrac{3}{5}$

❶ 가$=15$, 나$=\dfrac{5}{6}$이므로 $15\div\dfrac{5}{6}\div\dfrac{5}{6}$입니다.

❷ $15\div\dfrac{5}{6}\div\dfrac{5}{6}=\overset{3}{15}\times\dfrac{6}{\underset{1}{5}}\div\dfrac{5}{6}=18\div\dfrac{5}{6}=18\times\dfrac{6}{5}=\dfrac{108}{5}=21\dfrac{3}{5}$

04-2 $\dfrac{34}{35}$

❶ 가$=1\dfrac{19}{21}$, 나$=1\dfrac{7}{9}$이므로 $1\dfrac{19}{21}-1\dfrac{7}{9}\div1\dfrac{19}{21}$입니다.

❷ $1\dfrac{19}{21}-1\dfrac{7}{9}\div1\dfrac{19}{21}=1\dfrac{19}{21}-\dfrac{16}{9}\div\dfrac{40}{21}=1\dfrac{19}{21}-\dfrac{\overset{2}{16}}{\underset{3}{9}}\times\dfrac{\overset{7}{21}}{\underset{5}{40}}=1\dfrac{19}{21}-\dfrac{14}{15}$

$=1\dfrac{95}{105}-\dfrac{98}{105}=\dfrac{200}{105}-\dfrac{98}{105}=\dfrac{\overset{34}{102}}{\underset{35}{105}}=\dfrac{34}{35}$

04-3 $4\dfrac{1}{2}$

❶ 가$=\dfrac{2}{5}$, 나$=\dfrac{3}{5}$이므로 $\left(\dfrac{2}{5}\,\bullet\,\dfrac{3}{5}\right)=\left(\dfrac{2}{5}\div\dfrac{3}{5}\right)+\left(\dfrac{3}{5}\div\dfrac{2}{5}\right)$입니다.

❷ $\left(\dfrac{2}{5}\div\dfrac{3}{5}\right)+\left(\dfrac{3}{5}\div\dfrac{2}{5}\right)=\left(\dfrac{2}{\underset{1}{5}}\times\dfrac{\overset{1}{5}}{3}\right)+\left(\dfrac{3}{\underset{1}{5}}\times\dfrac{\overset{1}{5}}{2}\right)=\dfrac{2}{3}+\dfrac{3}{2}=\dfrac{4}{6}+\dfrac{9}{6}=\dfrac{13}{6}=2\dfrac{1}{6}$

❸ $9\dfrac{3}{4}\div2\dfrac{1}{6}=\dfrac{39}{4}\div\dfrac{13}{6}=\dfrac{\overset{3}{39}}{\underset{2}{4}}\times\dfrac{\overset{3}{6}}{\underset{1}{13}}=\dfrac{9}{2}=4\dfrac{1}{2}$

04-4 $\dfrac{5}{6}$

❶ 가$=\dfrac{3}{4}$, 나$=㉠$이므로 $\dfrac{3}{4}\times\left(\dfrac{3}{4}+㉠\right)=1\dfrac{3}{16}$입니다.

❷ $\dfrac{3}{4}+㉠=1\dfrac{3}{16}\div\dfrac{3}{4}=\dfrac{19}{16}\div\dfrac{3}{4}=\dfrac{19}{16}\div\dfrac{12}{16}=\dfrac{19}{12}=1\dfrac{7}{12}$이므로

$㉠=1\dfrac{7}{12}-\dfrac{3}{4}=1\dfrac{7}{12}-\dfrac{9}{12}=\dfrac{19}{12}-\dfrac{9}{12}=\dfrac{\overset{5}{10}}{\underset{6}{12}}=\dfrac{5}{6}$입니다.

❶ 계산 결과가 가장 작으려면 나누어지는 수가 가장 작고 나누는 수가 가장 커야 하므로

$\boxed{2}\div\dfrac{\boxed{6}}{7}$입니다.

❷ $\boxed{2}\div\dfrac{\boxed{6}}{7}=\dfrac{\boxed{14}}{7}\div\dfrac{\boxed{6}}{7}=\boxed{14}\div\boxed{6}=\dfrac{\boxed{14}}{\boxed{6}}=\dfrac{7}{3}=2\dfrac{\boxed{1}}{3}$

예제 $3\dfrac{3}{7}$

❶ 계산 결과가 가장 작으려면 나누어지는 수가 가장 작고 나누는 수가 가장 커야 하므로 $3\div\dfrac{7}{8}$ 입니다.

❷ $3\div\dfrac{7}{8}=\dfrac{24}{8}\div\dfrac{7}{8}=24\div7=\dfrac{24}{7}=3\dfrac{3}{7}$

05-1 $2\dfrac{1}{10}$

❶ 계산 결과가 가장 크려면 나누어지는 수가 크고 나누는 수가 작아야 하므로 $\dfrac{3}{5}\div\dfrac{2}{7}$입니다.

❷ $\dfrac{3}{5}\div\dfrac{2}{7}=\dfrac{3}{5}\times\dfrac{7}{2}=\dfrac{21}{10}=2\dfrac{1}{10}$

05-2 14

❶ 계산 결과가 가장 크려면 나누어지는 수가 가장 커야 하므로 만들 수 있는 가장 큰 대분수는 $9\dfrac{4}{5}$입니다.

❷ $9\dfrac{4}{5}\div\dfrac{7}{10}=\dfrac{49}{5}\div\dfrac{7}{10}=\dfrac{98}{10}\div\dfrac{7}{10}=98\div7=14$

05-3 $\dfrac{10}{21}$

❶ 계산 결과가 가장 작으려면 나누어지는 수는 작고 나누는 수는 커야 하므로 만들 수 있는 나눗셈은 나누어지는 수가 가장 작은 $\dfrac{2}{7}\div\dfrac{3}{5}$과 나누는 수가 가장 큰 $\dfrac{2}{3}\div\dfrac{5}{7}$입니다.

❷ $\dfrac{2}{7}\div\dfrac{3}{5}=\dfrac{2}{7}\times\dfrac{5}{3}=\dfrac{10}{21},\ \dfrac{2}{3}\div\dfrac{5}{7}=\dfrac{2}{3}\times\dfrac{7}{5}=\dfrac{14}{15}$

❸ $\dfrac{10}{21}\left(=\dfrac{50}{105}\right)<\dfrac{14}{15}\left(=\dfrac{98}{105}\right)$이므로 나눗셈의 몫이 가장 작은 때의 몫은 $\dfrac{10}{21}$입니다.

대표 유형 06 $6\dfrac{8}{15}$ cm

❶ 처음 공을 떨어뜨린 높이를 ■ cm라 하면 $■\times\dfrac{\boxed{5}}{6}=5\dfrac{4}{9}$입니다.

❷ $■\times\dfrac{\boxed{5}}{6}=5\dfrac{4}{9},\ ■=5\dfrac{4}{9}\div\dfrac{\boxed{5}}{6}=\dfrac{\boxed{49}}{9}\times\dfrac{\boxed{6}}{\boxed{5}}=\dfrac{\boxed{98}}{15}=\boxed{6}\dfrac{\boxed{8}}{15}$

예제 $10\dfrac{2}{9}$ cm

❶ 처음 공을 떨어뜨린 높이를 □ cm라 하면 $□\times\dfrac{3}{8}=3\dfrac{5}{6}$입니다.

❷ $□\times\dfrac{3}{8}=3\dfrac{5}{6},\ □=3\dfrac{5}{6}\div\dfrac{3}{8}=\dfrac{23}{6}\div\dfrac{3}{8}=\dfrac{23}{6}\times\dfrac{8}{3}=\dfrac{92}{9}=10\dfrac{2}{9}$

06-1 16 cm

❶ 처음 공을 떨어뜨린 높이를 □ cm라 하면 □ $\times \dfrac{3}{4}=12$입니다.

❷ $□ \times \dfrac{3}{4}=12$, $□=12 \div \dfrac{3}{4}=\overset{4}{\underset{1}{12}} \times \dfrac{4}{3}=16$

06-2 125 cm

❶ 처음 공을 떨어뜨린 높이를 □ cm라 하면 □ $\times \dfrac{2}{5} \times \dfrac{2}{5}=20$입니다.

❷ $□ \times \dfrac{2}{5} \times \dfrac{2}{5}=20$, $□ \times \dfrac{4}{25}=20$, $□=20 \div \dfrac{4}{25}=\overset{5}{\underset{1}{20}} \times \dfrac{25}{4}=125$

06-3 $3\dfrac{3}{22}$ m

❶ 처음 공을 떨어뜨린 높이를 □ m라 하면 □ $\times \dfrac{2}{3} \times \dfrac{2}{3} \times \dfrac{2}{3}=\dfrac{92}{99}$입니다.

❷ $□ \times \dfrac{2}{3} \times \dfrac{2}{3} \times \dfrac{2}{3}=\dfrac{92}{99}$, $□ \times \dfrac{8}{27}=\dfrac{92}{99}$,

$□=\dfrac{92}{99} \div \dfrac{8}{27}=\dfrac{\overset{23}{92}}{\underset{11}{99}} \times \dfrac{\overset{3}{27}}{\underset{2}{8}}=\dfrac{69}{22}=3\dfrac{3}{22}$

06-4 $3\dfrac{5}{9}$ cm

❶ 처음 공을 떨어뜨린 높이를 □ cm라 하면 □ $\times \dfrac{3}{4} \times \dfrac{3}{4}=18$입니다.

❷ $□ \times \dfrac{3}{4} \times \dfrac{3}{4}=18$, $□ \times \dfrac{9}{16}=18$, $□=18 \div \dfrac{9}{16}=\overset{2}{18} \times \dfrac{16}{\underset{1}{9}}=32$

❸ 처음 공을 떨어뜨린 높이가 32 cm이므로 ㉯ 공이 두 번째로 튀어 오른 높이는

$32 \times \dfrac{1}{3} \times \dfrac{1}{3}=\dfrac{32}{3} \times \dfrac{1}{3}=\dfrac{32}{9}=3\dfrac{5}{9}$ (cm)입니다.

대표 유형 07 36분

❶ (1분 동안 타는 양초의 길이)$=2\dfrac{2}{3} \div 6=\dfrac{\boxed{8}}{3} \div 6$

$=\dfrac{\boxed{8}}{3} \div \dfrac{\boxed{18}}{3}=\dfrac{\boxed{\overset{4}{8}}}{\boxed{\underset{9}{18}}}=\dfrac{\boxed{4}}{9}$ (cm)

❷ (양초가 모두 타는 데 걸리는 시간)$=16 \div \dfrac{\boxed{4}}{9}=\overset{4}{16} \times \dfrac{9}{\boxed{\underset{1}{4}}}=\boxed{36}$ (분)

예제 30분

❶ (1분 동안 타는 양초의 길이)$=8\dfrac{1}{6} \div 7=\dfrac{49}{6} \div 7=\dfrac{49}{6} \div \dfrac{42}{6}=\dfrac{\overset{7}{49}}{\underset{6}{42}}=\dfrac{7}{6}=1\dfrac{1}{6}$ (cm)

❷ (양초가 모두 타는 데 걸리는 시간)$=35 \div 1\dfrac{1}{6}=35 \div \dfrac{7}{6}=\overset{5}{35} \times \dfrac{6}{\underset{1}{7}}=30$ (분)

07-1 1시간 10분

❶ (1분 동안 타는 양초의 길이)$=1\dfrac{1}{5} \div 3=\dfrac{6}{5} \div 3=\dfrac{6}{5} \div \dfrac{15}{5}=\dfrac{6}{\underset{5}{15}}=\dfrac{2}{5}$ (cm)

❷ (양초가 모두 타는 데 걸리는 시간)$=28 \div \dfrac{2}{5}=\overset{14}{28} \times \dfrac{5}{\underset{1}{2}}=70$ (분) ⇨ 1시간 10분

07-2 1시간 4분

❶ (1분 동안 타는 양초의 길이)$=3\dfrac{3}{4}\div5=\dfrac{15}{4}\div5=\dfrac{15}{4}\div\dfrac{20}{4}=\dfrac{15}{20}=\dfrac{3}{4}$ (cm)

❷ (양초가 모두 타는 데 걸리는 시간)$=48\div\dfrac{3}{4}=\overset{16}{48}\times\dfrac{4}{3}=64$(분) ⇨ 1시간 4분

07-3 1시간 45분

❶ (1분 동안 타는 양초의 길이)$=1\dfrac{1}{5}\div2\dfrac{1}{4}=\dfrac{6}{5}\div\dfrac{9}{4}=\dfrac{\overset{2}{6}}{5}\times\dfrac{4}{\underset{3}{9}}=\dfrac{8}{15}$ (cm)

❷ (양초가 모두 타는 데 걸리는 시간)$=56\div\dfrac{8}{15}=\overset{7}{56}\times\dfrac{15}{8}=105$(분) ⇨ 1시간 45분

07-4 23분

❶ (4분 동안 탄 양초의 길이)$=36-30\dfrac{2}{3}=35\dfrac{3}{3}-30\dfrac{2}{3}=5\dfrac{1}{3}$ (cm)

❷ (1분 동안 타는 양초의 길이)$=5\dfrac{1}{3}\div4=\dfrac{16}{3}\div4=\dfrac{16}{3}\div\dfrac{12}{3}=\dfrac{16}{\underset{3}{12}}=\dfrac{4}{3}=1\dfrac{1}{3}$ (cm)

❸ (남은 양초가 모두 타는 데 더 걸리는 시간)$=30\dfrac{2}{3}\div1\dfrac{1}{3}=\dfrac{92}{3}\div\dfrac{4}{3}=\dfrac{\overset{23}{92}}{\underset{1}{4}}=23$(분)

대표 유형 08 $\dfrac{7}{12}$ m²

❶ (페인트를 칠한 벽의 넓이)$=\dfrac{3}{8}\times\dfrac{5}{\underset{2}{6}}=\dfrac{\boxed{5}}{16}$ (m²)

❷ (페인트 1 L로 칠할 수 있는 벽의 넓이)

$$=\dfrac{\boxed{5}}{16}\div\dfrac{15}{28}=\dfrac{\boxed{5}}{16}\times\dfrac{28}{15}=\dfrac{\boxed{\overset{7}{140}}}{\underset{12}{240}}=\dfrac{\boxed{7}}{12}\ (\text{m}^2)$$

예제 $\dfrac{5}{13}$ m²

❶ (페인트를 칠한 벽의 넓이)$=\dfrac{\overset{1}{3}}{\underset{1}{4}}\times\dfrac{\overset{2}{8}}{\underset{3}{9}}=\dfrac{2}{3}$ (m²)

❷ (페인트 1 L로 칠할 수 있는 벽의 넓이)$=\dfrac{2}{3}\div1\dfrac{11}{15}=\dfrac{2}{3}\div\dfrac{26}{15}=\dfrac{\overset{1}{2}}{\underset{1}{3}}\times\dfrac{\overset{5}{15}}{\underset{13}{26}}=\dfrac{5}{13}$ (m²)

08-1 $3\dfrac{1}{3}$ L

❶ (페인트를 칠한 벽의 넓이)$=\dfrac{3}{4}\times\dfrac{3}{4}=\dfrac{9}{16}$ (m²)

❷ (벽 1 m²를 칠하는 데 필요한 페인트의 양)

$$=1\dfrac{7}{8}\div\dfrac{9}{16}=\dfrac{15}{8}\div\dfrac{9}{16}=\dfrac{\overset{5}{15}}{\underset{1}{8}}\times\dfrac{\overset{2}{16}}{\underset{3}{9}}=\dfrac{10}{3}=3\dfrac{1}{3}\ (\text{L})$$

08-2 20 L

❶ (페인트를 칠한 벽의 넓이)$=3\dfrac{3}{4}\times1\dfrac{7}{9}=\dfrac{\overset{5}{15}}{\underset{1}{4}}\times\dfrac{\overset{4}{16}}{\underset{3}{9}}=\dfrac{20}{3}=6\dfrac{2}{3}$ (m²)

❷ (벽 1 m²를 칠하는 데 사용한 페인트의 양)

$$=8\dfrac{8}{9}\div6\dfrac{2}{3}=\dfrac{80}{9}\div\dfrac{20}{3}=\dfrac{\overset{4}{80}}{\underset{3}{9}}\times\dfrac{3}{\underset{1}{20}}=\dfrac{4}{3}=1\dfrac{1}{3}\ (\text{L})$$

❸ (벽 15 m²를 칠하는 데 사용한 페인트의 양)$=1\dfrac{1}{3}\times15=\dfrac{4}{\underset{1}{3}}\times\overset{5}{15}=20$ (L)

08-3 55 m²

❶ (페인트를 칠한 벽의 넓이)$=2\frac{2}{5}\times5\frac{5}{8}=\frac{\overset{3}{12}}{5}\times\frac{\overset{9}{45}}{\underset{1}{8}}=\frac{27}{2}=13\frac{1}{2}$ (m²)

❷ (페인트 1 L로 칠할 수 있는 벽의 넓이)

$=13\frac{1}{2}\div2\frac{1}{22}=\frac{27}{2}\div\frac{45}{22}=\frac{\overset{3}{27}}{\underset{1}{2}}\times\frac{\overset{11}{22}}{\underset{5}{45}}=\frac{33}{5}=6\frac{3}{5}$ (m²)

❸ (페인트 $8\frac{1}{3}$ L로 칠할 수 있는 벽의 넓이)$=6\frac{3}{5}\times8\frac{1}{3}=\frac{\overset{11}{33}}{\underset{1}{5}}\times\frac{\overset{5}{25}}{\underset{1}{3}}=55$ (m²)

실전 적용

01 $4\frac{3}{8}$

❶ 가$=\frac{1}{6}$, 나$=\frac{7}{8}$이므로 $\frac{7}{8}\div\frac{1}{6}-\frac{7}{8}$입니다.

❷ $\frac{7}{8}\div\frac{1}{6}-\frac{7}{8}=\frac{7}{\underset{4}{8}}\times\overset{3}{6}-\frac{7}{8}=\frac{21}{4}-\frac{7}{8}=\frac{42}{8}-\frac{7}{8}=\frac{35}{8}=4\frac{3}{8}$

02 4개

❶ $2\frac{2}{3}\div\frac{\square}{9}=\frac{8}{3}\div\frac{\square}{9}=\frac{24}{9}\div\frac{\square}{9}=24\div\square=\frac{24}{\square}$에서 $\frac{24}{\square}$는 자연수이므로

$\square$는 24의 약수입니다.

❷ 24의 약수는 1, 2, 3, 4, 6, 8, 12, 24이고 $\frac{\square}{9}$는 기약분수이므로

$\square$ 안에 들어갈 수 있는 자연수는 1, 2, 4, 8로 모두 4개입니다.

03 10

❶ $56\div\frac{7}{\square}=56\times\frac{\square}{\underset{1}{7}}=8\times\square$

❷ $96\div1\frac{1}{3}=96\div\frac{4}{3}=\overset{24}{96}\times\frac{3}{\underset{1}{4}}=72$

❸ $8\times\square>72$이고 $8\times9=72$이므로

$\square$ 안에 들어갈 수 있는 수 중에서 가장 작은 자연수는 10입니다.

04 14도막

❶ (이어 붙인 색 테이프의 전체 길이)$=5\frac{5}{6}+8\frac{3}{4}=5\frac{10}{12}+8\frac{9}{12}=13\frac{19}{12}=14\frac{7}{12}$ (m)

❷ (도막 수)$=14\frac{7}{12}\div1\frac{1}{24}=\frac{175}{12}\div\frac{25}{24}=\frac{350}{24}\div\frac{25}{24}=350\div25$

$=\frac{\overset{14}{350}}{\underset{1}{25}}=14$(도막)

05 $6\frac{2}{15}$ m

❶ 처음 공을 떨어뜨린 높이를 $\square$ m라 하면 $\square\times\frac{5}{8}\times\frac{5}{8}=2\frac{19}{48}$입니다.

❷ $\square\times\frac{5}{8}\times\frac{5}{8}=2\frac{19}{48}$, $\square\times\frac{25}{64}=2\frac{19}{48}$,

$\square=2\frac{19}{48}\div\frac{25}{64}=\frac{115}{48}\div\frac{25}{64}=\frac{\overset{23}{115}}{\underset{3}{48}}\times\frac{\overset{4}{64}}{\underset{5}{25}}=\frac{92}{15}=6\frac{2}{15}$

06 $2\dfrac{1}{2}$

❶ 계산 결과가 가장 작으려면 나누어지는 수가 가장 작아야 하므로

만들 수 있는 나눗셈은 $2\div\dfrac{4}{5}$입니다.

❷ $2\div\dfrac{4}{5}=2\times\dfrac{5}{\overset{1}{\underset{2}{4}}}=\dfrac{5}{2}=2\dfrac{1}{2}$

07 정팔각형

❶ (사용한 철사의 길이)$=15\div2=\dfrac{15}{2}=7\dfrac{1}{2}$ (m)

❷ (정다각형의 변의 수)$=7\dfrac{1}{2}\div\dfrac{15}{16}=\dfrac{15}{2}\div\dfrac{15}{16}=\dfrac{\overset{1}{15}}{2}\times\dfrac{\overset{8}{16}}{\underset{1}{15}}=8$(개)

❸ 변이 8개인 정다각형이므로 정팔각형입니다.

08 $1\dfrac{5}{7}$ L

❶ (1 km를 가는 데 필요한 휘발유의 양)$=\dfrac{2}{5}\div3\dfrac{1}{2}=\dfrac{2}{5}\div\dfrac{7}{2}=\dfrac{2}{5}\times\dfrac{2}{7}=\dfrac{4}{35}$ (L)

❷ (15 km를 가는 데 필요한 휘발유의 양)$=\dfrac{4}{35}\times\overset{3}{15}=\dfrac{12}{7}=1\dfrac{5}{7}$ (L)

09 3개

❶ $13\dfrac{3}{4}\div5\dfrac{1}{2}=\dfrac{55}{4}\div\dfrac{11}{2}=\dfrac{\overset{5}{55}}{\underset{2}{4}}\times\dfrac{\overset{1}{2}}{\underset{1}{11}}=\dfrac{5}{2}=2\dfrac{1}{2}$

❷ $20\dfrac{5}{9}\div3\dfrac{1}{3}=\dfrac{185}{9}\div\dfrac{10}{3}=\dfrac{\overset{37}{185}}{\underset{3}{9}}\times\dfrac{\overset{1}{3}}{\underset{2}{10}}=\dfrac{37}{6}=6\dfrac{1}{6}$

❸ $\square\div\dfrac{3}{4}=\square\times\dfrac{4}{3}=\dfrac{\square\times4}{3}$이고 $2\dfrac{1}{2}<\dfrac{\square\times4}{3}<6\dfrac{1}{6}$, $\dfrac{15}{6}<\dfrac{\square\times8}{6}<\dfrac{37}{6}$,

$15<\square\times8<37$이므로 $\square$ 안에 들어갈 수 있는 자연수는 2, 3, 4로 모두 3개입니다.

10 3시간 20분

❶ (1분 동안 타는 양초의 길이)$=2\dfrac{2}{5}\div16=\dfrac{12}{5}\div16=\dfrac{\overset{3}{12}}{5}\times\dfrac{1}{\underset{4}{16}}=\dfrac{3}{20}$ (cm)

❷ (양초가 모두 타는 데 걸리는 시간)$=30\div\dfrac{3}{20}=30\times\dfrac{\overset{10}{20}}{\underset{1}{3}}=200$(분) $\Rightarrow$ 3시간 20분

11 $\dfrac{17}{40}$ m²

❶ (페인트를 칠한 벽의 넓이)$=1\dfrac{7}{8}\times1\dfrac{7}{10}\div2=\dfrac{15}{8}\times\dfrac{17}{\underset{2}{10}}\times\dfrac{1}{2}=\dfrac{51}{32}=1\dfrac{19}{32}$ (m²)

❷ (페인트 1 L로 칠할 수 있는 벽의 넓이)

$=1\dfrac{19}{32}\div3\dfrac{3}{4}=\dfrac{51}{32}\div\dfrac{15}{4}=\dfrac{\overset{17}{51}}{\underset{8}{32}}\times\dfrac{\overset{1}{4}}{\underset{5}{15}}=\dfrac{17}{40}$ (m²)

12 $18\dfrac{1}{3}$

❶ 구하려는 분수를 $\dfrac{\triangle}{\square}$라 하면 $\dfrac{\triangle}{\square}\div\dfrac{11}{15}=\dfrac{\triangle}{\square}\times\dfrac{15}{11}$, $\dfrac{\triangle}{\square}\div\dfrac{5}{12}=\dfrac{\triangle}{\square}\times\dfrac{12}{5}$입니다.

❷ 계산 결과가 모두 자연수가 되려면 $\square$는 15와 12의 공약수이고, $\triangle$는 11과 5의 공배수여야

합니다.

❸ $\dfrac{\triangle}{\square}$가 가장 작은 수가 되려면 $\square$는 15와 12의 최대공약수인 3, $\triangle$는 11과 5의 최소공배수인

55입니다. $\Rightarrow \dfrac{55}{3}=18\dfrac{1}{3}$

2 소수의 나눗셈

(소수)÷(소수)

01 (1) 3　(2) 2.9

02
$$\begin{array}{r} 1.9 \\ 4.8\,)\overline{\,9.1\,2} \\ \underline{4\ 8} \\ 4\ 3\ 2 \\ \underline{4\ 3\ 2} \\ 0 \end{array}$$

03 2.3　　**04** 9.9

05 ㉡

01 (1) $8.61÷2.87=\dfrac{861}{100}÷\dfrac{287}{100}=861÷287=3$

　　(2) $9.28÷3.2=928÷320=2.9$

02 몫의 소수점은 옮긴 소수점의 위치에 맞추어 찍어야 합니다.

03 $782÷23=34$
$\dfrac{1}{10}$배　　　$\dfrac{1}{10}$배
$78.2÷\square=34$이므로 $\square=2.3$입니다.

04 $990÷45=22$
$\dfrac{1}{100}$배　　　$\dfrac{1}{100}$배
$\square÷0.45=22$이므로 $\square=9.9$입니다.

05 ㉠ $4.8÷0.8=6$　㉡ $4.8÷1.2=4$　㉢ $4.8÷0.6=8$
$4.8<6$　　　$4.8>4$　　　$4.8<8$

(자연수)÷(소수)

01 (1) 6　(2) 5　　**02** (1) 14　(2) 25
03 ㉢　　　　　　**04** 21
05 7개　　　　　　**06** 110, 10

01 (1)
$$\begin{array}{r} 6 \\ 7.5\,)\overline{\,4\,5.0} \\ \underline{4\ 5\ 0} \\ 0 \end{array}$$
　(2)
$$\begin{array}{r} 5 \\ 9.2\,)\overline{\,4\,6.0} \\ \underline{4\ 6\ 0} \\ 0 \end{array}$$

02 (1) $7÷0.5=\dfrac{70}{10}÷\dfrac{5}{10}=70÷5=14$

　　(2) $95÷3.8=\dfrac{950}{10}÷\dfrac{38}{10}=950÷38=25$

03 ㉠ $34÷8.5=4$, ㉡ $9÷1.8=5$, ㉢ $33÷5.5=6$
⇨ ㉢>㉡>㉠

04 $98÷4.9=20$, $77÷3.5=22$이므로 20과 22 사이에 있는 자연수는 21입니다.

05 $14÷3.5=4$, $30÷2.5=12$이므로 4와 12 사이에 있는 자연수는 5, 6, …, 10, 11로 모두 7개입니다.

06 $4÷0.08=50$, $9÷0.15=60$이므로 합은 $50+60=110$, 차는 $60-50=10$입니다.

몫을 반올림하여 나타내기, 나누어 주고 남는 양 알아보기

01 2, 2.3, 2.29　　**02** 8명, 2.7 m
03 67.7 kg　　　　**04** 325.8 g
05 ⑤

01　• 일의 자리까지: $16÷7=2.2\cdots$ ⇨ 2
　　• 소수 첫째 자리까지: $16÷7=2.28\cdots$ ⇨ 2.3
　　• 소수 둘째 자리까지: $16÷7=2.285\cdots$ ⇨ 2.29

02
$$\begin{array}{r} 8 \quad\leftarrow\ \text{나누어 줄 수 있는 사람 수} \\ 3\,)\overline{\,2\ 6.7} \\ \underline{2\ 4} \\ 2.7 \leftarrow\ \text{남는 철사의 길이} \end{array}$$

03 처음에 있던 모래를 $\square$ kg이라 하면 $\square÷8=8\cdots3.7$입니다.
⇨ $\square=8×8+3.7=67.7$

04 처음에 있던 밀가루를 $\square$ g이라 하면
$\square÷15=21\cdots10.8$입니다.
⇨ $\square=15×21+10.8=325.8$

05 ① $7\dfrac{4}{5}=7.8$, ② $2\dfrac{3}{8}=2.375$, ③ $6\dfrac{1}{4}=6.25$,
④ $9\dfrac{1}{2}=9.5$, ⑤ $3\dfrac{5}{6}=3.833\cdots$

대표 유형 01 3.9 cm

❶ 삼각형의 높이를 ■ cm라 하면
(삼각형의 넓이)＝(밑변의 길이)×(높이)÷2
＝ $\boxed{8}$ × ■ ÷2＝ $\boxed{15.6}$ (cm²)입니다.

❷ ■ ＝ $\boxed{15.6}$ ×2÷ $\boxed{8}$
＝ $\boxed{31.2}$ ÷ $\boxed{8}$ ＝ $\boxed{3.9}$

예제 7.9 cm

❶ 평행사변형의 높이를 □ cm라 하면
(평행사변형의 넓이)＝5×□＝39.5 (cm²)입니다.
❷ □＝39.5÷5＝7.9

01-1 7 cm

❶ 직사각형의 세로를 □ cm라 하면
(직사각형의 넓이)＝4.19×□＝29.33 (cm²)입니다.
❷ □＝29.33÷41.9＝7

01-2 18.62 cm²

❶ 두 직선 사이의 거리를 □ cm라 하면
(삼각형 가의 넓이)＝5.2×□÷2＝12.74 (cm²)입니다.
❷ □＝12.74×2÷5.2＝4.9
❸ (직사각형 나의 넓이)＝3.8×4.9＝18.62 (cm²)

01-3 29 cm

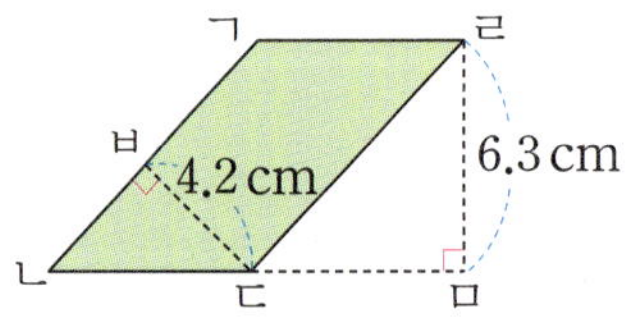

❶ 변 ㄱㄴ을 밑변이라 하면 선분 ㄷㅂ이 높이이므로
(변 ㄱㄴ)＝36.54÷4.2＝8.7 (cm)입니다.
❷ 변 ㄴㄷ을 밑변이라 하면 선분 ㄹㅁ이 높이이므로
(변 ㄴㄷ)＝36.54÷6.3＝5.8 (cm)입니다.
❸ (평행사변형 ㄱㄴㄷㄹ의 둘레)＝(8.7＋5.8)×2＝29 (cm)

대표 유형 02

(위부터) 7, 5, 0, 5, 5

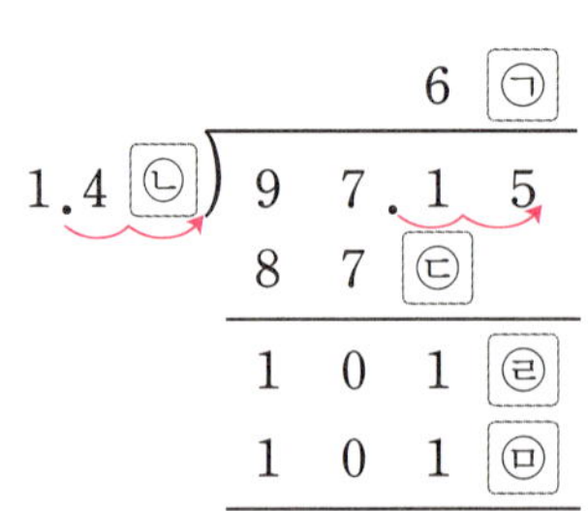

❶ 971－87ⓒ＝101 ➡ ⓒ＝ $\boxed{0}$
❷ 14ⓛ×6＝870, 14ⓛ＝870÷6＝ $\boxed{145}$
➡ ⓛ＝ $\boxed{5}$
❸ ⓡ＝ⓜ＝ $\boxed{5}$
❹ 145×ⓖ＝1015, ⓖ＝1015÷145 ➡ ⓖ＝ $\boxed{7}$

   (위부터) 3, 4, 3, 2

$$5.7 \overline{)\ 1\ 9.\text{㉡}\ 8}$$

다음과 같은 나눗셈 과정:
㉠.㉡
1 7 1
2 2 8
2 ㉣ 8
0

❶ $57 \times ㉠ = 171$, $㉠ = 171 \div 57 = 3 \Rightarrow ㉠ = 3$
❷ $19㉡ - 171 = 22$, $19㉡ = 22 + 171 = 193 \Rightarrow ㉡ = 3$
❸ $228 - 2㉣8 = 0 \Rightarrow ㉣ = 2$
❹ $57 \times ㉡ = 228$, $㉡ = 228 \div 57 = 4 \Rightarrow ㉡ = 4$

02-1   (위부터) 1, 4

$$3.8 \overline{)\ 6\ \square\ .6}$$

몫: $\square 7$

❶ 소수점을 오른쪽으로 한 자리씩 옮기면 6$\square$ 안에 38은 1번 들어가므로 몫의 십의 자리 숫자는 1입니다.
❷ $6\square.6 \div 3.8 = 17$, $17 \times 3.8 = 64.6 \Rightarrow \square = 4$

02-2

(위부터) 5, 3, 6, 8, 5, 1, 8, 5

$$㉡.7 \overline{)\ 1\ 6.㉢\ 5}$$

몫: 4.㉠
1 4 8
1 ㉣ ㉤
㉥ ㉦ ㉧
0

❶ $㉡7 \times 4 = 148$, $㉡7 = 148 \div 4 = 37 \Rightarrow ㉡ = 3$
❷ $㉤ = ㉧ = 5$
❸ $1㉣5 - ㉥㉦5 = 0 \Rightarrow ㉥ = 1$, $㉣ = ㉦$
❹ $37 \times ㉠ = 1㉦5$, $37 \times 5 = 185 \Rightarrow ㉠ = 5$, $㉦ = ㉣ = 8$
❺ $16㉢ = 148 + 18 = 166 \Rightarrow ㉢ = 6$

02-3

(위부터) 1, 8, 2, 6, 8, 5, 4, 4

$$6.㉡ \overline{)\ 1\ 2\ ㉢.4}$$

몫: ㉠ 8
㉣ ㉤
5 4 4
㉥ ㉦ ㉧
0

❶ $544 - ㉥㉦㉧ = 0$, $㉥㉦㉧ = 544$
  $\Rightarrow ㉥ = 5$, $㉦ = 4$, $㉧ = 4$
❷ $6㉡ \times 8 = 544$, $6㉡ = 544 \div 8 = 68 \Rightarrow ㉡ = 8$
❸ $68 \times ㉠$이 $12㉢$보다 작아야 하므로
  $68 \times 1 = 68$, $68 \times 2 = 136$에서 $㉠ = 1$입니다.
❹ $㉣㉤ = 68 \times 1 = 68 \Rightarrow ㉣ = 6$, $㉤ = 8$
❺ $12㉢ - 68 = 54$, $12㉢ = 54 + 68 = 122 \Rightarrow ㉢ = 2$

02-4 35

$$2.㉡5 \overline{)\ 1\ ㉢㉣\ 0}$$

몫: ㉠.4
㉤㉥ 5 0
1 1 ㉦㉧
㉨㉩㉪㉫
0

❶ $㉦ = ㉧ = 0$
❷ $1100 - ㉨㉩㉪㉫ = 0 \Rightarrow ㉨ = 1$, $㉩ = 1$, $㉪ = 0$, $㉫ = 0$
❸ $2㉡5 \times 4 = 1100$, $2㉡5 = 1100 \div 4 = 275 \Rightarrow ㉡ = 7$
❹ $275 \times ㉠ = ㉤㉥50$에서 $275 \times 6 = 1650$입니다.
  $\Rightarrow ㉠ = 6$, $㉤ = 1$, $㉥ = 6$
❺ $1㉢㉣ - 165 = 11 \Rightarrow 1㉢㉣ = 11 + 165 = 176$
  $\Rightarrow ㉢ = 7$, $㉣ = 6$
❻ $㉠ + ㉡ + ㉢ + ㉣ + ㉤ + ㉥ + ㉦ + ㉧ + ㉨ + ㉩ + ㉪ + ㉫$
  $= 6 + 7 + 7 + 6 + 1 + 6 + 0 + 0 + 1 + 1 + 0 + 0$
  $= 35$

대표 유형 03 1.5

❶ ㉠×2.4=8.64
  ➜ ㉠=8.64÷2.4= 3.6

❷ ㉠÷2.4=㉡
  ➜ ㉡= 3.6 ÷2.4= 1.5

예제 3.4

❶ ㉠×3.5=41.65 ⇨ ㉠=41.65÷3.5=11.9
❷ ㉠÷3.5=㉡ ⇨ ㉡=11.9÷3.5=3.4

03-1 12

❶ 어떤 수를 □라 하면 □−5.4=59.4입니다.
❷ □−5.4=59.4, □=59.4+5.4=64.8
❸ 바르게 계산한 몫은 64.8÷5.4=12입니다.

03-2 2.5

❶ 어떤 수를 □라 하면 □+2.64=9.24입니다.
❷ □+2.64=9.24, □=9.24−2.64=6.6
❸ 바르게 계산한 몫은 6.6÷2.64=2.5입니다.

03-3 160

❶ 어떤 수를 □라 하면 □÷1.6×0.4=10입니다.
❷ □÷1.6×0.4=10, □=10÷0.4×1.6=40
❸ 바르게 계산한 값은 40÷0.4×1.6=160입니다.

03-4 6.48

❶ 어떤 수를 □라 하면 □×3.6=8.64입니다.
❷ □×3.6=8.64, □=8.64÷3.6=2.4
❸ 바르게 계산한 값은 2.4×6.3=15.12입니다.
❹ 15.12−8.64=6.48

대표 유형 04 132개

❶ (화분 사이의 간격 수)=(산책로의 길이)÷(화분 사이의 간격)
  =312÷4.8= 65 (군데)

❷ (산책로 한쪽에 놓은 화분의 수)=(화분 사이의 간격 수)+1
  = 65 +1= 66 (개)

❸ (산책로 양쪽에 놓은 화분의 수)= 66 ×2= 132 (개)

예제 114개

❶ (의자 사이의 간격 수)=(산책로의 길이)÷(의자 사이의 간격)=420÷7.5=56(군데)
❷ (산책로 한쪽에 놓은 의자의 수)=(의자 사이의 간격 수)+1=56+1=57(개)
❸ (산책로 양쪽에 놓은 의자의 수)=57×2=114(개)

04-1 7대

❶ (정수기 사이의 간격 수)=(복도의 길이)÷(정수기 사이의 간격)
  =220.8÷36.8=6(군데)
❷ (복도 한쪽에 놓은 정수기의 수)=(정수기의 간격 수)+1=6+1=7(대)

04-2 79그루

❶ (나무 사이의 간격 수)=(울타리의 둘레)÷(나무 사이의 간격)
　　　　　　　　　　=695.2÷8.8=79(군데)
❷ (심은 나무의 수)=(나무 사이의 간격 수)=79그루

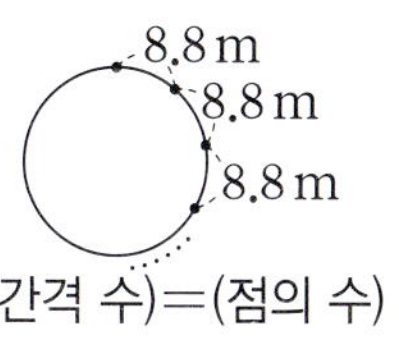

(간격 수)=(점의 수)

04-3 162개

❶ 1 km=1000 m이므로 0.432 km=432 m입니다.
❷ (가로등 사이의 간격 수)=(도로의 길이)÷(가로등 사이의 간격)
　　　　　　　　　　　=432÷5.4=80(군데)
❸ (도로 한쪽에 세운 가로등의 수)=(가로등 사이의 간격 수)+1
　　　　　　　　　　　　　　=80+1=81(개)
❹ (도로 양쪽에 세운 가로등의 수)=81×2=162(개)

04-4 70개

❶ (깃발 사이의 간격 수)=(기찻길의 길이)÷(깃발 사이의 간격)이므로
　기찻길 양쪽의 깃발 사이의 간격 수는 각각 345.6÷10.8=32(군데),
　345.6÷9.6=36(군데)이므로 기찻길 양쪽의 깃발의 수는 각각
　32+1=33(개), 36+1=37(개)입니다.
❷ (기찻길 양쪽에 꽂은 전체 깃발의 수)=33+37=70(개)

대표 유형 05 6개

❶ 325.9÷48= 6 …37.9

❷ 남는 끈 37.9 cm로는 상자를 포장할 수 없으므로 6 개까지 포장할 수 있습니다.

예제 23개

❶ 119.5÷5=23…4.5
❷ 남는 귤 4.5 kg으로는 상자를 포장할 수 없으므로 23개까지 포장할 수 있습니다.

05-1 6도막, 1.6 m

❶ (전체 나무토막의 길이)=4×7+3.6=31.6 (m)
❷ 31.6÷5=6…1.6이므로 색 테이프를 5 m씩 자르면 6도막이 되고, 남는 색 테이프는
　1.6 m입니다.

05-2 5포대, 0.4 kg

❶ (전체 쌀의 무게)=3×6+2.4=20.4 (kg)
❷ 20.4÷4=5…0.4이므로 쌀을 4 kg씩 나누어 담으면 5포대에 나누어 담을 수 있고, 남는
　쌀은 0.4 kg입니다.

05-3 60번

❶ 179.4÷3=59…2.4
❷ 바가지에 물을 가득 담아 59번 부으면 2.4 L가 부족하므로 욕조에 물을 가득 채우려면 바가
　지로 물을 적어도 59+1=60(번) 부어야 합니다.

05-4 물

❶ (전체 물의 양)=0.5×27+0.3=13.8 (L)
❷ 13.8÷2=6…1.8이므로 물을 한 주전자에 2 L씩 나누어 담으면 6개에 나누어 담을 수 있
　고, 남는 물은 1.8 L입니다.
❸ 19.3÷2.2=8…1.7이므로 주스를 한 주전자에 2.2 L씩 나누어 담으면 8개에 나누어 담을
　수 있고, 남는 주스는 1.7 L입니다.
❹ 1.8>1.7이므로 주전자에 담고 남는 양은 물이 더 많습니다.

❶ $8.3 \div 2.7 = 3.\boxed{0}\ \boxed{7}\ \boxed{4}\ \boxed{0}\ \boxed{7}\ \boxed{4} \cdots$ 이므로 몫의 소수 첫째 자리부터 숫자 $\boxed{0}$, $\boxed{7}$, $\boxed{4}$ 이/가 반복됩니다.

❷ $15 \div 3 = 5$이므로 소수 15째 자리 숫자는 4, $26 \div 3 = 8 \cdots 2$이므로 소수 26째 자리 숫자는 7입니다.

❸ (소수 15째 자리 숫자) + (소수 26째 자리 숫자)
$= \boxed{4} + \boxed{7} = \boxed{11}$

❶ $9.8 \div 3.3 = 2.9696 \cdots$ 이므로 몫의 소수 첫째 자리부터 숫자 9, 6이 반복됩니다.
❷ (소수 31째 자리 숫자) + (소수 18째 자리 숫자) $= 9 + 6 = 15$

❶ $3.1 \div 11.1 = 0.279279 \cdots$ 이므로 몫의 소수 첫째 자리부터 숫자 2, 7, 9가 반복됩니다.
❷ $20 \div 3 = 6 \cdots 2$이므로 몫의 소수 20째 자리 숫자는 반복되는 숫자 중 둘째 숫자인 7입니다.

❶ $65 \div 10.8 = 6.0185185 \cdots$ 이므로 소수 첫째 자리 숫자는 0이고, 소수 둘째 자리부터 숫자 1, 8, 5가 반복됩니다.
❷ 몫의 소수 35째 자리 숫자까지 소수점 아래 반복되는 숫자는 소수 첫째 자리 숫자를 뺀 $(35-1)$개입니다.
❸ $(35-1) \div 3 = 11 \cdots 1$이므로 몫의 소수 35째 자리 숫자는 반복되는 숫자 중 첫째인 1입니다.

❶ $1.9 \div 0.37 = 5.135135 \cdots$ 이므로 몫의 소수 첫째 자리부터 숫자 1, 3, 5가 반복됩니다.
❷ $10 \div 3 = 3 \cdots 1$이므로 몫의 소수 10째 자리 숫자는 1, $21 \div 3 = 7$이므로 소수 21째 자리 숫자는 5입니다.
❸ (소수 21째 자리 숫자) − (소수 10째 자리 숫자) $= 5 - 1 = 4$

❶ $8.7 \div 2.96 = 2.93918918 \cdots$ 이므로 몫의 소수 첫째 자리 숫자는 9, 소수 둘째 자리 숫자는 3이고, 소수 셋째 자리부터 숫자 9, 1, 8이 반복됩니다.
❷ $(25-2) \div 3 = 7 \cdots 2$이므로 몫의 소수 25째 자리 숫자는 반복되는 숫자 중 둘째인 1이고, $(32-2) \div 3 = 10$이므로 소수 32째 자리 숫자는 반복되는 숫자 중 셋째인 8입니다.
❸ 합: $1 + 8 = 9$, 차: $8 - 1 = 7$

❶ $90\,\text{m} = \boxed{0.09}\ \text{km}$이므로 기차가 터널을 완전히 통과하기 위해 가야 할 거리는
$8.01 + \boxed{0.09} = \boxed{8.1}\ (\text{km})$입니다.

❷ (1분 동안 기차가 가는 거리) $= 216 \div 60 = \boxed{3.6}\ (\text{km})$

❸ (기차가 터널을 완전히 통과하는 데 걸리는 시간)
$= \boxed{8.1} \div \boxed{3.6} = \boxed{2.25}\ (\text{분}) \rightarrow \boxed{2}\ \text{분}\ \boxed{15}\ \text{초}$

 2분 18초

❶ 70 m＝0.07 km이므로 기차가 터널을 완전히 통과하기 위해 가야 할 거리는
7.29＋0.07＝7.36 (km)입니다.
❷ (1분 동안 기차가 가는 거리)＝192÷60＝3.2 (km)
❸ (기차가 터널을 완전히 통과하는 데 걸리는 시간)
＝7.36÷3.2＝2.3(분) ⇨ 2분 18초

07-1 18초

❶ 85 m＝0.085 km이므로 기차가 터널을 완전히 통과하기 위해 가야 할 거리는
0.665＋0.085＝0.75 (km)입니다.
❷ (1분 동안 기차가 가는 거리)＝150÷60＝2.5 (km)
❸ (기차가 터널을 완전히 통과하는 데 걸리는 시간)
＝0.75÷2.5＝0.3(분) ⇨ 18초

07-2 1분 6초

❶ 120 m＝0.12 km이므로 기차가 터널을 완전히 통과하기 위해 가야 할 거리는
3.015＋0.12＝3.135 (km)입니다.
❷ (1분 동안 기차가 가는 거리)＝342÷120＝2.85 (km)
❸ (기차가 터널을 완전히 통과하는 데 걸리는 시간)
＝3.135÷2.85＝1.1(분) ⇨ 1분 6초

07-3 0.6분

❶ 95 m＝0.095 km이므로 기차가 터널을 완전히 통과하기 위해 가야 할 거리는
1.855＋0.095＝1.95 (km)입니다.
❷ (1분 동안 기차가 가는 거리)＝204÷60＝3.4 (km)
❸ (기차가 터널을 완전히 통과하는 데 걸리는 시간)
＝1.95÷3.4＝0.57… ⇨ 0.6분

대표 유형 08

3, 4, 5, 6, 7, 8, 9

❶ 반올림하여 일의 자리까지 나타내면 5가 되는 수의 범위는 4.5 이상 5.5 미만입니다.
❷ 6.■9÷1.4＝4.5, 6.■9÷1.4＝5.5에서
6.■9는 4.5×1.4＝ 6.3 이상 5.5×1.4＝ 7.7 미만인 수입니다.
❸ ■에 들어갈 수 있는 수는 3 , 4 , 5 , 6 , 7 , 8 , 9 입니다.

 4, 5, 6, 7, 8, 9

❶ 반올림하여 일의 자리까지 나타내면 7이 되는 수의 범위는 6.5 이상 7.5 미만입니다.
❷ 10.□5÷1.6＝6.5, 10.□5÷1.6＝7.5에서
10.□5는 6.5×1.6＝10.4 이상 7.5×1.6＝12 미만인 수입니다.
❸ □ 안에 들어갈 수 있는 수는 4, 5, 6, 7, 8, 9입니다.

08-1 2

❶ 반올림하여 일의 자리까지 나타내면 4가 되는 수의 범위는 3.5 이상 4.5 미만입니다.
❷ □.55÷0.7＝3.5, □.55÷0.7＝4.5에서
□.55는 3.5×0.7＝2.45 이상 4.5×0.7＝3.15 미만인 수입니다.
❸ □ 안에 들어갈 수 있는 수는 2입니다.

08-2 2개

❶ 반올림하여 일의 자리까지 나타내면 17이 되는 수의 범위는 16.5 이상 17.5 미만입니다.

❷ 2□.9÷1.6=16.5, 2□.9÷1.6=17.5에서
2□.9는 16.5×1.6=26.4 이상 17.5×1.6=28 미만인 수입니다.

❸ □ 안에 들어갈 수 있는 수는 6, 7로 모두 2개입니다.

08-3 6

❶ 반올림하여 소수 첫째 자리까지 나타내면 7.3이 되는 수의 범위는 7.25 이상 7.35 미만입니다.

❷ 28.□1÷3.9=7.25, 28.□1÷3.9=7.35에서
28.□1은 7.25×3.9=28.275 이상 7.35×3.9=28.665 미만인 수입니다.

❸ □ 안에 들어갈 수 있는 수는 3, 4, 5, 6이므로 가장 큰 수는 6입니다.

실전 적용

56~59쪽

01 2.94

❶ $8.5 \times ⊙ = 24.99$, $⊙ = 24.99 \div 8.5$

❷ $⊙ = 24.99 \div 8.5 = 2.94$

02 1

❶ $9.4 \div 1.32 = 7.1212\cdots$이므로 몫의 소수 첫째 자리부터 숫자 1, 2가 반복됩니다.

❷ 몫의 소수 43째 자리 숫자는 홀수째 자리 숫자인 1입니다.

03 8.4 cm

❶ 다른 대각선의 길이를 □ cm라 하면
(마름모의 넓이)=□×3÷2=12.6 (cm²)입니다.

❷ □=12.6×2÷3=25.2÷3=8.4

> **참고**
>
> (마름모의 넓이)=(한 대각선의 길이)×(다른 대각선의 길이)÷2

04
(위부터) 4, 8, 1, 6, 8, 1, 6, 8

```
        ⊙.6
2.○) 1 2.8 8
     1 1 2
     ⓒ ⓔ ⓜ
     ⓗ ⓢ ⓞ
           0
```

❶ 1288−1120=ⓒⓔⓜ, ⓒⓔⓜ=168
⇨ ⓒ=1, ⓔ=6, ⓜ=8

❷ 168−ⓗⓢⓞ=0 ⇨ ⓗ=1, ⓢ=6, ⓞ=8

❸ 2○×6=168, 2○=168÷6=28 ⇨ ○=8

❹ 28×⊙=112, ⊙=112÷28=4 ⇨ ⊙=4

05 28도막, 3.7 m

❶
```
      2 8
6) 1 7 1.7
   1 2
     5 1
     4 8
       3.7
```

❷ 6 m짜리 테이프는 28도막이 되고, 남는 테이프는 3.7 m입니다.

06 5.4 cm

❶ (삼각형 ㄱㄴㄷ의 넓이)$=9\times6.75\div2=30.375\,(\text{cm}^2)$
❷ $11.25\times$(선분 ㄴㄹ)$\div2=30.375$, $11.25\times$(선분 ㄴㄹ)$=60.75$,
　(선분 ㄴㄹ)$=60.75\div11.25=5.4\,(\text{cm})$

(삼각형의 넓이)$=$(변 ㄴㄷ)$\times$(변 ㄱㄴ)$\div2$
　　　　　　$=$(변 ㄱㄷ)$\times$(변 ㄴㄹ)$\div2$

07 10.25

❶ 어떤 수를 $\square$라 하면 $\square\div8.2=3.5$입니다.
❷ $\square\div8.2=3.5$, $\square=3.5\times8.2=28.7$
❸ $28.7\div2.8=10.25$

08 92그루

❶ (나무 사이의 간격 수)$=702\div15.6=45$(군데)
❷ (도로 한쪽에 심은 나무의 수)$=45+1=46$(그루)
❸ (도로 양쪽에 심은 나무의 수)$=46\times2=92$(그루)

나무를 도로의 양쪽에 심은 것에 주의합니다.

09 6.3 m

❶
$$12\,)\overline{\,101.7}\quad 8$$
$$\underline{96}$$
$$5.7$$

❷ 철사 101.7 m를 한 사람에게 12 m씩 나누어 주면 8명에게 나누어 줄 수 있고, 남는 철사는 5.7 m입니다.
❸ 남김없이 모두 나누어 주려면 철사는 적어도 $12-5.7=6.3\,(\text{m})$ 더 필요합니다.

10 179

❶ $7.7\div1.2=6.4166\cdots$
❷ 소수 셋째 자리부터 숫자 6이 반복되므로 몫을 소수 30째 자리까지 구하면 6은 $30-2=28$(번) 나옵니다.
❸ $6+4+1+6\times28=179$

몫의 일의 자리 숫자도 더하는 것을 잊지 않도록 주의합니다.

11 36초

❶ $80\,\text{m}=0.08\,\text{km}$이므로 기차가 터널을 완전히 통과하기 위해 가야 할 거리는 $2.2+0.08=2.28\,(\text{km})$입니다.
❷ (1분 동안 기차가 가는 거리)$=228\div60=3.8\,(\text{km})$
❸ (기차가 터널을 완전히 통과하는 데 걸리는 시간)
　$=2.28\div3.8=0.6$(분) ⇨ 36초

12 4

❶ 반올림하여 일의 자리까지 나타내면 6이 되는 수의 범위는 5.5 이상 6.5 미만입니다.
❷ $\square.96\div0.9=5.5$, $\square.96\div0.9=6.5$에서
　$\square.96$은 $5.5\times0.9=4.95$ 이상 $6.5\times0.9=5.85$ 미만인 수입니다.
❸ $\square$ 안에 들어갈 수 있는 수는 4입니다.

활용 개념

쌓은 모양과 쌓기나무의 개수 알아보기 (1)

01 8개

02 위   앞   옆

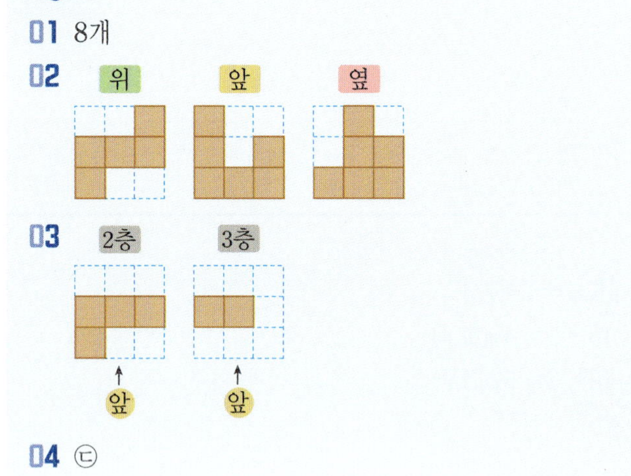

03 2층   3층

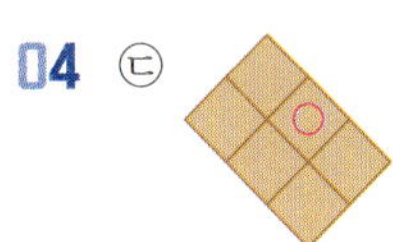

앞   앞

04 ㉢

01 1층: 5개, 2층: 2개, 3층: 1개
⇨ (필요한 쌓기나무의 개수)＝5＋2＋1＝8(개)

03 1층 모양을 보고 보이지 않는 부분에 쌓기나무가 없다는 것을 알 수 있습니다.

04 ㉢   ○표 한 자리에는 쌓기나무가 없으므로 위에서 본 모양이 될 수 없습니다.

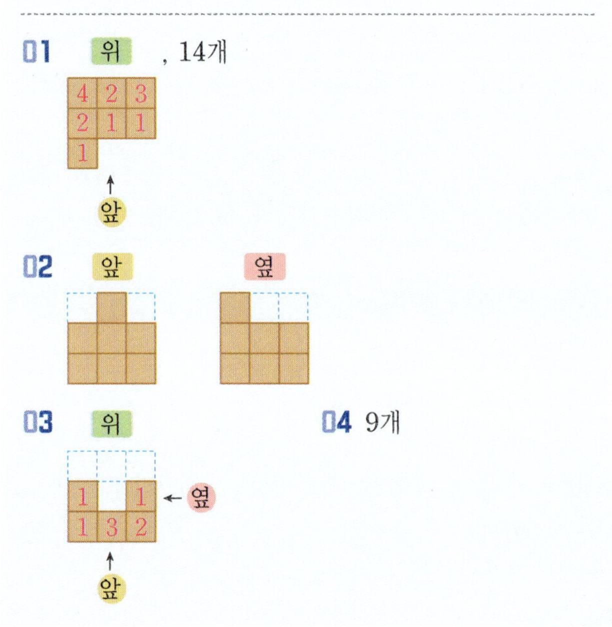

쌓은 모양과 쌓기나무의 개수 알아보기 (2)

01 위 , 14개

4	2	3
2	1	1
1		

앞

02 앞   옆

03 위   **04** 9개

| 1 | | 1 | ← 옆
| 1 | 3 | 2 |

앞

---

01 위에서 본 모양의 각 자리에 쌓인 쌓기나무의 개수를 씁니다.
⇨ (필요한 쌓기나무의 개수)
＝4＋2＋3＋2＋1＋1＋1＝14(개)

02 위   앞

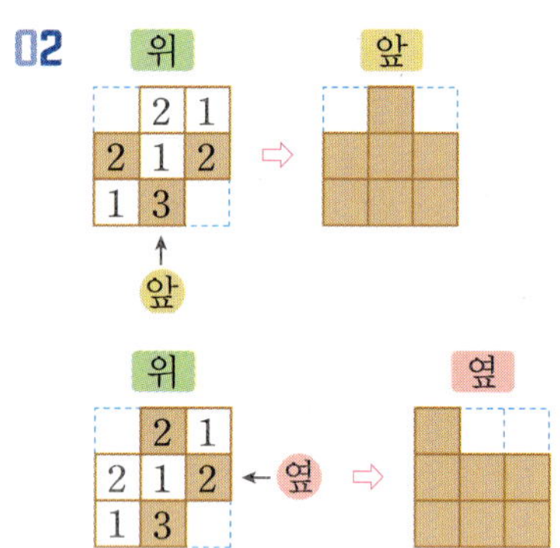

	2	1
2	1	2
1	3	

↑ 앞

위   옆

| | 2 | 1 |
| 2 | 1 | 2 | ← 옆
| 1 | 3 | |

03 위
| ㉠ | | ㉡ |
| ㉢ | ㉣ | ㉤ |

• 앞에서 본 모양에 의해서 ㉠＝1, ㉢＝1, ㉣＝3
• 옆에서 본 모양에 의해서 ㉡＝1
• 앞과 옆에서 본 모양에 의해서 ㉤＝2

04 위
1		
1	3	3
	1	

⇨ (필요한 쌓기나무의 개수)
＝1＋1＋3＋3＋1＝9(개)

여러 가지 모양 만들기

01 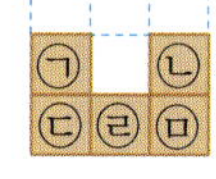   **02** ㉠, ㉣

03 가   **04** ㉢

01 뒤집거나 돌려서 모양이 같으면 같은 모양입니다.

02 ㉠   ㉣
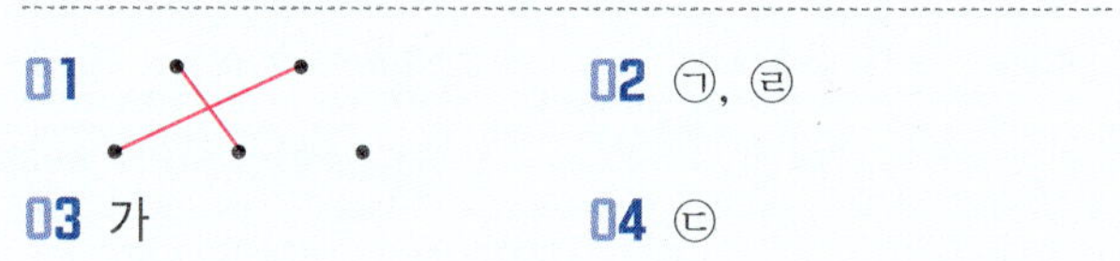

03 가
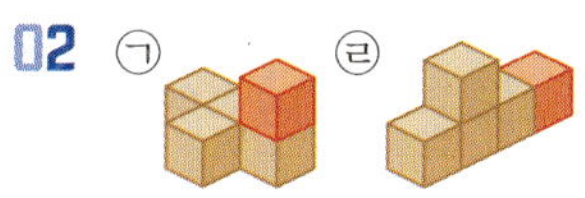

04
⇨ 빈칸에 알맞은 모양은 ㉢입니다.

대표 유형 01 4개

❶ 2층에 쌓인 쌓기나무의 개수는 $\boxed{2}$ 이상인 수가 쓰여있는 칸 수와 같습니다.

❷ (2층에 쌓인 쌓기나무의 개수)=($\boxed{2}$ 이상인 수가 쓰여있는 칸 수)

$=\boxed{4}$ 개

예제 3개

❶ 2층에 쌓인 쌓기나무의 개수는 2 이상인 수가 쓰여있는 칸 수와 같습니다.

❷ (2층에 쌓인 쌓기나무의 개수)=(2 이상인 수가 쓰여있는 칸 수)=3개

01-1 2층 , 2개

❶ 2층 모양은 2 이상인 수가 쓰여있는 칸을 색칠합니다.

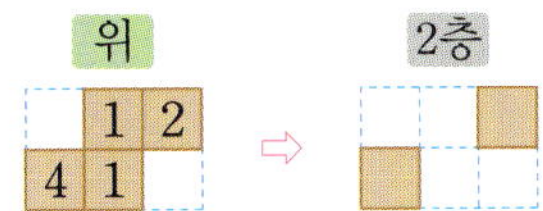

❷ (2층에 쌓인 쌓기나무의 개수)=(2 이상인 수가 쓰여있는 칸 수)=2개

01-2 2개

❶ 가: (2층에 쌓인 쌓기나무의 개수)=(2 이상인 수가 쓰여있는 칸 수)=5개
❷ 나: (2층에 쌓인 쌓기나무의 개수)=(2 이상인 수가 쓰여있는 칸 수)=3개
❸ (가와 나의 2층에 쌓인 쌓기나무의 개수의 차)=5－3=2(개)

01-3 6개

❶ (3층에 쌓인 쌓기나무의 개수)=(3 이상인 수가 쓰여있는 칸 수)=4개
❷ (4층에 쌓인 쌓기나무의 개수)=(4 이상인 수가 쓰여있는 칸 수)=2개
❸ (3층 이상에 쌓인 쌓기나무의 개수)
$\quad$=(3층에 쌓인 쌓기나무의 개수)＋(4층에 쌓인 쌓기나무의 개수)
$\quad$=4＋2=6(개)

대표 유형 02 16개

❶ (정육면체 모양의 쌓기나무의 개수)=$\boxed{3}$×$\boxed{3}$×3=$\boxed{27}$ (개)

❷ (오른쪽 모양의 쌓기나무의 개수)=6+$\boxed{3}$＋$\boxed{2}$＝$\boxed{11}$ (개)
$\qquad\qquad\qquad\qquad\qquad$ 1층 2층 3층

❸ (빼낸 쌓기나무의 개수)=$\boxed{27}$－$\boxed{11}$＝$\boxed{16}$ (개)

예제 14개

❶ (정육면체 모양의 쌓기나무의 개수)=3×3×3=27(개)
❷ (오른쪽 모양의 쌓기나무의 개수)=9＋4=13(개)
❸ (빼낸 쌓기나무의 개수)=27－13=14(개)

02-1 19개

❶ (직육면체 모양의 쌓기나무의 개수)=3×3×4=36(개)
❷ (오른쪽 모양의 쌓기나무의 개수)=8＋6＋2＋1=17(개)
❸ (빼낸 쌓기나무의 개수)=36－17=19(개)

❶ (직육면체 모양의 쌓기나무의 개수)$=3\times4\times4=48$(개)
❷ (오른쪽 모양의 쌓기나무의 개수)$=6+4+1=11$(개)
❸ (빼낸 쌓기나무의 개수)$=48-11=37$(개)

02-3 19개

❶ (정육면체 모양의 쌓기나무의 개수)$=3\times3\times3=27$(개)

❷ 위에서 본 모양에 수를 쓰면 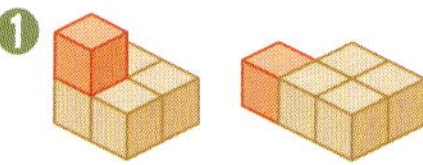 ⇨ (남은 쌓기나무의 개수)$=2+3+2+1=8$(개)

❸ (빼낸 쌓기나무의 개수)$=27-8=19$(개)

대표 유형 03 3가지

❶ 쌓기나무 1개를 더 붙여서 만들 수 있는 서로 다른 모양을 그려 봅니다.

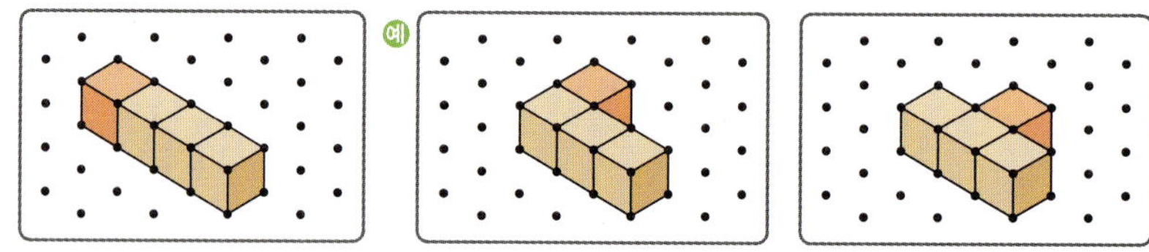

❷ 만들 수 있는 서로 다른 모양은 모두 3 가지입니다.

예제 7가지

❶ 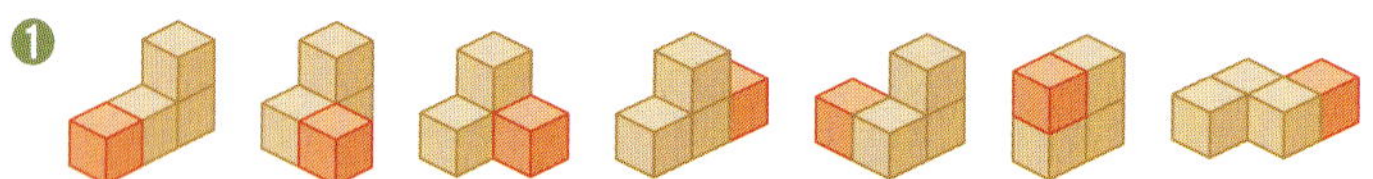

❷ 만들 수 있는 서로 다른 모양은 모두 7가지입니다.

03-1 2가지

❶

❷ 만들 수 있는 서로 다른 모양은 모두 2가지입니다.

03-2 9가지

❶

❷ 만들 수 있는 서로 다른 모양은 모두 9가지입니다.

03-3 2가지

❶ 주어진 모양에 쌓기나무 1개를 더 붙여서 만들 수 있는 서로 다른 모양:

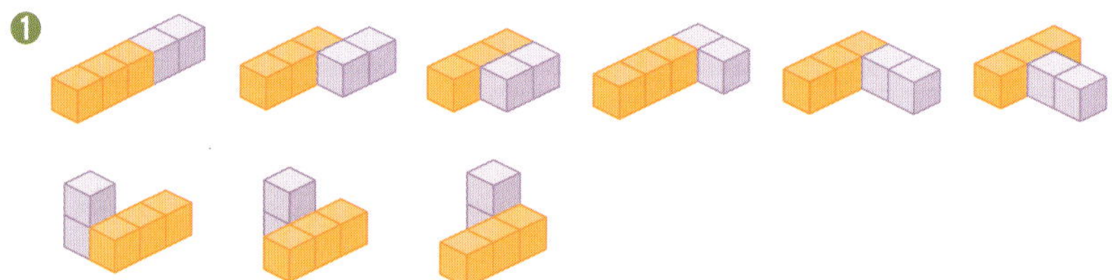

❷ ❶에서 만든 모양 중 구멍이 있는 상자에 넣을 수 있는 서로 다른 모양:  

⇨ 2가지

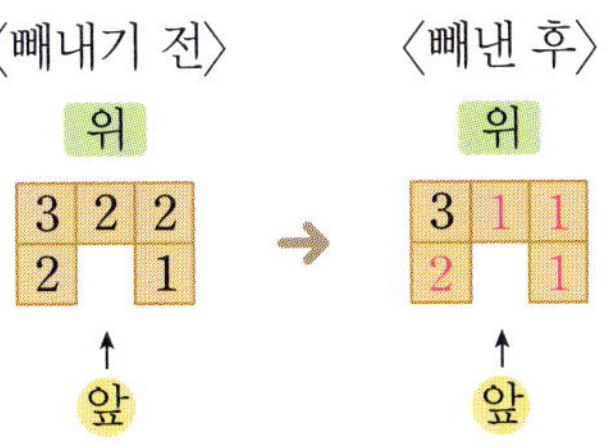

대표 유형 04

❶ 3층: 1 개, 2층: 4 개, 1층: $10-4-1=5$ (개)이므로
  (2층) (3층)

  뒤쪽에 보이지 않는 쌓기나무는 없습니다.

❷ 빼내기 전과 빼낸 후의 쌓기나무를 위에서 본 모양에 수를 쓰는 방법으로 나타내 봅니다.

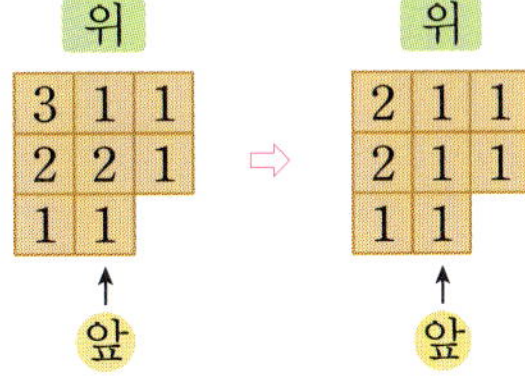

❸ ❷에서 빨간색 쌓기나무 2개를 빼낸 후 위에서 본 모양에 수를 쓴 것을 보고 앞에서 본 모양을 그려 봅니다.

예제

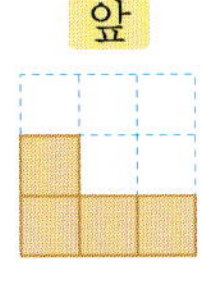

❶ 3층: 1개, 2층: 3개, 1층: $12-3-1=8$(개)이므로 뒤쪽에 보이지 않는 쌓기나무는 없습니다.

❷ 〈빼내기 전〉 〈빼낸 후〉

❸ ❷를 보고 빨간색 쌓기나무 2개를 빼낸 후의 앞에서 본 모양을 그립니다.

04-1

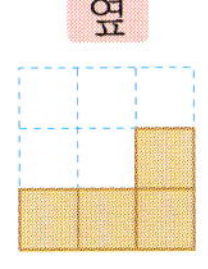

❶ 3층: 1개, 2층: 4개, 1층: $11-4-1=6$(개)이므로 뒤쪽에 보이지 않는 쌓기나무는 없습니다.

❷ 〈빼내기 전〉 〈빼낸 후〉

❸ ❷를 보고 빨간색 쌓기나무 3개를 빼낸 후의 옆에서 본 모양을 그립니다.

04-2

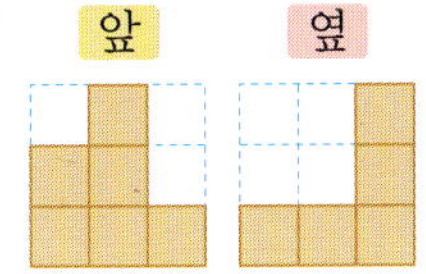

❶ 3층: 1개, 2층: 4개, 1층: $12-4-1=7$(개)이므로 뒤쪽에 보이지 않는 쌓기나무는 없습니다.

❷ 〈빼내기 전〉 〈빼낸 후〉

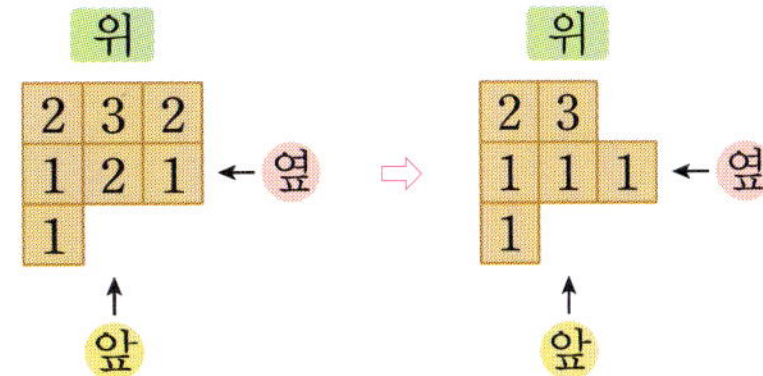

❸ ❷를 보고 빨간색 쌓기나무 3개를 빼낸 후의 앞과 옆에서 본 모양을 그립니다.

대표 유형 05 12개

❶ 가장 작은 정육면체 모양을 만들려면 한 모서리에 쌓기나무를 3 개씩 놓아야 합니다.

 (가장 작은 정육면체 모양의 쌓기나무의 개수)= 3 × 3 ×3= 27 (개)

❷ (주어진 모양의 쌓기나무의 개수)=6+ 5 + 4 = 15 (개)

 1층 2층 3층

❸ (더 필요한 쌓기나무의 개수)= 27 − 15 = 12 (개)

예제 19개

❶ 가장 작은 정육면체 모양을 만들려면 한 모서리에 쌓기나무를 3개씩 놓아야 합니다.
 (가장 작은 정육면체 모양의 쌓기나무의 개수)=3×3×3=27(개)
❷ (주어진 모양의 쌓기나무의 개수)=5+2+1=8(개)
❸ (더 필요한 쌓기나무의 개수)=27−8=19(개)

05-1 51개

❶ 가장 작은 정육면체 모양을 만들려면 한 모서리에 쌓기나무를 4개씩 놓아야 합니다.
 (가장 작은 정육면체 모양의 쌓기나무의 개수)=4×4×4=64(개)
❷ (주어진 모양의 쌓기나무의 개수)=7+3+2+1=13(개)
❸ (더 필요한 쌓기나무의 개수)=64−13=51(개)

05-2 53개

❶ 3층: 1개, 2층: 3개, 1층: 11−3−1=7(개)이므로 뒤쪽에 보이지 않는 쌓기나무는 없습니다.
❷ 가장 작은 정육면체 모양을 만들려면 한 모서리에 쌓기나무를 4개씩 놓아야 합니다.
 (가장 작은 정육면체 모양의 쌓기나무의 개수)=4×4×4=64(개)
❸ (더 필요한 쌓기나무의 개수)=64−11=53(개)

05-3 17개

❶ 가장 작은 정육면체 모양을 만들려면 한 모서리에 쌓기나무를 3개씩 놓아야 합니다.
 (가장 작은 정육면체 모양의 쌓기나무의 개수)=3×3×3=27(개)
❷ (주어진 모양의 쌓기나무의 개수)=5+3+2=10(개)
❸ (더 필요한 쌓기나무의 개수)=27−10=17(개)

대표 유형 06 2가지

❶ 위에서 본 모양과 1층 모양이 같으므로 1층에 쌓은 쌓기나무의 개수는 3 개입니다.

❷ 2층 이상에 쌓은 쌓기나무의 개수는 5− 3 = 2 (개)이고

 모두 2 층에 쌓아야 합니다.

❸ 조건을 모두 만족하도록 위에서 본 모양에 수를 써 봅니다.

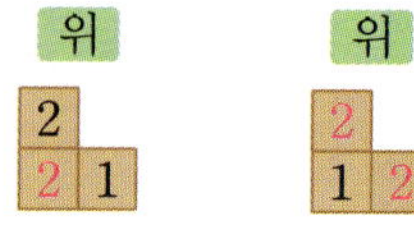

➔ 만들 수 있는 서로 다른 모양은 모두 2 가지입니다.

뒤집거나 돌리면 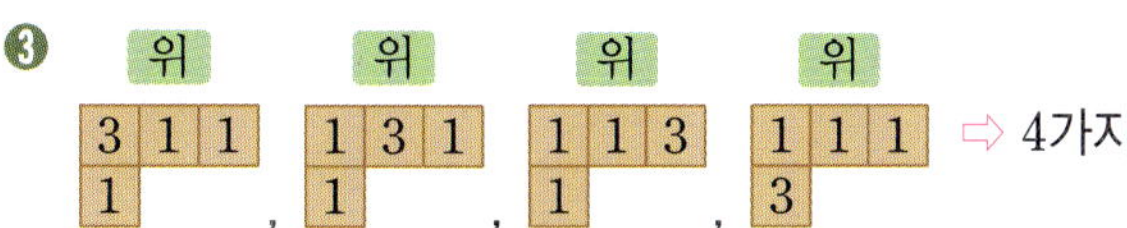 은 같은 모양입니다.

예제 2가지

❶ 1층에 쌓은 쌓기나무의 개수: 3개
❷ 2층 이상에 쌓은 쌓기나무의 개수는 $5-3=2$(개)이고 모두 2층에 쌓아야 합니다.
❸ 위 위
2 2 1 , 2 1 2 ⇨ 2가지

06-1 4가지

❶ 1층에 쌓은 쌓기나무의 개수: 4개
❷ 2층 이상에 쌓은 쌓기나무의 개수는 $6-4=2$(개)이고 2층에 1개, 3층에 1개를 쌓아야 합니다.
❸ 위 위 위 위
3 1 1 / 1 , 1 3 1 / 1 , 1 1 3 / 1 , 1 1 1 / 3 ⇨ 4가지

06-2 3가지

❶ 1층에 쌓은 쌓기나무의 개수: 4개
❷ 2층 이상에 쌓은 쌓기나무의 개수는 $6-4=2$(개)이고 모두 2층에 쌓거나 2층에 1개, 3층에
1개를 쌓아야 합니다.
❸ • 모두 2층에 쌓은 모양: 위 위
2 2 0 / 1 1 , 2 1 0 / 1 2

• 2층에 1개, 3층에 1개를 쌓은 모양: 위
3 1 / 1 1

⇨ 만들 수 있는 서로 다른 모양은 모두 3가지입니다.

대표 유형 07 ㉢

❶ 2층 모양은 3층 모양을 반드시 포함합니다.
→ 3층 모양을 포함하는 모양: ㉠, ㉢
❷ 2층 모양은 1층 모양에 포함됩니다.
→ ❶을 만족하는 모양 중 1층 모양에 포함되는 모양: ㉢
❸ 2층 모양이 될 수 있는 것: ㉢

예제 ㉡

❶ 2층 모양은 3층 모양을 반드시 포함합니다.
⇨ 3층 모양을 포함하는 모양: ㉠, ㉡
❷ 2층 모양은 1층 모양에 포함됩니다.
⇨ ❶을 만족하는 모양 중 1층 모양에 포함되는 모양: ㉡
❸ 2층 모양이 될 수 있는 것: ㉡

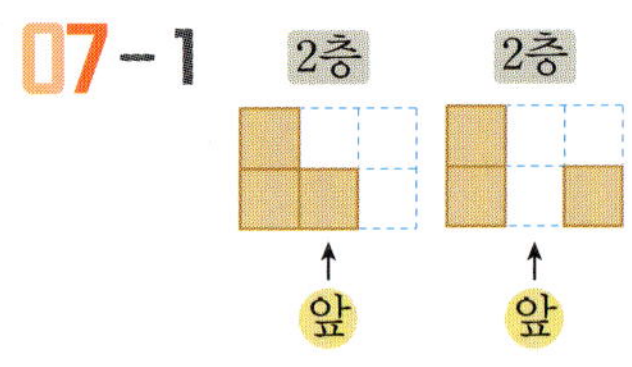

07-1

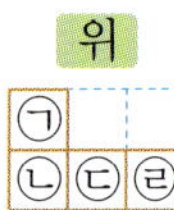

❶ 2층 모양은 3층 모양을 반드시 포함해야 하므로 ㉠, ㉡에는 반드시 색칠합니다.
❷ 2층 모양은 1층 모양에 포함되므로 ㉢, ㉣ 중 한 칸을 더 색칠합니다.
❸ 2층 모양이 될 수 있는 경우:

07-2 3가지

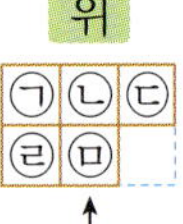
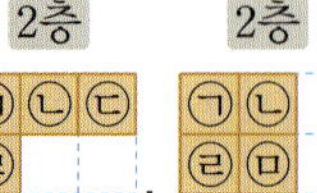
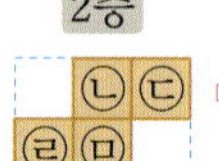

❶ 2층 모양은 3층 모양을 반드시 포함해야 하므로 ㉡, ㉣에는 반드시 색칠합니다.
❷ 2층 모양은 1층 모양에 포함되므로 ㉠, ㉢, ㉤ 중 두 칸을 더 색칠합니다.
❸ 2층 모양이 될 수 있는 경우:

⇨ 3가지

대표 유형 08 8개

❶ 세 면에 페인트가 칠해진 쌓기나무를 찾아 색칠해 봅니다.

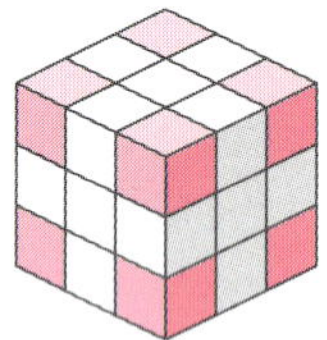

❷ (세 면에 페인트가 칠해진 쌓기나무의 개수)＝(꼭짓점 에 있는 쌓기나무의 개수)

＝ 8 개

예제 12개

❶ 두 면에 페인트가 칠해진 쌓기나무:

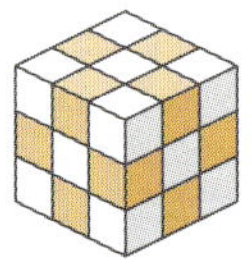

❷ (두 면에 페인트가 칠해진 쌓기나무의 개수)
＝(모서리의 가운데 있는 쌓기나무의 개수)＝12개

08-1 24개

❶ 두 면에 페인트가 칠해진 쌓기나무:

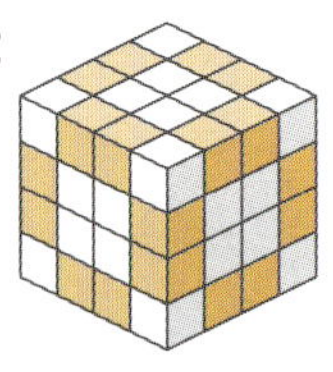

❷ (두 면에 페인트가 칠해진 쌓기나무의 개수)
＝(모서리의 가운데 있는 쌓기나무의 개수)
＝(한 모서리의 가운데 있는 쌓기나무의 개수)×(모서리의 개수)＝2×12＝24(개)

❶ 한 면에 페인트가 칠해진 쌓기나무: 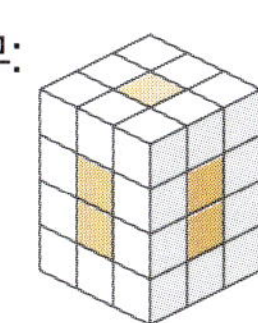

❷ (한 면에 페인트가 칠해진 쌓기나무의 개수)
  ＝(면의 가운데 있는 쌓기나무의 개수)＝1＋2＋2＋2＋2＋1＝10(개)

❶ 한 면에 페인트가 칠해진 쌓기나무: 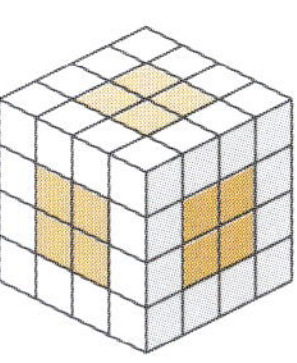

세 면에 페인트가 칠해진 쌓기나무: 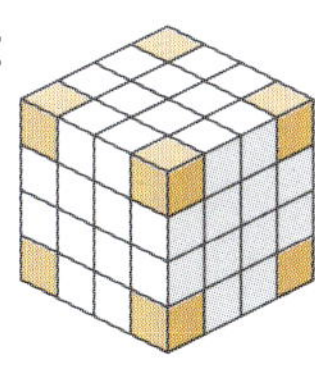

❷ (한 면에 페인트가 칠해진 쌓기나무의 개수)
  ＝(면의 가운데 있는 쌓기나무의 개수)
  ＝(한 면의 가운데 있는 쌓기나무의 개수)×(면의 개수)＝4×6＝24(개)
❸ (세 면에 페인트가 칠해진 쌓기나무의 개수)＝(꼭짓점에 있는 쌓기나무의 개수)＝8개
❹ (두 쌓기나무의 개수의 차)＝24－8＝16(개)

대표 유형 09 12개

❶ 앞과 옆에서 본 모양을 보고 위에서 본 모양에
  확실히 알 수 있는 자리부터 수를 써서 빈칸을 채워봅니다. → 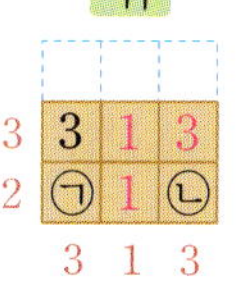

❷ 쌓은 쌓기나무의 개수가 가장 많을 때는 ㉠＝ 2 , ㉡＝ 2 일 때입니다.

❸ 가장 많을 때의 쌓기나무는 3＋1＋3＋ 2 ＋1＋ 2 ＝ 12 (개)입니다.

예제 11개

❶ 

❷ 쌓은 쌓기나무의 개수가 가장 많을 때는 ㉠＝2, ㉡＝2일 때입니다.
❸ 가장 많을 때의 쌓기나무는 2＋3＋2＋3＋1＝11(개)입니다.

09-1 10개

❶ 

❷ 쌓은 쌓기나무의 개수가 가장 적을 때는 ㉠＝1, ㉡＝1일 때입니다.
❸ 가장 적을 때의 쌓기나무는 2＋1＋1＋3＋3＝10(개)입니다.

09-2 15개

❶ 

❷ 쌓은 쌓기나무의 개수가 가장 많을 때는 ㉠＝㉡＝㉢＝㉣＝3일 때입니다.

❸ 가장 많을 때의 쌓기나무는 3＋3＋1＋1＋3＋1＋3＝15(개)입니다.

09-3 2개

❶ 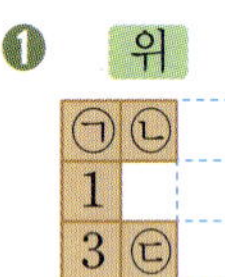

❷ 쌓은 쌓기나무의 개수가 가장 많을 때: ㉠＝2, ㉡＝2, ㉢＝2
　　⇨ 2＋2＋1＋3＋2＝10(개)

❸ 쌓은 쌓기나무의 개수가 가장 적을 때: ㉠＝1, ㉡＝2, ㉢＝1
　　⇨ 1＋2＋1＋3＋1＝8(개)

❹ (쌓은 쌓기나무의 개수의 차)＝10－8＝2(개)

86~89쪽

01 4개

❶ 3층에 쌓인 쌓기나무의 개수는 3 이상인 수가 쓰여있는 칸 수와 같습니다.

❷ (3층에 쌓인 쌓기나무의 개수)＝(3 이상인 수가 쓰여있는 칸 수)＝4개

02 18개

❶ 가장 작은 정육면체 모양을 만들려면 한 모서리에 쌓기나무를 3개씩 놓아야 합니다.
　　(가장 작은 정육면체 모양의 쌓기나무의 개수)＝3×3×3＝27(개)

❷ (주어진 모양의 쌓기나무의 개수)＝5＋3＋1＝9(개)

❸ (더 필요한 쌓기나무의 개수)＝27－9＝18(개)

03 3가지

❶ 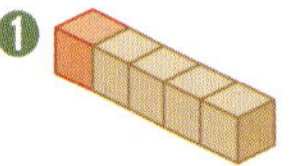  

❷ 만들 수 있는 서로 다른 모양은 모두 3가지입니다.

04 29개

❶ (정육면체 모양의 쌓기나무의 개수)＝4×4×4＝64(개)

❷ (오른쪽 모양의 쌓기나무의 개수)＝14＋11＋7＋3＝35(개)

❸ (빼낸 쌓기나무의 개수)＝64－35＝29(개)

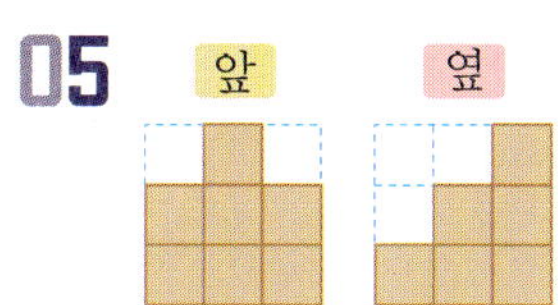

05

❶ 2층: 2개, 1층: $7-2=5$(개)이므로 뒤쪽에 보이지 않는 쌓기나무는 없습니다.

❷ 〈더 쌓기 전〉   〈더 쌓은 후〉

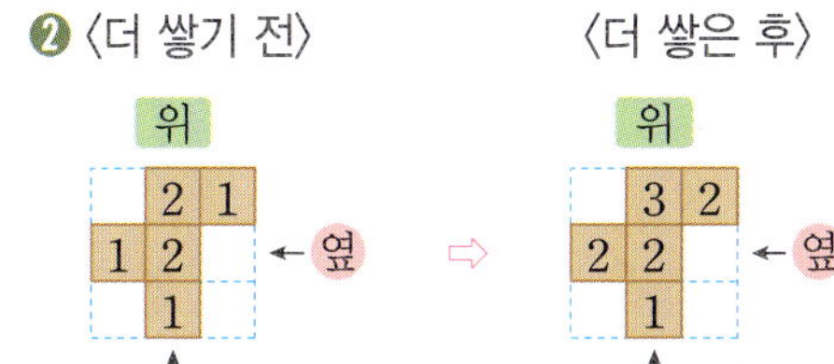

❸ ❷를 보고 빨간색 쌓기나무 3개 위에 쌓기나무를 1개씩 더 쌓은 후의 앞과 옆에서 본 모양을 그립니다.

06 20개

❶ 두 면에 페인트가 칠해진 쌓기나무:

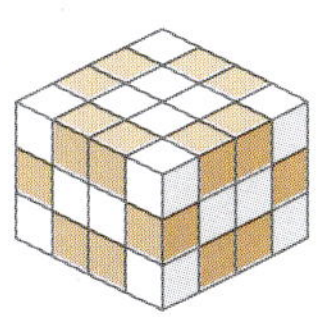

❷ (두 면에 페인트가 칠해진 쌓기나무의 개수)

　 =(모서리의 가운데 있는 쌓기나무의 개수)$=2\times8+1\times4=20$(개)

07 6가지

❶ 2층 모양은 3층 모양을 반드시 포함해야 하므로 ㉠, ㉣에는 반드시 색칠합니다.

❷ 2층 모양은 1층 모양에 포함되므로 ㉡, ㉢, ㉤, ㉥중 두 칸을 더 색칠합니다.

❸ 2층 모양이 될 수 있는 경우:

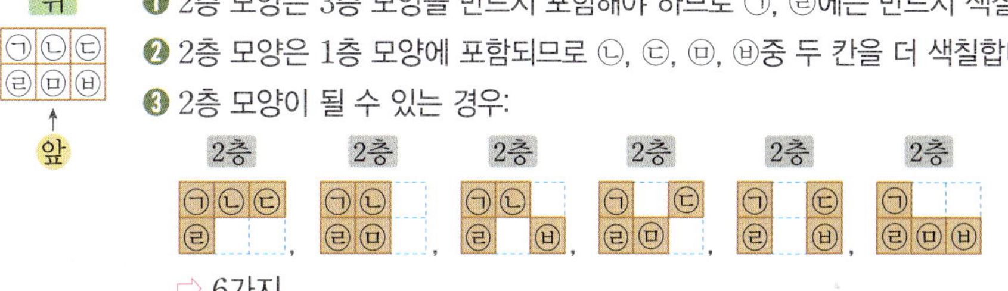

⇨ 6가지

08 6가지

❶ 1층에 쌓은 쌓기나무의 개수: 3개

❷ 2층 이상에 쌓은 쌓기나무의 개수는 $6-3=3$(개)이고 각 층에 쌓은 쌓기나무의 개수가 서로 다르므로 2층에 2개, 3층에 1개를 쌓아야 합니다.

❸ 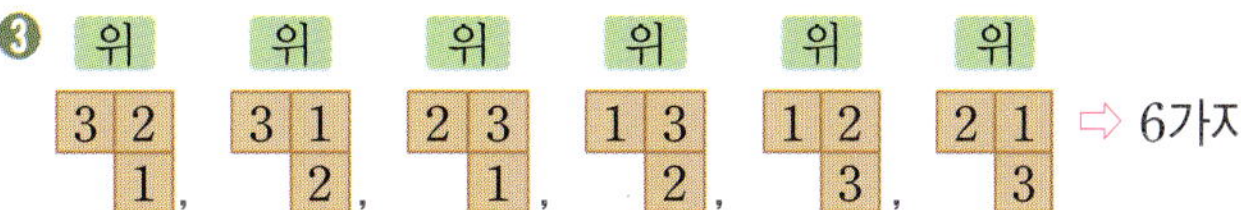 ⇨ 6가지

09 3가지

❶ 위에서 본 모양에 확실한 자리부터 수를 채워보면

❷ 

❸ 만들 수 있는 모양은 모두 3가지입니다.

 비의 성질

01 (1) 45 : 18 (2) $\frac{1}{2}$: $\frac{3}{5}$
02 (1) 8 (2) 5
03 3 : 4, 36 : 48에 ○표
04 (위부터) 6, 5, 6
05 (1) 예 2 : 3 (2) 예 7 : 6
06 예 5 : 2

01 기호 ' : ' 앞에 있는 수를 전항, 기호 ' : ' 뒤에 있는 수를 후항이라고 합니다.

02 (1) 비의 전항과 후항에 0이 아닌 같은 수를 곱하여도 비율은 같습니다.
(2) 비의 전항과 후항을 0이 아닌 같은 수로 나누어도 비율은 같습니다.

03 12 : 16 ⇨ (12÷4) : (16÷4) ⇨ 3 : 4
12 : 16 ⇨ (12×3) : (16×3) ⇨ 36 : 48

04 전항과 후항에 두 분모의 공배수인 6을 곱합니다.

05 (1) 46과 69의 공약수: 1, 23
46 : 69 ⇨ (46÷23) : (69÷23) ⇨ 2 : 3
(2) 0.7 : 0.6 ⇨ (0.7×10) : (0.6×10) ⇨ 7 : 6

06 $1\frac{1}{4}=1\frac{25}{100}=1.25$
(수학 숙제를 한 시간) : (영어 숙제를 한 시간)
⇨ $1\frac{1}{4}$: 0.5 ⇨ 1.25 : 0.5 ⇨ 125 : 50 ⇨ 5 : 2

비례식

01 (위부터) 15, 60, 12, 60, 같습니다
02 예 3 : 5=12 : 20, 24 : 21=8 : 7
03 (1) 9 (2) 7 **04** 162 g
05 예 3 : 1

02 $3 : 5 \rightarrow \frac{3}{5}$ $\qquad$ $24 : 21 \rightarrow \frac{24}{21}\left(=\frac{8}{7}\right)$
$6 : 4 \rightarrow \frac{6}{4}\left(=\frac{3}{2}\right)$ $\qquad$ $8 : 7 \rightarrow \frac{8}{7}$
$12 : 20 \rightarrow \frac{12}{20}\left(=\frac{3}{5}\right)$
⇨ 3 : 5=12 : 20, 24 : 21=8 : 7

03 (1) 5×□=3×15, 5×□=45, □=9
(2) $\frac{2}{5}$×70=4×□, 28=4×□, □=7

04 넣어야 하는 보리의 양을 □ g이라 하고 비례식을 세우면
5 : 3=270 : □,
5×□=3×270, 5×□=810, □=162

05 ㉠×8=㉡×24
㉠ : ㉡=24 : 8=3 : 1

비례배분

01 (1) 150, 70 (2) 116, 104
02 15분, 25분 **03** 63 cm
04 25장, 35장 **05** 60개
06 10000원

01 (1) $220 \times \frac{15}{15+7}=220 \times \frac{15}{22}=150$,
$220 \times \frac{7}{15+7}=220 \times \frac{7}{22}=70$
(2) $220 \times \frac{29}{29+26}=220 \times \frac{29}{55}=116$,
$220 \times \frac{26}{29+26}=220 \times \frac{26}{55}=104$

02 (달리기를 하는 시간)=$40 \times \frac{3}{3+5}=40 \times \frac{3}{8}=15$(분)
(줄넘기를 하는 시간)=$40 \times \frac{5}{3+5}=40 \times \frac{5}{8}=25$(분)

03 $\dfrac{7}{12}:\dfrac{5}{18}=\left(\dfrac{7}{12}\times36\right):\left(\dfrac{5}{18}\times36\right)=21:10$

(직사각형의 가로)

$=93\times\dfrac{21}{21+10}=93\times\dfrac{21}{31}=63\,(\text{cm})$

04 서우와 주아는 색종이 60장을 5 : 7로 나누어야 합니다.

서우: $60\times\dfrac{5}{5+7}=60\times\dfrac{5}{12}=25(장)$

주아: $60\times\dfrac{7}{5+7}=60\times\dfrac{7}{12}=35(장)$

05 (처음 주머니에 있던 구슬 수)

$=33\div\dfrac{11}{11+9}=33\div\dfrac{11}{20}=33\times\dfrac{20}{11}=60(개)$

06 $0.3:\dfrac{1}{5}=0.3:0.2=3:2$

(수현이와 동생이 받은 용돈)

$=6000\div\dfrac{3}{3+2}=6000\div\dfrac{3}{5}$

$=6000\times\dfrac{5}{3}=10000(원)$

유형 변형

98~113쪽

대표 유형 01　16 : 28

❶ $4:7=8:\boxed{14}=12:\boxed{21}=16:\boxed{28}=20:\boxed{35}=\cdots$

❷ ❶에서 전항과 후항의 합이 44인 비는 $\boxed{16}:\boxed{28}$ 입니다.

예제　25 : 10

❶ $5:2=10:4=15:6=20:8=25:10=30:12=\cdots$

❷ ❶에서 전항과 후항의 합이 35인 비는 25 : 10

01-1　36 : 68

❶ 비율이 $\dfrac{9}{17}$인 비는 9 : 17

❷ $9:17=18:34=27:51=36:68=45:85=\cdots$

❸ ❷에서 전항과 후항의 합이 104인 비는 36 : 68

01-2　40 : 15

❶ 32 : 12를 간단한 자연수의 비로 나타내면 $32:12=(32\div4):(12\div4)=8:3$

❷ $8:3=16:6=24:9=32:12=40:15=48:18=\cdots$

❸ ❷에서 전항과 후항의 차가 25인 비는 40 : 15

01-3 6개

❶ $\frac{3}{4}$: 0.55를 간단한 자연수의 비로 나타내면 $\frac{3}{4}$: $0.55=0.75 : 0.55=75 : 55=15 : 11$

❷ $15 : 11=30 : 22=45 : 33=60 : 44=75 : 55=90 : 66=105 : 77=\cdots$

❸ ❷에서 전항이 100보다 작은 비는 $15 : 11$, $30 : 22$, $45 : 33$, $60 : 44$, $75 : 55$, $90 : 66$ 으로 모두 6개

대표 유형 02 45 cm²

❶ 두 삼각형 ㉠과 ㉡의 높이가 서로 같고 밑변의 길이의 비가 3 : $\boxed{4}$ 이므로

(삼각형 ㉠의 넓이) : (삼각형 ㉡의 넓이)$=3 : \boxed{4}$

❷ 두 도형의 넓이의 합이 105 cm²이므로

(삼각형 ㉠의 넓이)$=105 \times \dfrac{\boxed{3}}{3+\boxed{4}}=105 \times \dfrac{\boxed{3}}{\boxed{7}}=\boxed{45}$ (cm²)

예제 110 cm²

❶ 두 삼각형 ㉠과 ㉡의 높이가 서로 같고 밑변의 길이의 비가 11 : 7이므로 넓이의 비도 11 : 7

❷ (삼각형 ㉠의 넓이)$=180 \times \dfrac{11}{11+7}=180 \times \dfrac{11}{18}=110$ (cm²)

02-1 60 cm², 108 cm²

❶ 두 삼각형 ㉠과 ㉡의 높이가 서로 같고 밑변의 길이의 비가 5 : 9이므로 넓이의 비도 5 : 9

❷ (삼각형 ㉠의 넓이)$=168 \times \dfrac{5}{5+9}=168 \times \dfrac{5}{14}=60$ (cm²)

❸ (삼각형 ㉡의 넓이)$=168 \times \dfrac{9}{5+9}=168 \times \dfrac{9}{14}=108$ (cm²)

02-2 57 cm²

❶ 삼각형 ㄱㄴㄹ과 삼각형 ㄱㄹㄷ의 높이가 서로 같고 밑변의 길이의 비가 3 : 2이므로 넓이의 비도 3 : 2

❷ (삼각형 ㄱㄴㄹ의 넓이)$=95 \times \dfrac{3}{3+2}=95 \times \dfrac{3}{5}=57$ (cm²)

02-3 14 cm

❶ 두 삼각형 ㉠과 ㉡의 높이가 서로 같고 밑변의 길이의 비가 7 : 3이므로 넓이의 비도 7 : 3

❷ (삼각형 ㉠의 넓이)$=160 \times \dfrac{7}{7+3}=160 \times \dfrac{7}{10}=112$ (cm²)

❸ 삼각형 ㉠의 높이를 □ cm라 하면 $16 \times \square \div 2=112$, $16 \times \square=224$, $\square=14$

⇨ 두 삼각형의 높이는 14 cm입니다.

대표 유형 03 84바퀴

❶ 두 톱니 수의 비는 (㉮의 톱니 수) : (㉯의 톱니 수)=21 : $\boxed{10}$ 이므로

㉮와 ㉯의 회전수의 비는 $\boxed{10}$: $\boxed{21}$

❷ 톱니바퀴 ㉮가 40바퀴 도는 동안 톱니바퀴 ㉯가 ◆ 바퀴 돈다고 하고

비례식을 세우면 $\boxed{10}$: 21 = $\boxed{40}$: ◆

❸ $\boxed{10}$ × ◆ = 21 × $\boxed{40}$, $\boxed{10}$ × ◆ = 840, ◆ = $\boxed{84}$

➜ 톱니바퀴 ㉮가 40바퀴 도는 동안 톱니바퀴 ㉯는 $\boxed{84}$ 바퀴 돌게 됩니다.

예제 22바퀴

❶ 두 톱니 수의 비는 (㉮의 톱니 수) : (㉯의 톱니 수)=11 : 25이므로

㉮와 ㉯의 회전수의 비는 25 : 11

❷ 톱니바퀴 ㉮가 50바퀴 도는 동안 톱니바퀴 ㉯가 ☐바퀴 돈다고 하고 비례식을 세우면

25 : 11 = 50 : ☐

❸ 25 × ☐ = 11 × 50, 25 × ☐ = 550, ☐ = 22

⇨ 톱니바퀴 ㉮가 50바퀴 도는 동안 톱니바퀴 ㉯는 22바퀴 돌게 됩니다.

03-1 10바퀴

❶ 두 톱니 수의 비는 (㉮의 톱니 수) : (㉯의 톱니 수)=36 : 15=(36÷3) : (15÷3)=12 : 5

이므로 ㉮와 ㉯의 회전수의 비는 5 : 12

❷ 톱니바퀴 ㉯가 24바퀴 도는 동안 톱니바퀴 ㉮가 ☐바퀴 돈다고 하고 비례식을 세우면

5 : 12 = ☐ : 24

❸ 5 × 24 = 12 × ☐, 120 = 12 × ☐, ☐ = 10

⇨ 톱니바퀴 ㉯가 24바퀴 도는 동안 톱니바퀴 ㉮는 10바퀴 돌게 됩니다.

03-2 63개

❶ ㉮와 ㉯의 회전수의 비는 (㉮의 회전수) : (㉯의 회전수)=42 : 20=(42÷2) : (20÷2)

=21 : 10이므로 두 톱니 수의 비는 10 : 21

❷ 톱니바퀴 ㉯의 톱니를 ☐개라 하고 비례식을 세우면 10 : 21 = 30 : ☐

❸ 10 × ☐ = 21 × 30, 10 × ☐ = 630, ☐ = 63

⇨ 톱니바퀴 ㉯의 톱니는 63개입니다.

대표 유형 04 12개

❶ (귤 수) : (키위 수)=7 : 4이므로

(귤 수)=(7 × ▲)개, (키위 수)=($\boxed{4}$ × ▲)개라 할 수 있습니다.

❷ (귤 수) − (키위 수)=9이므로

$\boxed{7}$ × ▲ − $\boxed{4}$ × ▲ = 9, $\boxed{3}$ × ▲ = 9, ▲ = $\boxed{3}$

❸ (상자에 들어 있는 키위 수)=4 × ▲ = 4 × $\boxed{3}$ = $\boxed{12}$ (개)

❶ (연필 수) : (볼펜 수)$=2:5$이므로
  (연필 수)$=(2\times\square)$자루, (볼펜 수)$=(5\times\square)$자루라 할 수 있습니다.
❷ (볼펜 수)$-$(연필 수)$=6$이므로 $5\times\square-2\times\square=6$, $3\times\square=6$, $\square=2$
❸ (진우가 가지고 있는 연필 수)$=2\times\square=2\times2=4$(자루)

04-1 50개

❶ (검은색 바둑돌 수) : (흰색 바둑돌 수)$=1:0.7=10:7$이므로
  (검은색 바둑돌 수)$=(10\times\square)$개, (흰색 바둑돌 수)$=(7\times\square)$개라 할 수 있습니다.
❷ $10\times\square-7\times\square=15$, $3\times\square=15$, $\square=5$
❸ (검은색 바둑돌 수)$=10\times\square=10\times5=50$(개)

04-2 18 cm

❶ (가로) : (세로)$=13:9$이므로 (가로)$=(13\times\square)$ cm, (세로)$=(9\times\square)$ cm라 할 수 있습니다.
❷ (가로)$\times$(세로)$=4680$이므로 $13\times\square\times9\times\square=468$,
  $117\times\square\times\square=468$, $\square\times\square=4$, $\square=2$
❸ (직사각형의 세로)$=9\times\square=9\times2=18$ (cm)

04-3 1200원

❶ (우유 수)$=45\times\dfrac{7}{7+8}=45\times\dfrac{7}{15}=21$(병),
  (주스 수)$=45\times\dfrac{8}{7+8}=45\times\dfrac{8}{15}=24$(병)
❷ (우유 한 병 값)$=(5\times\square)$원, (주스 한 병 값)$=(6\times\square)$원이라 하면
❸ (우유 한 병 값)$\times$(우유 수)$+$(주스 한 병 값)$\times$(주스 수)$=498000$이므로
  $(5\times\square)\times21+(6\times\square)\times24=49800$, $105\times\square+144\times\square=49800$,
  $249\times\square=49800$, $\square=200$
❹ (주스 한 병 값)$=6\times\square=6\times200=1200$(원)

대표 유형 05 15 : 8

❶ 겹쳐진 부분의 넓이를 이용하여 곱셈식을 만들어 봅니다.

  (원 ㉮의 넓이)$\times\dfrac{2}{5}=$(원 ㉯의 넓이)$\times\dfrac{3}{4}$

❷ 곱셈식을 비례식으로 나타내면

  (원 ㉮의 넓이) : (원 ㉯의 넓이)$=\dfrac{3}{4}:\dfrac{2}{5}$

❸ 간단한 자연수의 비로 나타내면

  (원 ㉮의 넓이) : (원 ㉯의 넓이)$=\dfrac{3}{4}:\dfrac{2}{5}=15:8$

❶ 겹쳐진 부분의 넓이를 이용하여 곱셈식을 만들면 (원 ㉮의 넓이)$\times\dfrac{3}{8}$=(원 ㉯의 넓이)$\times\dfrac{1}{2}$

❷ 곱셈식을 비례식으로 나타내면 (원 ㉮의 넓이) : (원 ㉯의 넓이)$=\dfrac{1}{2}:\dfrac{3}{8}$

❸ 간단한 자연수의 비로 나타내면 (원 ㉮의 넓이) : (원 ㉯의 넓이)$=\dfrac{1}{2}:\dfrac{3}{8}=4:3$

05-1 12

❶ 겹쳐진 부분의 넓이를 이용하여 곱셈식을 만들면

(사각형 ㉮의 넓이)$\times\dfrac{1}{8}$=(사각형 ㉯의 넓이)$\times\dfrac{3}{14}$

❷ 곱셈식을 비례식으로 나타내면 (사각형 ㉮의 넓이) : (사각형 ㉯의 넓이)$=\dfrac{3}{14}:\dfrac{1}{8}$

❸ 간단한 자연수의 비로 나타내면 (사각형 ㉮의 넓이) : (사각형 ㉯의 넓이)$=\dfrac{3}{14}:\dfrac{1}{8}=12:7$

⇨ ▲에 알맞은 수: 12

05-2 예 7 : 6

❶ 40 %를 분수로 나타내면 $\dfrac{40}{100}=\dfrac{2}{5}$

겹쳐진 부분의 넓이를 이용하여 곱셈식을 만들면 (원 ㉮의 넓이)$\times\dfrac{2}{5}$=(삼각형 ㉯의 넓이)$\times\dfrac{7}{15}$

❷ 곱셈식을 비례식으로 나타내면 (원 ㉮의 넓이) : (삼각형 ㉯의 넓이)$=\dfrac{7}{15}:\dfrac{2}{5}$

❸ 간단한 자연수의 비로 나타내면 (원 ㉮의 넓이) : (삼각형 ㉯의 넓이)$=\dfrac{7}{15}:\dfrac{2}{5}=7:6$

대표 유형 06 2개

❶ (전체 과자 수)$=10+\boxed{10}=\boxed{20}$(개)

❷ (연지가 단우에게 주고 남은 과자 수)$=20\times\dfrac{\boxed{2}}{2+\boxed{3}}=20\times\dfrac{\boxed{2}}{\boxed{5}}=\boxed{8}$(개)

❸ (연지가 단우에게 준 과자 수)
= (연지가 가지고 있었던 과자 수) − (연지가 단우에게 주고 남은 과자 수)
= $\boxed{10}-\boxed{8}=\boxed{2}$(개)

예제　3개

❶ (전체 블록 수)$=12+12=24$(개)

❷ (재호가 단비에게 주고 남은 블록 수)$=24\times\dfrac{3}{3+5}=24\times\dfrac{3}{8}=9$(개)

❸ (재호가 단비에게 준 블록 수)$=12-9=3$(개)

06-1 9자루

❶ (전체 색연필 수)$=11+24=35$(자루)

❷ (정연이가 기태에게 주고 남은 색연필 수)$=35\times\dfrac{3}{4+3}=35\times\dfrac{3}{7}=15$(자루)

❸ (정연이가 기태에게 준 색연필 수)$=24-15=9$(자루)

06-2 8권

❶ (전체 공책 수)$=10+17=27$(권)

❷ 별하가 가진 공책 수가 은우가 가진 공책 수의 2배이므로 은우가 가진 공책 수를 1이라 하면
(은우가 가진 공책 수) : (별하가 가진 공책 수)$=1 : 2$입니다.

❸ (은우가 별하에게 주고 남은 공책 수)$=27\times\dfrac{1}{1+2}=27\times\dfrac{1}{3}=9$(권)

❹ (은우가 별하에게 준 공책 수)$=17-9=8$(권)

06-3 16개

❶ 빨간색 구슬을 더 넣은 후

(빨간색 구슬 수)$=42\times\dfrac{5}{5+2}=42\times\dfrac{5}{7}=30$(개),

(파란색 구슬 수)$=42\times\dfrac{2}{5+2}=42\times\dfrac{2}{7}=12$(개)

❷ 파란색 구슬 수는 변하지 않았으므로 처음에 있었던 파란색 구슬은 12개이고
처음에 있었던 빨간색 구슬 수를 □개라 하고 비례식을 세우면 $7 : 6=□ : 12$,
$7\times12=6\times□$, $84=6\times□$, $□=14$
⇨ 처음에 있었던 빨간색 구슬: 14개

❸ (더 넣은 빨간색 구슬 수)$=30-14=16$(개)

대표 유형 07 8만 원

❶ 두 사람이 투자한 금액을 간단한 자연수의 비로 나타내면

(희원이의 투자금) : (선우의 투자금)$=\boxed{20}$만 : 10만$=2 : \boxed{1}$

❷ (희원이가 가지게 되는 이익금)$=12\times\dfrac{\boxed{2}}{2+\boxed{1}}=12\times\dfrac{\boxed{2}}{\boxed{3}}=\boxed{8}$(만 원)

예제 10만 원

❶ 두 사람이 투자한 금액을 간단한 자연수의 비로 나타내면
(지오) : (빛나)$=45$만 : 63만$=5 : 7$

❷ (지오가 가지게 되는 이익금)$=24\times\dfrac{5}{5+7}=24\times\dfrac{5}{12}=10$(만 원)

07 - 1 40만 원, 28만 원

❶ 두 사람이 투자한 금액을 간단한 자연수의 비로 나타내면

(세윤) : (하선)＝90만 : 63만＝10 : 7

❷ (세윤이가 가지게 되는 이익금)＝$68 \times \dfrac{10}{10+7} = 68 \times \dfrac{10}{17} = 40$(만 원)

❸ (하선이가 가지게 되는 이익금)＝$68 \times \dfrac{7}{10+7} = 68 \times \dfrac{7}{17} = 28$(만 원)

07 - 2 2400만 원

❶ (㉯ 회사의 투자금)

$= $(㉮ 회사의 투자금)$\times 2\dfrac{2}{5} = 3000 \times 2\dfrac{2}{5} = 3000 \times \dfrac{12}{5} = 7200$(만 원)입니다.

❷ 두 회사가 투자한 금액을 간단한 자연수의 비로 나타내면

(㉮ 회사) : (㉯ 회사)＝3000만 : 7200만＝5 : 12

❸ (㉯ 회사가 받게 되는 이익금)＝$3400 \times \dfrac{12}{5+12} = 3400 \times \dfrac{12}{17} = 2400$(만 원)

07 - 3 1200만 원

❶ 두 회사가 투자한 금액을 간단한 자연수의 비로 나타내면

(A 회사) : (B 회사)＝2000만 : 1000만＝2 : 1

❷ 전체 이익금을 □만 원이라 하면

$\square \times \dfrac{2}{2+1} = 800, \ \square = 800 \div \dfrac{2}{2+1} = 800 \div \dfrac{2}{3} = 800 \times \dfrac{3}{2} = 1200$

⇨ 두 회사가 얻은 전체 이익금: 1200만 원

대표 유형 08

오후 8시 5분

❶ 오늘 오후 2시 $\xrightarrow{\text{24시간 후}}$ 다음 날 오후 2시 $\xrightarrow{\boxed{6}\text{시간 후}}$ 다음 날 오후 8시

오늘 오후 2시부터 다음 날 오후 8시까지는 $\boxed{30}$ 시간입니다.

❷ 30시간 동안 빨라진 시간을 ▲분이라 하고 비례식을 세우면

$\boxed{24} : 4 = \boxed{30} : ▲$

❸ $\boxed{24} \times ▲ = 4 \times \boxed{30}, \ \boxed{24} \times ▲ = \boxed{120}, \ ▲ = \boxed{5}$

❹ 다음 날 오후 8시에 이 시계가 가리키는 시각: 오후 8시＋$\boxed{5}$분＝오후 $\boxed{8}$시 $\boxed{5}$분

예제 오후 6시 12분

❶ 오늘 오전 10시부터 다음 날 오후 6시까지는 32시간

❷ 32시간 동안 빨라진 시간을 □분이라 하고 비례식을 세우면 24 : 9＝32 : □

❸ 24×□＝9×32, 24×□＝288, □＝12

❹ 다음 날 오후 6시에 이 시계가 가리키는 시각: 오후 6시＋12분＝오후 6시 12분

08 - 1 오후 1시 51분

❶ 오늘 오전 11시부터 다음 날 오후 2시까지는 27시간

❷ 27시간 동안 느려진 시간을 □분이라 하고 비례식을 세우면 24 : 8＝27 : □

❸ 24×□＝8×27, 24×□＝216, □＝9

❹ 다음 날 오후 2시에 이 시계가 가리키는 시각: 오후 2시－9분＝오후 1시 51분

❶ 오늘 오후 3시부터 다음 날 오후 11시까지는 32시간
❷ 32시간 동안 빨라진 시간을 ☐분이라 하고 비례식을 세우면 $48 : 15 = 32 : ☐$
❸ $48 × ☐ = 15 × 32,\ 48 × ☐ = 480,\ ☐ = 10$
❹ 다음 날 오후 11시에 이 시계가 가리키는 시각: 오후 11시＋10분＝오후 11시 10분

114~117쪽

01 18 : 33

❶ $30 : 55$를 간단한 자연수의 비로 나타내면 $30 : 55 = (30 ÷ 5) : (55 ÷ 5) = 6 : 11$
❷ $6 : 11 = 12 : 22 = 18 : 33 = 24 : 44 = \cdots$
❸ ❷에서 전항과 후항의 합이 51인 비는 18 : 33

02 12바퀴

❶ (㉮의 톱니 수) : (㉯의 톱니 수)$= 16 : 28 = (16 ÷ 4) : (28 ÷ 4) = 4 : 7$이므로
㉮와 ㉯의 회전수의 비는 7 : 4
❷ 톱니바퀴 ㉮가 21바퀴 도는 동안 톱니바퀴 ㉯가 ☐바퀴 돈다고 하고 비례식을 세우면
$7 : 4 = 21 : ☐$
❸ $7 × ☐ = 4 × 21,\ 7 × ☐ = 84,\ ☐ = 12$
⇨ 톱니바퀴 ㉮가 21바퀴 도는 동안 톱니바퀴 ㉯는 12바퀴 돌게 됩니다.

03 84 cm²

❶ 두 평행사변형 ㉠과 ㉡의 높이가 서로 같고 밑변의 길이의 비가 7 : 13이므로
넓이의 비도 7 : 13
❷ (평행사변형 ㉠의 넓이)$= 240 × \dfrac{7}{7+13} = 240 × \dfrac{7}{20} = 84\ (\text{cm}^2)$

04 11장

❶ (전체 색종이 수)$= 32 + 19 = 51$(장)
❷ (지유가 우혁이에게 주고 남은 색종이 수)$= 51 × \dfrac{7}{7+10} = 51 × \dfrac{7}{17} = 21$(장)
❸ (지유가 우혁이에게 준 색종이 수)$= 32 - 21 = 11$(장)

05 48만 원

❶ 두 사람이 투자한 금액을 간단한 자연수의 비로 나타내면
(민서) : (효주)$= 54만 : 81만 = 2 : 3$
❷ (효주가 가지게 되는 이익금)$= 80 × \dfrac{3}{2+3} = 80 × \dfrac{3}{5} = 48$(만 원)

06 20 cm

❶ (밑변의 길이) : (높이)＝3 : 4이므로
(밑변의 길이)＝(3×□) cm, (높이)＝(4×□) cm라 할 수 있습니다.
❷ (밑변의 길이)×(높이)÷2＝150이므로
3×□×4×□÷2＝150, 3×□×4×□＝300, 12×□×□＝300,
□×□＝25, □＝5
❸ (높이)＝4×□＝4×5＝20 (cm)

07 136 cm²

❶ 삼각형 ㄱㄴㄹ과 삼각형 ㄱㄹㄷ의 높이가 서로 같고 밑변의 길이의 비가 8 : 9이므로
넓이의 비도 8 : 9
❷ (삼각형 ㄱㄴㄷ의 넓이)＝(삼각형 ㄱㄴㄹ의 넓이)÷$\frac{8}{8+9}$

$$=64÷\frac{8}{17}=64×\frac{17}{8}=136\,(cm^2)$$

08 오후 5시 16분 58초

❶ 오후 1시부터 같은 날 오후 5시 20분까지는 4시간 20분＝260분
❷ 260분 동안 느려진 시간을 □초라 하고 비례식을 세우면 10 : 7＝260 : □
❸ 10×□＝7×260, 10×□＝1820, □＝182
❹ 182초＝3분 2초이므로 오후 5시 20분에 이 시계가 가리키는 시각:
오후 5시 20분－3분 2초＝오후 5시 16분 58초

09 75 cm²

❶ 겹쳐진 부분의 넓이를 이용하여 곱셈식을 만들면
(삼각형 ㉮의 넓이)×$\frac{5}{11}$＝(사각형 ㉯의 넓이)×$\frac{1}{3}$
❷ 곱셈식을 비례식으로 나타내면 (삼각형 ㉮의 넓이) : (사각형 ㉯의 넓이)＝$\frac{1}{3}$: $\frac{5}{11}$
❸ 간단한 자연수의 비로 나타내면 (삼각형 ㉮의 넓이) : (사각형 ㉯의 넓이)＝$\frac{1}{3}$: $\frac{5}{11}$＝11 : 15
❹ 사각형 ㉯의 넓이를 □ cm²라 하고 비례식을 세우면 11 : 15＝55 : □,
11×□＝15×55, 11×□＝825, □＝75
➡ 사각형 ㉯의 넓이는 75 cm²입니다.

10 320만 원

❶ 두 사람이 투자한 금액을 간단한 자연수의 비로 나타내면
(영지) : (윤기)＝160만 : 240만＝2 : 3
❷ (영지가 가지게 되는 이익금)＝100×$\frac{2}{2+3}$＝100×$\frac{2}{5}$＝40(만 원)
❸ 80÷40＝2(배)이므로 이익금이 2배가 되려면 투자금도 2배로 늘려야 합니다.
➡ 영지는 160×2＝320(만 원)을 투자해야 합니다.

5 원의 넓이

활용 개념

원주와 원주율

01 (1) 4 cm (2) 18 cm
02 (1) 24.8 cm (2) 37.2 cm
03 7 cm　　　　**04** 6.5 cm
05 149.6 m

01 (1) (지름)=(원주)÷(원주율)=12.4÷3.1=4 (cm)
　　(2) (지름)=55.8÷3.1=18 (cm)

02 (1) (원주)=8×3.1=24.8 (cm)
　　(2) (원주)=6×2×3.1=37.2 (cm)

03 (만들 수 있는 가장 큰 원의 원주)=43.4 cm
　　⇨ (만든 원의 반지름)=43.4÷3.1÷2=7 (cm)

04 (만들 수 있는 가장 큰 원의 원주)=40.82 cm
　　⇨ (만든 원의 반지름)=40.82÷3.14÷2=6.5 (cm)

원의 넓이

01 15
02 (1) 111.6 cm^2 (2) 49.6 cm^2
03 251.1 m^2　　　　**04** 3 cm
05 26 cm

01 직사각형의 세로는 원의 반지름이고 직사각형의 가로는
$(원주)×\dfrac{1}{2}$입니다.
$(직사각형의 가로)=(원주)×\dfrac{1}{2}=10×3×\dfrac{1}{2}=15 (cm)$

02 (1) (원의 넓이)=6×6×3.1=111.6 (cm^2)
　　(2) (반지름)=8÷2=4 (cm)
　　　(원의 넓이)=4×4×3.1=49.6 (cm^2)

03 소가 움직일 수 있는 부분의 넓이는 반지름이 9 m인 원의
넓이와 같습니다.
　　⇨ 9×9×3.1=251.1 (m^2)

04 반지름을 □ cm라 하면 원의 넓이는 27.9 cm^{2}이므로
□×□×3.1=27.9입니다.
□×□×3.1=27.9, □×□=9이고 3×3=9이므로
□=3입니다.
　　⇨ 반지름: 3 cm

05 반지름을 □ cm라 하면 원의 넓이는 530.66 cm^{2}이므로
□×□×3.14=530.66입니다.
□×□×3.14=530.66, □×□=1690이고
13×13=1690이므로 □=13입니다.
　　⇨ 지름: 13×2=26 (cm)

원의 넓이를 이용하여 여러 가지 도형의 넓이 구하기

01 45 cm^2　　　　**02** 40 cm^2
03 275.9 cm^2
04 (1) 310 cm^2 (2) 334.8 cm^2
05 35.2 cm^2

01 (색칠한 부분의 넓이)
=(큰 원의 넓이)−(작은 원의 넓이)
=4×4×3−1×1×3=48−3=45 (cm^2)

02 (색칠한 부분의 넓이)
=(정사각형의 넓이)−(원의 넓이)×2
=8×8−2×2×3×2=64−24=40 (cm^2)

03 (색칠한 부분의 넓이)
=(가장 큰 원의 넓이)−(중간 원의 넓이)
　+(가장 작은 원의 넓이)
=11×11×3.1−9×9×3.1+7×7×3.1
=375.1−251.1+151.9=275.9 (cm^2)

04 (1) (색칠한 부분의 넓이)
　　$=20×20×3.1×\dfrac{1}{4}=310 (cm^2)$
(2) (색칠한 부분의 넓이)
　　$=(큰 원의 넓이)×\dfrac{1}{2}+(작은 원의 넓이)$
　　$=12×12×3.1×\dfrac{1}{2}+6×6×3.1$
　　=223.2+111.6=334.8 (cm^2)

05 (색칠한 부분의 넓이)
$=(8×8×3.1×\dfrac{1}{4}−8×8÷2)×2$
=(49.6−32)×2=17.6×2=35.2 (cm^2)

대표 유형 01 ㉠

❶ (㉠의 지름)=(㉠의 원주)÷(원주율)
　　　　　　=15÷ 3 = 5 (cm)
❷ 지름으로 원의 크기를 비교하면
　㉠의 지름(= 5 cm) > ㉡의 지름(=4 cm)이므로
　더 큰 원은 ㉠ 입니다.

예제 ㉠

❶ (㉠의 지름)=(㉠의 반지름)×2=7×2=14 (cm)
　(㉡의 지름)=54÷3=18 (cm)
❷ 지름으로 원의 크기를 비교하면
　㉠의 지름(=14 cm)<㉡의 지름(=18 cm)이므로 더 작은 원은 ㉠입니다.

01-1 ㉡

❶ 251.1÷3.1=81이고 9×9=81이므로
　(㉡의 반지름)=9 cm ⇨ (㉡의 지름)=9×2=18 (cm)
❷ 지름으로 원의 크기를 비교하면
　㉡의 지름(=18 cm)>㉠의 지름(=13 cm)이므로 더 큰 원은 ㉡입니다.

01-2 ㉡

❶ 50.24÷3.14=160이고 4×4=160이므로
　(㉠의 반지름)=4 cm ⇨ (㉠의 지름)=4×2=8 (cm)
　(㉡의 지름)=15.7÷3.14=5 (cm)
❷ 지름으로 원의 크기를 비교하면
　㉡의 지름(=5 cm)<㉠의 지름(=8 cm)이므로 더 작은 원은 ㉡입니다.

01-3 168.75 cm²

❶ (㉠의 지름)=33÷3=11 (cm)
　(㉢의 지름)=4.5×2=9 (cm)
❷ 지름으로 원의 크기를 비교하면
　㉡의 지름(=15 cm)>㉠의 지름(=11 cm)>㉢의 지름(=9 cm)이므로
　가장 큰 원은 ㉡입니다.
❸ (㉡의 반지름)=15÷2=7.5 (cm)이므로
　(㉡의 넓이)=7.5×7.5×3=168.75 (cm²)

대표 유형 02 60 cm

❶ 큰 바퀴의 지름은 작은 바퀴의 지름의 2배이므로
　큰 바퀴의 원주는 작은 바퀴의 원주의 2 배입니다.
❷ (큰 바퀴의 원주)=(작은 바퀴의 원주)× 2 =30× 2 = 60 (cm)

예제 81 cm

❶ 큰 바퀴의 지름은 작은 바퀴의 지름의 3배이므로
　큰 바퀴의 원주는 작은 바퀴의 원주의 3배입니다.
❷ (큰 바퀴의 원주)=27×3=81 (cm)

02-1 46.5 cm

❶ 큰 바퀴의 지름은 작은 바퀴의 지름의 3배이므로
   큰 바퀴의 원주는 작은 바퀴의 원주의 3배입니다.
❷ (작은 바퀴의 원주)＝139.5÷3＝46.5 (cm)

02-2 114.7 cm

❶ 큰 원의 지름은 작은 원의 지름의 2배이므로
   큰 원의 원주는 작은 원의 원주의 2배입니다.
❷ (작은 원의 원주)＝229.4÷2＝114.7 (cm)

02-3 81.64 cm

❶ 가장 큰 원의 지름은 가장 작은 원의 지름의 4배이므로
   가장 큰 원의 원주는 가장 작은 원의 원주의 4배입니다.
❷ (가장 큰 원의 원주)＝20.41×4＝81.64 (cm)

대표 유형 03 297.6 mm

❶ (동전의 원주)＝(동전의 지름)×(원주율)
   ＝ 24 ×3.1＝ 74.4 (mm)
❷ (굴러간 거리)＝(동전의 원주)×(굴러간 바퀴 수)
   ＝ 74.4 ×4＝ 297.6 (mm)

예제 465 cm

❶ (고리의 원주)＝30×3.1＝93 (cm)
❷ (굴러간 거리)＝93×5＝465 (cm)

03-1 818.4 cm

❶ (원판의 원주)＝(원판의 반지름)×2×(원주율)＝11×2×3.1＝68.2 (cm)
❷ (굴러간 거리)＝68.2×12＝818.4 (cm)

03-2 40 cm

❶ 28 m 80 cm＝2880 cm
   (바퀴의 원주)＝(굴러간 거리)÷(굴러간 바퀴 수)＝2880÷24＝120 (cm)
❷ (바퀴의 지름)＝120÷3＝40 (cm)

03-3 7바퀴

❶ (자전거 바퀴의 원주)＝60×3＝180 (cm)
❷ 12 m 60 cm＝1260 cm
   (굴러간 바퀴 수)＝(굴러간 거리)÷(자전거 바퀴의 원주)＝1260÷180＝7(바퀴)

03-4 7 m 44 cm

❶ (반지름이 20 cm인 굴렁쇠의 원주)＝20×2×3.1＝124 (cm)
   (반지름이 20 cm인 굴렁쇠가 3바퀴 굴러간 거리)＝124×3＝372 (cm)
❷ (반지름이 15 cm인 굴렁쇠의 원주)＝15×2×3.1＝93 (cm)
   (반지름이 15 cm인 굴렁쇠가 4바퀴 굴러간 거리)＝93×4＝372 (cm)
❸ (두 굴렁쇠가 굴러간 거리)＝372＋372＝744 (cm)
   ⇨ 744 cm＝7 m 44 cm

대표 유형 04 110 cm

❶ (곡선 부분의 길이)=(원주)= 22 ×3= 66 (cm)

❷ (직선 부분의 길이)=(원의 지름의 2배)= 22 ×2= 44 (cm)

❸ (빨간색 선의 길이)=(곡선 부분의 길이)+(직선 부분의 길이)

= 66 + 44 = 110 (cm)

예제 80 cm

❶ (곡선 부분의 길이)=(원주)=8×2×3=48 (cm)
❷ (직선 부분의 길이)=(원의 지름의 2배)=8×2×2=32 (cm)
❸ (빨간색 선의 길이)=48+32=80 (cm)

04-1 99.4 cm

❶ (곡선 부분의 길이)=(원주)=7×2×3.1=43.4 (cm)
❷ (직선 부분의 길이)=(원의 지름의 4배)=7×2×4=56 (cm)
❸ (빨간색 선의 길이)=43.4+56=99.4 (cm)

04-2 127.8 cm

❶ (곡선 부분의 길이)=(원주)=18×3.1=55.8 (cm)
❷ (직선 부분의 길이)=(원의 지름의 4배)=18×4=72 (cm)
❸ (빨간색 선의 길이)=55.8+72=127.8 (cm)

04-3 61.4 cm

❶ (곡선 부분의 길이)=(원주)=5×2×3.14=31.4 (cm)
❷ (직선 부분의 길이)=(원의 지름의 3배)=5×2×3=30 (cm)
❸ (빨간색 선의 길이)=31.4+30=61.4 (cm)

대표 유형 05 63 cm

❶ (직선 부분의 길이)=(정사각형의 둘레)= 9 ×4= 36 (cm)

❷ (곡선 부분의 길이)=(지름이 9 cm인 원의 원주)= 9 ×3= 27 (cm)

❸ (색칠한 부분의 둘레)= 36 + 27 = 63 (cm)

예제 25 cm

❶ (직선 부분의 길이)=5×2=10 (cm)
❷ (곡선 부분의 길이)=(지름이 5 cm인 원의 원주)
=5×3=15 (cm)
❸ (색칠한 부분의 둘레)=10+15=25 (cm)

05-1 92.3 cm

❶ (직선 부분의 길이)=13×4=52 (cm)
❷ (곡선 부분의 길이)=(지름이 13 cm인 원의 원주)
=13×3.1=40.3 (cm)
❸ (색칠한 부분의 둘레)=52+40.3=92.3 (cm)

05-2 154.2 cm

❶ (직선 부분의 길이)=30×2=60 (cm)
❷ (곡선 부분의 길이)=(지름이 30 cm인 원의 원주)
　　　　　　　　　　=30×3.14=94.2 (cm)
❸ (색칠한 부분의 둘레)=60+94.2=154.2 (cm)

05-3 16.95 cm

❶ (직선 부분의 길이)=(큰 원의 반지름)=3 cm
❷ (곡선 부분의 길이)

$$=(반지름이\ 3\ cm인\ 원의\ 원주)×\frac{1}{2}+(지름이\ 3\ cm인\ 원의\ 원주)×\frac{1}{2}$$

$$=3×2×3.1×\frac{1}{2}+3×3.1×\frac{1}{2}=9.3+4.65=13.95\ (cm)$$

❸ (색칠한 부분의 둘레)=3+13.95=16.95 (cm)

대표 유형 06 12 cm²

❶ 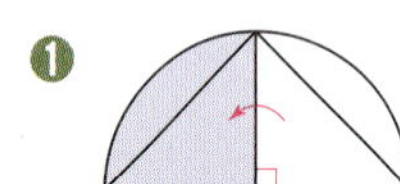 색칠한 부분의 일부를 옮깁니다.

❷ (색칠한 부분의 넓이)=(원의 넓이)×$\dfrac{1}{4}$=4×4×$\boxed{3}$×$\dfrac{1}{4}$=$\boxed{12}$ (cm²)

예제 338 cm²

❶ 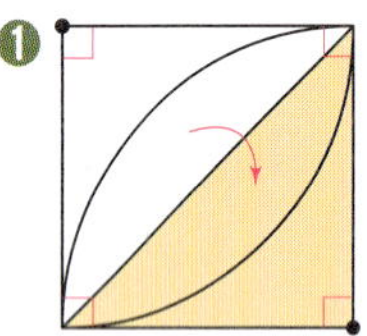

❷ (색칠한 부분의 넓이)=(직각삼각형의 넓이)=26×26÷2=338 (cm²)

06-1 303.8 cm²

❶ 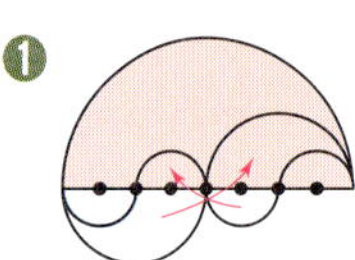

❷ (가장 큰 원의 반지름)=7×2=14 (cm)

　(색칠한 부분의 넓이)=(반원의 넓이)=14×14×3.1×$\dfrac{1}{2}$=303.8 (cm²)

06-2 50 cm²

❶ 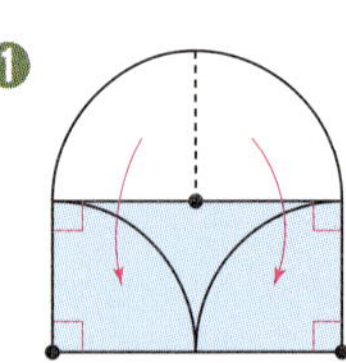

❷ (직사각형의 가로)=5×2=10 (cm)

　(색칠한 부분의 넓이)=(직사각형의 넓이)=10×5=50 (cm²)

06-3 112.5 cm²

❶ 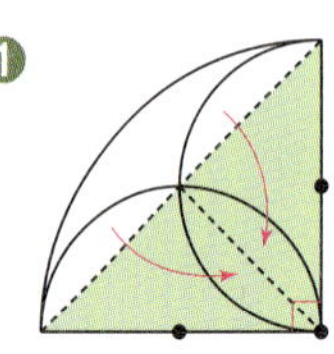

❷ (색칠한 부분의 넓이)=(직각삼각형의 넓이)=15×15÷2=112.5 (cm²)

  50 cm²

❶ 원의 반지름이 5 cm이므로

(직사각형의 가로)$=5\times4=\boxed{20}$ (cm)

(직사각형의 세로)$=5\times\boxed{2}=\boxed{10}$ (cm)

❷ (색칠한 부분의 넓이)$=$(반지름이 5 cm인 원의 넓이)$\times\boxed{2}$

$=5\times5\times3\times\boxed{2}=\boxed{150}$ (cm²)

❸ (색칠하지 않은 부분의 넓이)$=$(직사각형의 넓이)$-$(색칠한 부분의 넓이)

$=\boxed{20}\times10-\boxed{150}=\boxed{50}$ (cm²)

예제 27 cm²

❶ (직사각형의 가로)$=3\times6=18$ (cm)

(직사각형의 세로)$=3\times2=6$ (cm)

❷ (색칠한 부분의 넓이)$=$(반지름이 3 cm인 원의 넓이)$\times3$

$=3\times3\times3\times3=81$ (cm²)

❸ (색칠하지 않은 부분의 넓이)$=18\times6-81=108-81=27$ (cm²)

07–1 132.3 cm²

❶ (직사각형의 가로)$=7\times6=42$ (cm)

(직사각형의 세로)$=7\times2=14$ (cm)

❷ (색칠한 부분의 넓이)$=$(반지름이 7 cm인 원의 넓이)$\times3$

$=7\times7\times3.1\times3=455.7$ (cm²)

❸ (색칠하지 않은 부분의 넓이)$=42\times14-455.7=588-455.7=132.3$ (cm²)

07–2 129.6 cm²

❶ (정사각형의 한 변의 길이)$=96\div4=24$ (cm)

$\Rightarrow$ (원의 반지름)$=24\div4=6$ (cm)

❷ (색칠하지 않은 부분의 넓이)$=$(반지름이 6 cm인 원의 넓이)$\times4$

$=6\times6\times3.1\times4=446.4$ (cm²)

❸ (색칠한 부분의 넓이)$=24\times24-446.4=576-446.4=129.6$ (cm²)

07–3 1041.66 cm²

❶ (직사각형의 가로)$=9\times6=54$ (cm)

(직사각형의 세로)$=9\times4=36$ (cm)

❷ 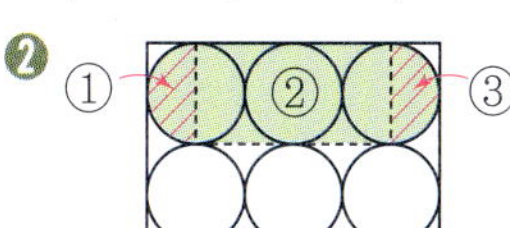

가로: $9\times4=36$ (cm)

세로: $9\times2=18$ (cm)

(색칠한 부분의 넓이)$=$(①의 넓이)$+$(③의 넓이)$+$(②의 넓이)

$=$(반지름이 9 cm인 원의 넓이)$+$(②의 넓이)

$=9\times9\times3.14+36\times18=254.34+648=902.34$ (cm²)

❸ (색칠하지 않은 부분의 넓이)$=54\times36-902.34=1944-902.34=1041.66$ (cm²)

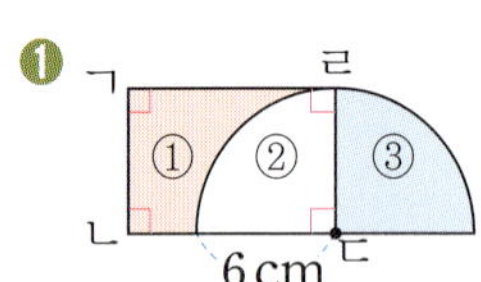

❶ (직각삼각형의 넓이)＝(①의 넓이)＋(②의 넓이)
　　　　　　　　　　　　＝(③의 넓이)＋(②의 넓이)
　　　　　　　　　　　　＝(반원의 넓이)

❷ 반지름은 $8\div2=4$ (cm)이므로 (반원의 넓이)＝$4\times4\times3\times\dfrac{1}{2}=\boxed{24}$ (cm²)

❸ (선분 ㄱㄴ)＝(직각삼각형의 넓이)×2÷(선분 ㄴㄷ)
　　　　　　＝$\boxed{24}\times2\div8=\boxed{6}$ (cm)

예제　9 cm

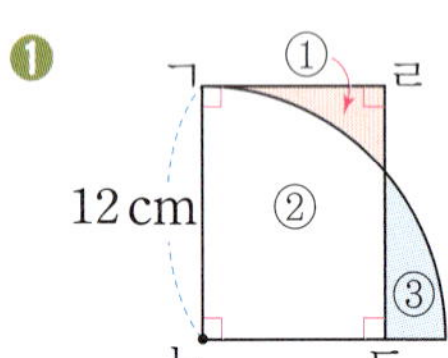

(직사각형의 넓이)＝(①의 넓이)＋(②의 넓이)
　　　　　　　　　＝(③의 넓이)＋(②의 넓이)＝(반원의 넓이)

❷ (반원의 넓이)＝$6\times6\times3\times\dfrac{1}{2}=54$ (cm²)

❸ (선분 ㄴㄷ)＝(직사각형의 넓이)÷(선분 ㄹㄷ)＝$54\div6=9$ (cm)

08-1　9 cm

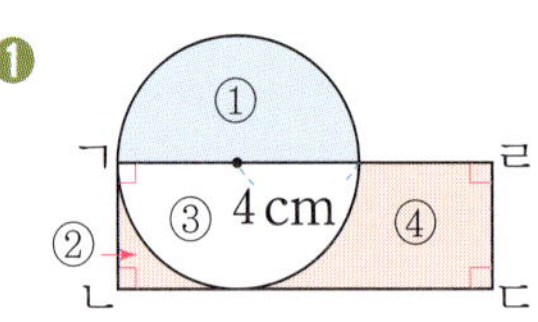

(직사각형의 넓이)＝(①의 넓이)＋(②의 넓이)
　　　　　　　　　＝(③의 넓이)＋(②의 넓이)＝(원의 넓이)×$\dfrac{1}{4}$

❷ (원의 넓이)×$\dfrac{1}{4}=12\times12\times3\times\dfrac{1}{4}=108$ (cm²)

❸ (선분 ㄴㄷ)＝(직사각형의 넓이)÷(선분 ㄱㄴ)＝$108\div12=9$ (cm)

08-2　12.4 cm

❶

(직사각형의 넓이)
　＝(③의 넓이)＋(②의 넓이)＋(④의 넓이)
　＝(③의 넓이)＋(①의 넓이)＝(원의 넓이)

❷ (원의 넓이)＝$4\times4\times3.1=49.6$ (cm²)

❸ 선분 ㄱㄴ의 길이는 원의 반지름과 같으므로
　(선분 ㄱㄹ)＝(직사각형의 넓이)÷(선분 ㄱㄴ)＝$49.6\div4=12.4$ (cm)

❶ 

(원의 넓이)=(①의 넓이)+(②의 넓이)+(③의 넓이)
　　　　　=(④의 넓이)+(⑤의 넓이)+(③의 넓이)=(삼각형의 넓이)

❷ 원의 반지름을 □ cm라 하면
(삼각형의 넓이)=9.3×□×2÷2=9.3×□ (cm²), (원의 넓이)=(□×□×3.1) cm²

❸ 9.3×□=□×□×3.1, □=3 ⇨ (반지름)=3 cm

실전 적용

142~145쪽

01 ㉢

❶ (㉠의 지름)=21.7÷3.1=7 (cm)
(㉢의 지름)=3.6×2=7.2 (cm)

❷ 지름으로 원의 크기를 비교하면
㉢의 지름(=7.2 cm)>㉠의 지름(=7 cm)>㉡의 지름(=6.5 cm)이므로
가장 큰 원은 ㉢입니다.

02 30 cm

❶ 큰 바퀴의 지름은 작은 바퀴의 지름의 1.5배이므로
큰 바퀴의 원주는 작은 바퀴의 원주의 1.5배입니다.

❷ (작은 바퀴의 원주)=45÷1.5=30 (cm)

03 502.4 cm

❶ (원판의 원주)=(원판의 반지름)×2×(원주율)
　　　　　　　=8×2×3.14=50.24 (cm)

❷ (굴러간 거리)=50.24×10=502.4 (cm)

04 50 cm²

❶ 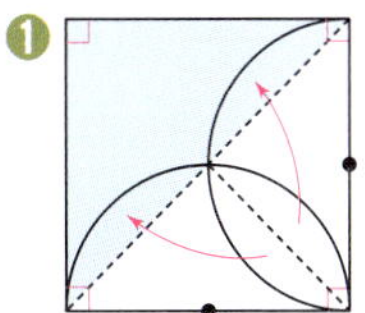

❷ (색칠한 부분의 넓이)
　=(직각삼각형의 넓이)=10×10÷2=50 (cm²)

05 21 cm

❶

(직각삼각형의 넓이)＝(②의 넓이)＋(③의 넓이)

　　　　　　　　　　＝(②의 넓이)＋(①의 넓이)＝(원의 넓이)×$\frac{1}{4}$

❷ (원의 넓이)×$\frac{1}{4}$＝14×14×3×$\frac{1}{4}$＝147 (cm²)

❸ (선분 ㄴㄷ)＝147×2÷14＝21 (cm)

06 1032 cm²

❶ (직사각형의 가로)＝20×6＝120 (cm)

　(직사각형의 세로)＝20×2＝40 (cm)

❷ (색칠하지 않은 부분의 넓이)＝(반지름이 20 cm인 원의 넓이)×3

　　　　　　　　　　　　　　＝20×20×3.14×3＝3768 (cm²)

❸ (색칠한 부분의 넓이)＝120×40－3768

　　　　　　　　　　　＝4800－3768＝1032 (cm²)

07 51.12 cm

❶ (직선 부분의 길이)＝16＋5＋5＝26 (cm)

❷ (큰 원의 지름)＝5×2＝10 (cm), (작은 원의 지름)＝16－10＝6 (cm)이므로

　(곡선 부분의 길이)

　　＝(지름이 10 cm인 원의 원주)×$\frac{1}{2}$＋(지름이 6 cm인 원의 원주)×$\frac{1}{2}$

　　＝10×3.14×$\frac{1}{2}$＋6×3.14×$\frac{1}{2}$

　　＝15.7＋9.42＝25.12 (cm)

❸ (색칠한 부분의 둘레)＝26＋25.12＝51.12 (cm)

08 9 cm

❶ 원의 지름을 ☐ cm라 하면

　(곡선 부분의 길이)＝(원주)＝(☐×3) cm

❷ (직선 부분의 길이)＝(원의 지름의 4배)＝(☐×4) cm

❸ (빨간색 선의 길이)＝☐×3＋☐×4＝☐×7＝63 (cm)

❹ ☐＝63÷7＝9

　⇨ (지름)＝9 cm

09 4바퀴

❶ (지름이 30 cm인 굴렁쇠의 원주)＝30×3＝90 (cm)

　(지름이 30 cm인 굴렁쇠가 9바퀴 굴러간 거리)＝90×9＝810 (cm)

❷ 12 m 30 cm＝1230 cm이므로

　(지름이 35 cm인 굴렁쇠가 굴러간 거리)＝1230－810＝420 (cm)

❸ (지름이 35 cm인 굴렁쇠의 원주)＝35×3＝105 (cm)

　(지름이 35 cm인 굴렁쇠가 굴러간 바퀴 수)＝420÷105＝4(바퀴)

6 원기둥, 원뿔, 구

원기둥 알아보기

01 ①, ④ **02** ㉡
03 $96 \, cm^2$ **04** (1) 7 cm (2) 5 cm

01 위와 아래에 있는 면이 서로 평행하고 합동인 원으로 이루어진 입체도형을 모두 찾습니다.

02 ㉠, ㉣: 두 밑면이 합동이 아닙니다.
㉢: 두 밑면이 합동이지만 서로 겹치는 위치에 있습니다.

03 (색 테이프의 넓이)$=4 \times 2 \times 3 \times 4=96 \, (cm^2)$

04 (1) (밑면의 반지름)$=42 \div 3 \div 2=7 \, (cm)$
(2) (밑면의 반지름)$=30 \div 3 \div 2=5 \, (cm)$

원뿔, 구 알아보기

01 ( )(○)( )(△)
02 (1)

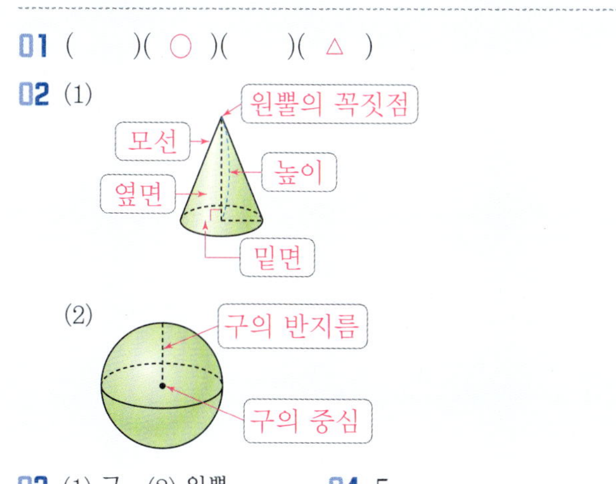

(2)

03 (1) 구 (2) 원뿔 **04** 5

01 • 평평한 원 모양의 면이 1개 있고 옆을 둘러싼 면이 굽은 면인 뿔 모양의 입체도형에 △표 합니다.
• 공 모양의 입체도형에 ○표 합니다.

03 (1) 위, 앞, 옆에서 본 모양이 모두 원인 입체도형은 구입니다.
(2) 위에서 본 모양이 원이고, 앞과 옆에서 본 모양이 삼각형인 입체도형은 원뿔입니다.

04

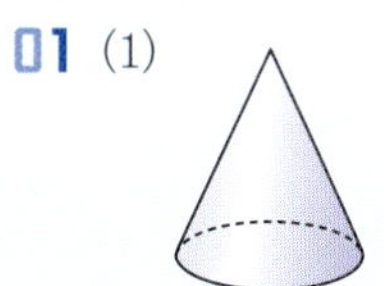

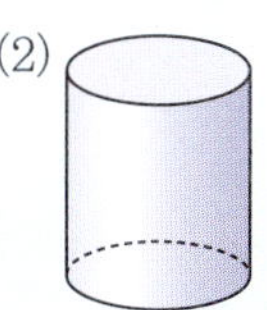

(삼각형의 넓이)$=20 \times 24 \div 2=240 \, (cm^2)$
(사각형의 넓이)$=□ \times 2 \times 24$
$=□ \times 48=240 \, (cm^2)$
➡ $□ \times 48=240$, $□=240 \div 48=5$

평면도형 돌려 보기

01 (1) (2)

02 8 cm **03** 18 cm
04 (1) 원기둥 (2) 구

01 (1) 한 변을 기준으로 직각삼각형을 돌려 만든 입체도형은 원뿔입니다.
(2) 한 변을 기준으로 직사각형을 돌려 만든 입체도형은 원기둥입니다.

02 지름을 기준으로 반원 모양의 종이를 돌려 만든 입체도형은 구이고, 구의 반지름은 반원의 반지름과 같으므로 $16 \div 2=8 \, (cm)$입니다.

03 만든 두 회전체는 원기둥입니다.
(왼쪽 회전체의 밑면의 둘레)$=3 \times 2 \times 3=18 \, (cm)$
(오른쪽 회전체의 밑면의 둘레)$=6 \times 2 \times 3=36 \, (cm)$
➡ $36 > 18$이므로 $36-18=18 \, (cm)$

04 (1) 회전축을 품은 평면으로 잘랐을 때 사각형, 회전축에 수직인 평면으로 잘랐을 때 원인 입체도형은 원기둥입니다.
(2) 회전축을 품은 평면으로 잘랐을 때와 회전축에 수직인 평면으로 잘랐을 때 모두 원인 입체도형은 구입니다.

유형 변형

대표 유형 01 ㉢

❶ 원기둥의 특징: ㉡, ㉢
　각기둥의 특징: ㉠, ㉢
❷ 원기둥과 각기둥의 공통점은 ㉢입니다.

예제 ㉠

❶ 원뿔의 특징: ㉠, ㉡
　각뿔의 특징: ㉠, ㉢
❷ 원뿔과 각뿔의 공통점: ㉠

01-1 ㉠, ㉡

❶ 원기둥의 특징: ㉠, ㉡
　원뿔의 특징: ㉠, ㉡, ㉢
❷ 원기둥과 원뿔의 공통점: ㉠, ㉡

01-2 ㉡

❶ 원기둥의 특징: ㉠, ㉡
　구의 특징: ㉡, ㉢
❷ 원기둥과 구의 공통점: ㉡

01-3 ㉢

❶ ㉠: 원뿔은 꼭짓점이 있지만, 구는 꼭짓점이 없습니다.
　㉡: 원기둥을 회전축을 품은 평면으로 자른 모양은 사각형이고
　　　원뿔을 회전축을 품은 평면으로 자른 모양은 삼각형입니다.
❷ 입체도형에 대한 설명으로 알맞은 것은 ㉢입니다.

대표 유형 02 50 cm

❶ 밑면의 둘레는 10 cm이고 원기둥의 높이는 5 cm입니다.
❷ (원기둥의 전개도의 둘레)＝(밑면의 둘레)×4＋(원기둥의 높이)×2
　　　　　　　　　　　＝10×4＋5×2＝50 (cm)

예제 58 cm

❶ (밑면의 둘레)＝11 cm
　(원기둥의 높이)＝7 cm
❷ (원기둥의 전개도의 둘레)＝11×4＋7×2
　　　　　　　　　　　＝44＋14＝58 (cm)

02-1 174 cm

❶ (밑면의 둘레)＝34 cm
　(원기둥의 높이)＝19 cm
❷ (원기둥의 전개도의 둘레)＝34×4＋19×2
　　　　　　　　　　　＝136＋38＝174 (cm)

02-2 61.6 cm

❶ (밑면의 둘레)=(밑면의 지름)×(원주율)
$$=4×3.1=12.4\,(cm)$$
  (원기둥의 높이)=6 cm
❷ (원기둥의 전개도의 둘레)=12.4×4+6×2
$$=49.6+12=61.6\,(cm)$$

02-3 148.8 cm

❶ (원기둥의 높이)=55 cm이므로
  (밑면의 둘레)×4=705.2−55×2=595.2 (cm)
❷ (밑면의 둘레)=595.2÷4=148.8 (cm)

대표 유형 03 14 cm

❶ (밑면의 둘레)=(밑면의 지름)×(원주율)= $\boxed{8}$ ×3= $\boxed{24}$ (cm)
❷ (원기둥의 높이)=(옆면의 넓이)÷(밑면의 둘레)=336÷ $\boxed{24}$ = $\boxed{14}$ (cm)

예제 19 cm

❶ (밑면의 둘레)=12×3=36 (cm)
❷ (원기둥의 높이)=684÷36=19 (cm)

03-1 16 cm

❶ (밑면의 둘레)=1200÷25=48 (cm)
❷ (밑면의 지름)=(밑면의 둘레)÷(원주율)
$$=48÷3=16\,(cm)$$

03-2 30 cm

❶ (밑면의 둘레)=7×2×3=42 (cm)
  (밑면의 넓이)=7×7×3=147 (cm²)
❷ (옆면의 넓이)=(원기둥의 모든 면의 넓이의 합)−(밑면의 넓이)×2
$$=1554−147×2=1260\,(cm^2)$$
❸ (원기둥의 높이)=1260÷42=30 (cm)

03-3 20 cm

❶ (삼각기둥의 옆면의 넓이의 합)=(26+26+28)×24=1920 (cm²)
  ⇨ (원기둥의 옆면의 넓이)=1920 cm²
❷ (원기둥의 밑면의 둘레)=32×3=96 (cm)
❸ (원기둥의 높이)=1920÷96=20 (cm)

대표 유형 04 2640 cm²

❶ (롤러의 밑면의 둘레)= $\boxed{11}$ ×2×3= $\boxed{66}$ (cm)
❷ (한 바퀴 굴렸을 때 칠해진 부분의 넓이)
$$=(롤러의\ 옆면의\ 넓이)=\boxed{66}×20=\boxed{1320}\,(cm^2)$$
❸ 원기둥 모양의 롤러에 페인트를 묻혀 한 방향으로 $\boxed{2}$ 바퀴 굴렸으므로
  (페인트가 칠해진 부분의 넓이)= $\boxed{1320}$ ×2= $\boxed{2640}$ (cm²)

예제	$3024\ \text{cm}^2$

❶ (롤러의 밑면의 둘레)$=7\times2\times3=42\ (\text{cm})$

❷ (롤러의 옆면의 넓이)$=42\times18=756\ (\text{cm}^2)$

❸ (페인트가 칠해진 부분의 넓이)$=756\times4=3024\ (\text{cm}^2)$

04-1 14바퀴

❶ (롤러의 밑면의 둘레)$=3\times2\times3=18\ (\text{cm})$

❷ (롤러의 옆면의 넓이)$=18\times10=180\ (\text{cm}^2)$

❸ 한 바퀴 굴렸을 때 칠해진 부분의 넓이가 $180\ \text{cm}^2$이므로 롤러를 적어도 $2520\div180=14$(바퀴) 굴렸습니다.

04-2 8 cm

❶ (한 바퀴 굴렸을 때 칠해진 부분의 넓이)$=1680\div7=240\ (\text{cm}^2)$

❷ (롤러의 밑면의 둘레)$=5\times2\times3=30\ (\text{cm})$

❸ (롤러의 높이)$=240\div30=8\ (\text{cm})$

04-3 4 cm

❶ (한 바퀴 굴렸을 때 칠해진 부분의 넓이)$=8640\div24=360\ (\text{cm}^2)$

❷ (롤러의 밑면의 둘레)$=360\div15=24\ (\text{cm})$

❸ (롤러의 밑면의 반지름)$=24\div3\div2=4\ (\text{cm})$

대표 유형 05 $220\ \text{cm}^2$

❶ 원뿔을 앞에서 본 모양을 그리면 오른쪽과 같은 삼각형 모양입니다.

❷ (삼각형의 넓이)$=20\times\boxed{22}\div\boxed{2}=\boxed{220}\ (\text{cm}^2)$

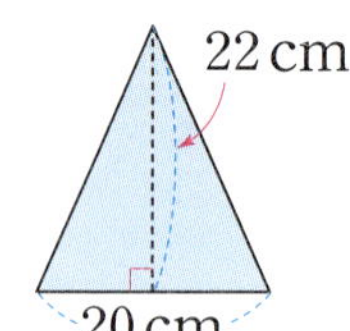

예제	$238\ \text{cm}^2$

❶ 원기둥을 앞에서 본 모양을 그리면 다음과 같은 직사각형 모양입니다.

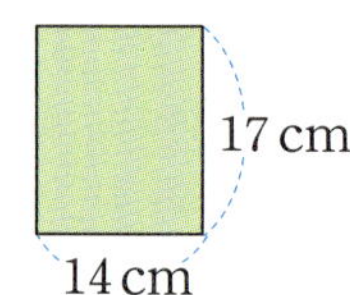

❷ (직사각형의 넓이)$=14\times17=238\ (\text{cm}^2)$

05-1 $4332\ \text{cm}^2$

❶ 구를 위에서 본 모양을 그리면 다음과 같은 원 모양입니다.

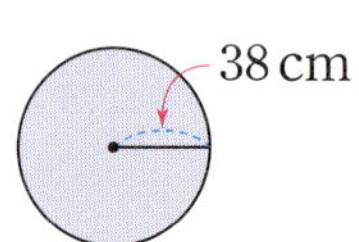

❷ (원의 넓이)$=38\times38\times3=4332\ (\text{cm}^2)$

05-2 나

❶ 두 입체도형을 앞에서 본 모양을 그리면 다음과 같습니다.

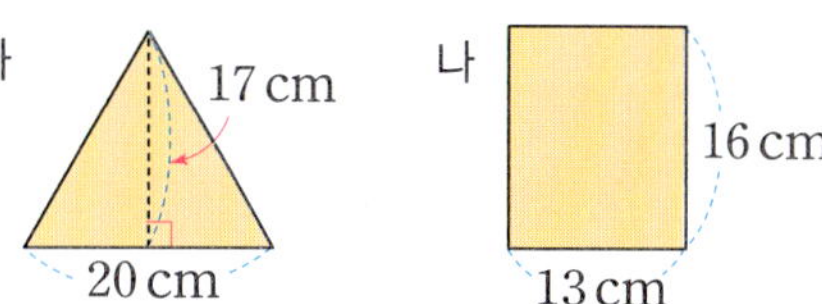

❷ (가의 넓이)=$20 \times 17 \div 2 = 170$ (cm^2)

　 (나의 넓이)=$13 \times 16 = 208$ (cm^2)

❸ $170 < 208$이므로 나의 넓이가 더 넓습니다.

05-3 35 cm

❶ 원뿔을 옆에서 본 모양을 그리면 다음과 같은 삼각형 모양입니다.

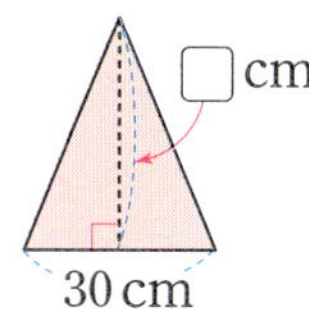

❷ (삼각형의 넓이)=$30 \times \square \div 2 = 525$ (cm^2)이므로 $\square = 525 \times 2 \div 30 = 35$

　 ⇨ (삼각형의 높이)=35 cm

❸ (원뿔의 높이)=(삼각형의 높이)=35 cm

대표 유형 06 880 cm^2

❶ (사용한 포장지의 가로)=(과자 통의 밑면의 둘레)+(과자 통의 밑면의 지름)$\times 2$

　 =$\boxed{8} \times 3 + \boxed{8} \times 2 = \boxed{40}$ (cm)

❷ (사용한 포장지의 세로)=$\boxed{22}$ cm

❸ (사용한 포장지의 넓이)=$\boxed{40} \times \boxed{22} = \boxed{880}$ (cm^2)

예제 315 cm^2

❶ (사용한 포장지의 가로)=(과자 통의 밑면의 둘레)+(과자 통의 밑면의 지름)$\times 4$

　 =$5 \times 3 + 5 \times 4 = 35$ (cm)

❷ (사용한 포장지의 세로)=9 cm

❸ (사용한 포장지의 넓이)=$35 \times 9 = 315$ (cm^2)

06-1 764.4 cm^2

❶ (사용한 포장지의 가로)=(음료수 캔의 밑면의 둘레)+(음료수 캔의 밑면의 지름)$\times 6$

　 =$3.5 \times 2 \times 3.1 + 3.5 \times 2 \times 6 = 63.7$ (cm)

❷ (사용한 포장지의 세로)=12 cm

❸ (사용한 포장지의 넓이)=$63.7 \times 12 = 764.4$ (cm^2)

06-2 198.8 cm^2

❶ (사용한 포장지의 가로)=(풀의 밑면의 둘레)+(풀의 밑면의 지름)$\times 4$

　 =$2 \times 2 \times 3.1 + 2 \times 2 \times 4 = 28.4$ (cm)

❷ (사용한 포장지의 세로)=7 cm

❸ (사용한 포장지의 넓이)=$28.4 \times 7 = 198.8$ (cm^2)

❶ 가: (사용한 포장지의 가로)$=16 \times 3.1 + 16 \times 4 = 113.6$ (cm)

(사용한 포장지의 세로)$=10$ cm

⇨ (사용한 포장지의 넓이)$=113.6 \times 10 = 1136$ (cm²)

❷ 나: (사용한 포장지의 가로)$=16 \times 3.1 + 16 \times 3 = 97.6$ (cm)

(사용한 포장지의 세로)$=10$ cm

⇨ (사용한 포장지의 넓이)$=97.6 \times 10 = 976$ (cm²)

❸ $1136 > 976$이므로

(사용한 포장지의 넓이의 차)$=1136 - 976 = 160$ (cm²)

대표 유형 07 30 cm

❶ 돌리기 전의 평면도형은 오른쪽과 같습니다.

❷ (평면도형의 둘레)$=13 + \boxed{12} + \boxed{5} = \boxed{30}$ (cm)

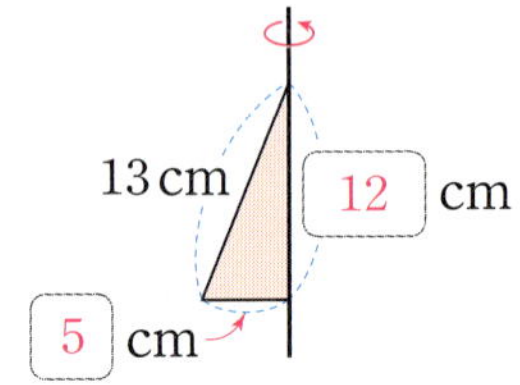

예제 26 cm

❶ 돌리기 전의 평면도형은 다음과 같습니다.

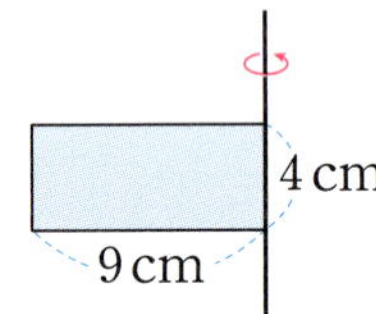

❷ (평면도형의 둘레)$=(9+4) \times 2 = 26$ (cm)

07-1 76 cm

❶ 돌리기 전의 평면도형은 다음과 같습니다.

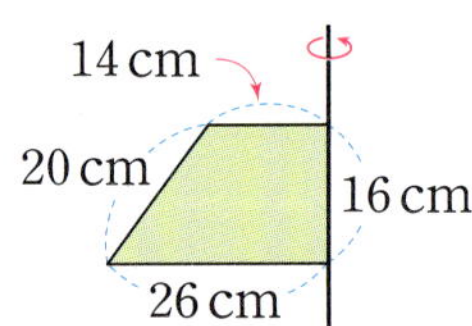

❷ (평면도형의 둘레)$=14 + 20 + 26 + 16 = 76$ (cm)

07-2 149.1 cm

❶ 돌리기 전의 평면도형은 다음과 같습니다.

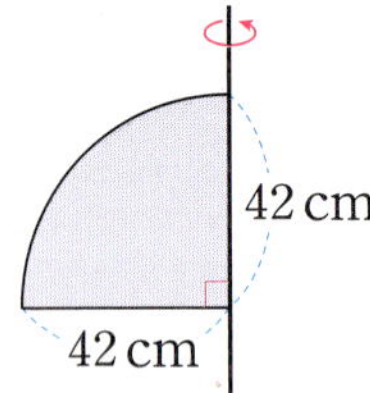

❷ (직선 부분의 길이)$=42 \times 2 = 84$ (cm)

(곡선 부분의 길이)$=84 \times 3.1 \times \dfrac{1}{4} = 65.1$ (cm)

❸ (평면도형의 둘레)$=84 + 65.1 = 149.1$ (cm)

❶ 돌리기 전의 평면도형은 다음과 같습니다.

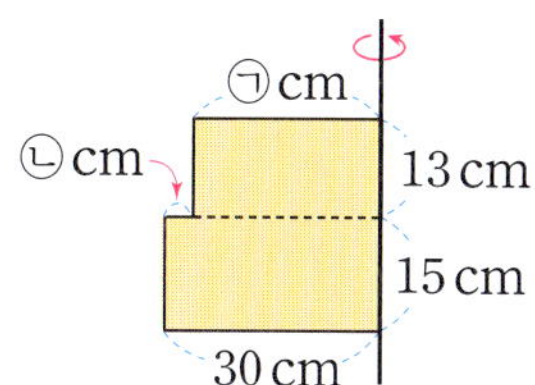

❷ (평면도형의 둘레)＝㉠＋13＋㉡＋15＋30＋15＋13
＝㉠＋㉡＋86 (cm)

❸ ㉠＋㉡＝30 cm이므로
(평면도형의 둘레)＝30＋86＝116 (cm)

168~171쪽

01 ㉡

❶ 원뿔의 특징: ㉠, ㉡
구의 특징: ㉡, ㉢
❷ 원뿔과 구의 공통점: ㉡

02 220 cm

❶ (밑면의 둘레)＝40 cm
(원기둥의 높이)＝30 cm
❷ (원기둥의 전개도의 둘레)＝40×4＋30×2＝160＋60
＝220 (cm)

03 5바퀴

❶ (롤러의 밑면의 둘레)＝8×2×3.1＝49.6 (cm)
❷ (롤러의 옆면의 넓이)＝49.6×25＝1240 (cm²)
❸ 한 바퀴 굴렸을 때 칠해진 부분의 넓이가 1240 cm²이므로
롤러를 적어도 6200÷1240＝5(바퀴) 굴렸습니다.

04 530.66 cm²

❶ 구를 옆에서 본 모양을 그리면 다음과 같은 원 모양입니다.

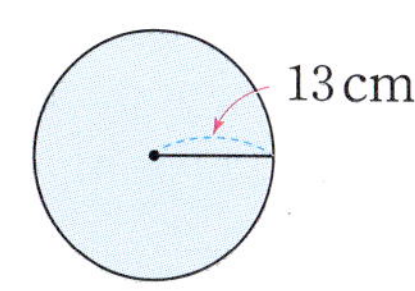

❷ (원의 넓이)＝13×13×3.14＝530.66 (cm²)

05 127.8 cm²

❶ (사용한 포장지의 가로)
　＝(통조림의 밑면의 둘레)＋(통조림의 밑면의 지름)×4
　＝3×2×3.1＋3×2×4＝42.6 (cm)
❷ (사용한 포장지의 세로)＝3 cm
❸ (사용한 포장지의 넓이)＝42.6×3＝127.8 (cm²)

06 18 cm

❶ (정육면체의 겉넓이)＝12×12×6＝864 (cm²)
　⇨ (원기둥의 모든 면의 넓이의 합)＝864 cm²
❷ (원기둥의 밑면의 넓이)＝6×6×3＝108 (cm²)
❸ (원기둥의 옆면의 넓이)＝(원기둥의 모든 면의 넓이의 합)－(원기둥의 밑면의 넓이)×2
　　　　　　　＝864－108×2＝648 (cm²)
❹ (원기둥의 밑면의 둘레)＝6×2×3＝36 (cm)
　(원기둥의 높이)＝648÷36＝18 (cm)

07 56 cm

❶ 돌리기 전의 평면도형은 다음과 같습니다.

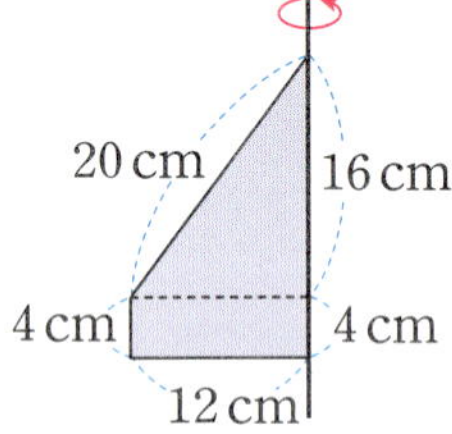

❷ (평면도형의 둘레)＝20＋4＋12＋4＋16
　　　　　＝56 (cm)

08 40.56 cm²

❶ 입체도형을 앞에서 본 모양을 그리면 다음과 같습니다.

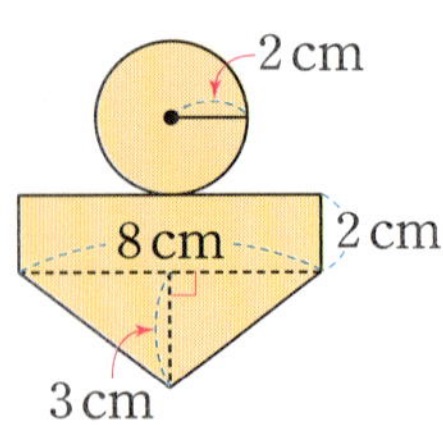

❷ (앞에서 본 모양의 넓이)
　＝(원의 넓이)＋(사각형의 넓이)＋(삼각형의 넓이)
　＝2×2×3.14＋8×2＋8×3÷2
　＝12.56＋16＋12＝40.56 (cm²)

정답 및 풀이

1 분수의 나눗셈

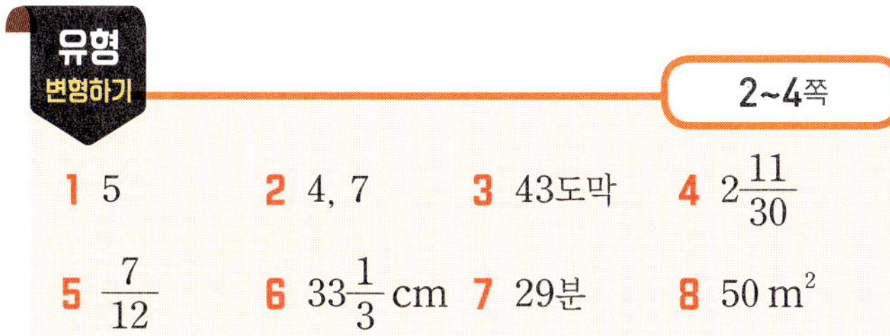

1 5	**2** 4, 7	**3** 43도막	**4** $2\dfrac{11}{30}$
5 $\dfrac{7}{12}$	**6** $33\dfrac{1}{3}$ cm	**7** 29분	**8** 50 m²

1 ❶ $2\dfrac{\square}{8}$가 기약분수이므로 □ 안에 들어갈 수 있는 수는 1, 3, 5, 7입니다.

❷ $2\dfrac{\square}{8} \div \dfrac{3}{16} = \dfrac{2 \times 8 + \square}{8} \div \dfrac{3}{16}$

$= \dfrac{2 \times (16 + \square)}{16} \div \dfrac{3}{16}$

$= 2 \times (16 + \square) \div 3$

$= \dfrac{2 \times (16 + \square)}{3}$에서 $\dfrac{2 \times (16 + \square)}{3}$는

자연수이므로 $(16 + \square)$는 3의 배수입니다.

❸ □ 안에 들어갈 수 있는 수는 5입니다.

2 ❶ $4\dfrac{1}{12} \div 1\dfrac{3}{4} = \dfrac{49}{12} \div \dfrac{7}{4} = \dfrac{49}{12} \times \dfrac{4}{7} = \dfrac{7}{3} = 2\dfrac{1}{3}$

❷ $2\dfrac{11}{12} \div \dfrac{5}{21} = \dfrac{35}{12} \div \dfrac{5}{21} = \dfrac{35}{12} \times \dfrac{21}{5} = \dfrac{49}{4} = 12\dfrac{1}{4}$

❸ $\dfrac{7}{8} \div \dfrac{\square}{32} = \dfrac{7}{8} \times \dfrac{32}{\square} = \dfrac{28}{\square}$이고 $2\dfrac{1}{3} < \dfrac{28}{\square} < 12\dfrac{1}{4}$

에서 □는 28의 약수이므로

□ 안에 들어갈 수 있는 수는 4, 7입니다.

3 ❶ (길이가 $8\dfrac{1}{3}$ m인 끈의 도막 수)

$= 8\dfrac{1}{3} \div \dfrac{5}{9} = \dfrac{25}{3} \div \dfrac{5}{9} = \dfrac{75}{9} \div \dfrac{5}{9} = 75 \div 5$

$= \dfrac{75}{5} = 15$(도막)

❷ (길이가 $10\dfrac{1}{2}$ m인 끈의 도막 수)

$= 10\dfrac{1}{2} \div \dfrac{3}{8} = \dfrac{21}{2} \div \dfrac{3}{8} = \dfrac{84}{8} \div \dfrac{3}{8} = 84 \div 3$

$= \dfrac{84}{3} = 28$(도막)

❸ (전체 도막 수) $= 15 + 28 = 43$(도막)

4 ❶ 가 $= \dfrac{5}{6}$, 나 $= ㉠$이므로 $\dfrac{5}{6} \times \left(㉠ - \dfrac{5}{6}\right) = 1\dfrac{5}{18}$입니다.

❷ $㉠ - \dfrac{5}{6} = 1\dfrac{5}{18} \div \dfrac{5}{6} = \dfrac{23}{18} \div \dfrac{5}{6} = \dfrac{23}{18} \times \dfrac{15}{18} = 1\dfrac{8}{15}$이므로

$㉠ = 1\dfrac{8}{15} + \dfrac{5}{6} = 1\dfrac{16}{30} + \dfrac{25}{30} = 1\dfrac{41}{30} = 2\dfrac{11}{30}$입니다.

5 ❶ 계산 결과가 가장 작으려면 나누어지는 수는 작고 나누는 수는 커야 하므로 만들 수 있는 나눗셈은 나누어지는 수가 가장 작은 $\dfrac{3}{9} \div \dfrac{4}{7}$와 나누는 수가 가장 큰 $\dfrac{3}{4} \div \dfrac{7}{9}$ 입니다.

❷ $\dfrac{3}{9} \div \dfrac{4}{7} = \dfrac{3}{9} \times \dfrac{7}{4} = \dfrac{21}{36} = \dfrac{7}{12}$,

$\dfrac{3}{4} \div \dfrac{7}{9} = \dfrac{3}{4} \times \dfrac{9}{7} = \dfrac{27}{28}$

❸ $\dfrac{7}{12}\left(=\dfrac{49}{84}\right) < \dfrac{27}{28}\left(=\dfrac{81}{84}\right)$이므로 나눗셈의 몫이

가장 작을 때의 몫은 $\dfrac{7}{12}$입니다.

6 ❶ 처음 공을 떨어뜨린 높이를 □ cm라 하면

$\square \times \dfrac{3}{5} \times \dfrac{3}{5} = 27$입니다.

❷ $\square \times \dfrac{3}{5} \times \dfrac{3}{5} = 27$, $\square \times \dfrac{9}{25} = 27$, $\square = 27 \div \dfrac{9}{25}$,

$\square = 27 \times \dfrac{25}{9} = 75$

❸ 처음 공을 떨어뜨린 높이가 75 cm이므로 ④ 공이 두 번째로 튀어 오른 높이는

$75 \times \dfrac{2}{3} \times \dfrac{2}{3} = 50 \times \dfrac{2}{3} = \dfrac{100}{3} = 33\dfrac{1}{3}$ (cm)입니다.

7 ❶ (4분 동안 탄 양초의 길이) $= 55 - 48\dfrac{1}{3} = 6\dfrac{2}{3}$ (cm)

❷ (1분 동안 타는 양초의 길이)

$= 6\dfrac{2}{3} \div 4 = \dfrac{20}{3} \div 4 = \dfrac{20 \div 4}{3} = \dfrac{5}{3} = 1\dfrac{2}{3}$ (cm)

❸ (남은 양초가 모두 타는 데 더 걸리는 시간)

$= 48\dfrac{1}{3} \div 1\dfrac{2}{3} = \dfrac{145}{3} \div \dfrac{5}{3} = 145 \div 5 = \dfrac{145}{5} = 29$(분)

8 ❶ (페인트를 칠한 벽의 넓이)

$= 1\dfrac{5}{16} \times 6\dfrac{2}{3} = \dfrac{21}{16} \times \dfrac{20}{3} = \dfrac{35}{4} = 8\dfrac{3}{4}$ (m²)

❷ (페인트 1 L로 칠할 수 있는 벽의 넓이)

$= 8\dfrac{3}{4} \div 1\dfrac{1}{20} = \dfrac{35}{4} \times \dfrac{20}{21} = \dfrac{25}{3} = 8\dfrac{1}{3}$ (m²)

❸ (페인트 6 L로 칠할 수 있는 벽의 넓이)

$= 8\dfrac{1}{3} \times 6 = \dfrac{25}{3} \times 6 = 50$ (m²)

1 $1\frac{7}{12}$	**2** 4개	**3** 13	**4** 17도막
5 $6\frac{1}{2}$ m	**6** $3\frac{1}{2}$	**7** 정육각형	**8** $1\frac{1}{4}$ L
9 2개	**10** 2시간 30분		**11** $\frac{17}{36}$ m²
12 $14\frac{5}{8}$			

1 ❶ 가$=\frac{3}{4}$, 나$=\frac{9}{10}$이므로 $\frac{3}{4}+\frac{3}{4}\div\frac{9}{10}$입니다.

❷ $\frac{3}{4}+\frac{3}{4}\div\frac{9}{10}=\frac{3}{4}+\frac{3}{4}\times\frac{10}{9}$

$=\frac{3}{4}+\frac{5}{6}=\frac{9}{12}+\frac{10}{12}=\frac{19}{12}=1\frac{7}{12}$

2 ❶ $3\frac{3}{4}\div\frac{\square}{8}=\frac{15}{4}\div\frac{\square}{8}=\frac{30}{8}\div\frac{\square}{8}=30\div\square=\frac{30}{\square}$

에서 $\frac{30}{\square}$은 자연수이므로 $\square$는 30의 약수입니다.

❷ 30의 약수는 1, 2, 3, 5, 6, 10, 15, 30이고 $\frac{\square}{8}$는 기약

분수이므로 $\square$ 안에 들어갈 수 있는 수는 1, 3, 5, 15로

모두 4개입니다.

3 ❶ $63\div\frac{9}{\square}=63\times\frac{\square}{9}=7\times\square$

❷ $112\div1\frac{1}{3}=112\div\frac{4}{3}=112\times\frac{3}{4}=84$

❸ $7\times\square>84$이고 $7\times12=84$이므로 $\square$ 안에 들어갈

수 있는 수 중에서 가장 작은 수는 13입니다.

4 ❶ (이어 붙인 색 테이프의 전체 길이)

$=11\frac{3}{8}+14\frac{5}{6}=11\frac{9}{24}+14\frac{20}{24}=25\frac{29}{24}$

$=26\frac{5}{24}$ (m)

❷ (도막 수)$=26\frac{5}{24}\div1\frac{13}{24}=\frac{629}{24}\div\frac{37}{24}$

$=629\div37=\frac{629}{37}=17$(도막)

5 ❶ 처음 공을 떨어뜨린 높이를 $\square$ m라 하면

$\square\times\frac{3}{5}\times\frac{3}{5}=2\frac{17}{50}$입니다.

❷ $\square\times\frac{3}{5}\times\frac{3}{5}=2\frac{17}{50}$, $\square\times\frac{9}{25}=2\frac{17}{50}$,

$\square=2\frac{17}{50}\div\frac{9}{25}=\frac{117}{50}\times\frac{25}{9}=\frac{13}{2}=6\frac{1}{2}$

6 ❶ 계산 결과가 가장 작으려면 나누어지는 수가 가장 작아

야 하므로 만들 수 있는 나눗셈은 $3\div\frac{6}{7}$입니다.

❷ $3\div\frac{6}{7}=3\times\frac{7}{6}=\frac{7}{2}=3\frac{1}{2}$

7 ❶ (사용한 철사의 길이)$=27\div2=\frac{27}{2}=13\frac{1}{2}$ (m)

❷ (정다각형의 변의 수)$=13\frac{1}{2}\div2\frac{1}{4}=\frac{27}{2}\div\frac{9}{4}$

$=\frac{27}{2}\times\frac{4}{9}=6$(개)

❸ 변이 6개인 정다각형이므로 정육각형입니다.

8 ❶ (1 km를 가는 데 필요한 경유의 양)

$=\frac{3}{8}\div3\frac{3}{5}=\frac{3}{8}\div\frac{18}{5}=\frac{3}{8}\times\frac{5}{18}=\frac{5}{48}$ (L)

❷ (12 km를 가는 데 필요한 경유의 양)

$=\frac{5}{48}\times12=\frac{5}{4}=1\frac{1}{4}$ (L)

9 ❶ $5\frac{5}{6}\div1\frac{2}{3}=\frac{35}{6}\div\frac{5}{3}=\frac{35}{6}\times\frac{3}{5}=\frac{7}{2}=3\frac{1}{2}$

❷ $20\frac{1}{8}\div2\frac{3}{10}=\frac{161}{8}\div\frac{23}{10}=\frac{161}{8}\times\frac{10}{23}$

$=\frac{35}{4}=8\frac{3}{4}$

❸ $\square\div\frac{2}{5}=\square\times\frac{5}{2}=\frac{\square\times5}{2}$이고

$3\frac{1}{2}<\frac{\square\times5}{2}<8\frac{3}{4}$, $\frac{14}{4}<\frac{\square\times10}{4}<\frac{35}{4}$,

$14<\square\times10<35$이므로

$\square$ 안에 들어갈 수 있는 자연수는 2, 3으로 모두 2개입

니다.

10 ❶ (1분 동안 타는 양초의 길이)

$=4\frac{1}{5}\div15=\frac{21}{5}\div15=\frac{21}{5}\times\frac{1}{15}=\frac{7}{25}$ (cm)

❷ (양초가 모두 타는 데 걸리는 시간)

$=42\div\frac{7}{25}=42\times\frac{25}{7}=150$(분) $\Rightarrow$ 2시간 30분

11 ❶ (페인트를 칠한 벽의 넓이)

$$=2\frac{5}{6}\times1\frac{7}{9}\div2=\frac{17}{6}\times\frac{16}{9}\times\frac{1}{2}=\frac{68}{27}$$

$$=2\frac{14}{27}\ (\text{m}^2)$$

❷ (페인트 1 L로 칠할 수 있는 벽의 넓이)

$$=2\frac{14}{27}\div5\frac{1}{3}=\frac{68}{27}\div\frac{16}{3}=\frac{68}{27}\times\frac{3}{16}=\frac{17}{36}\ (\text{m}^2)$$

12 ❶ 구하려는 분수를 $\dfrac{\triangle}{\square}$ 라 하면

$$\frac{\triangle}{\square}\div\frac{9}{16}=\frac{\triangle}{\square}\times\frac{16}{9},\ \frac{\triangle}{\square}\div\frac{13}{24}=\frac{\triangle}{\square}\times\frac{24}{13}\ \text{입니다.}$$

❷ 계산 결과가 모두 자연수가 되려면 □는 16과 24의 공약수이고, △는 9와 13의 공배수여야 합니다.

❸ $\dfrac{\triangle}{\square}$ 가 가장 작은 수가 되려면 □는 16과 24의 최대공약수인 8, △는 9와 13의 최소공배수인 117입니다.

$$\Rightarrow\frac{117}{8}=14\frac{5}{8}$$

2 소수의 나눗셈

유형 변형하기

9~10쪽

1 28 cm **2** 29 **3** 4.05 **4** 67개
5 우유 **6** 10, 4 **7** 0.9분 **8** 8

1

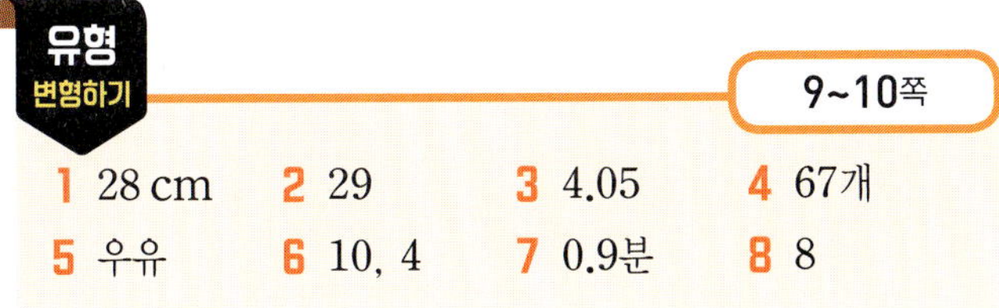

❶ 변 ㄱㄴ을 밑변이라 하면 선분 ㄷㅂ이 높이이므로
  (변 ㄱㄴ)=37.95÷4.6=8.25 (cm)입니다.
❷ 변 ㄴㄷ을 밑변이라 하면 선분 ㄹㅁ이 높이이므로
  (변 ㄴㄷ)=37.95÷6.6=5.75 (cm)입니다.
❸ (평행사변형 ㄱㄴㄷㄹ의 둘레)
   =(8.25+5.75)×2=28 (cm)

2

$$6.\,㉡\,5\,)\,\overline{5\,㉢\,㉣\,0}\quad\begin{array}{c}㉠.4\end{array}$$

(세로셈)
  ㉤㉥ 0 0
  2 5 ㉦㉧
  ㉨㉩㉪㉫
      0

❶ ㉦=㉧=0
❷ 2500−㉨㉩㉪㉫=0
  ⇨ ㉨=2, ㉩=5, ㉪=0, ㉫=0
❸ 6㉡5×4=2500, 6㉡5=2500÷4=625
  ⇨ ㉡=2
❹ 6㉡5×㉠=㉤㉥00에서 625×8=5000입니다.
  ⇨ ㉠=8, ㉤=5, ㉥=0
❺ 5㉢㉣−500=25 ⇨ 5㉢㉣=25+500=525
  ⇨ ㉢=2, ㉣=5
❻ ㉠+㉡+㉢+㉣+㉤+㉥+㉦+㉧+㉨+㉩+㉪+㉫
  =8+2+2+5+5+0+0+0+2+5+0+0=29

3 ❶ 어떤 수를 □라 하면 □×8.7=39.15입니다.
❷ □×8.7=39.15, □=39.15÷8.7=4.5
❸ 바르게 계산한 값은 4.5×7.8=35.1입니다.
❹ 39.15−35.1=4.05

4 ❶ (깃발 사이의 간격 수)=(기찻길의 길이)÷(깃발 사이의 간격)이므로 기찻길 양쪽의 깃발 사이의 간격 수는 각각
  421.6÷12.4=34(군데), 421.6÷13.6=31(군데)이므로 기찻길 양쪽의 깃발의 수는 각각
  34+1=35(개), 31+1=32(개)입니다.
❷ (기찻길에 꽂은 전체 깃발의 수)=35+32=67(개)

5 ❶ (전체 우유의 양)=0.4×43+0.1=17.3 (L)
❷ 17.3÷1.5=11…0.8이므로 우유를 큰 병에 1.5 L씩 나누어 담으면 11개에 나누어 담을 수 있고, 남는 우유는 0.8 L입니다.
❸ 21.8÷1.7=12…1.4이므로 물을 큰 병에 1.7 L씩 나누어 담으면 12개에 나누어 담을 수 있고, 남는 물은 1.4 L입니다.
❹ 0.8<1.4이므로 큰 병에 담고 남는 양은 우유가 더 적습니다.

6 ❶ 6.21÷3.7=1.6783783…이므로 몫의 소수 첫째 자리 숫자는 6이고, 소수 둘째 자리부터 숫자 7, 8, 3이 반복됩니다.
❷ (29−1)÷3=9…1이므로 몫의 소수 29째 자리 숫자는 반복되는 숫자 중 첫째인 7이고, (34−1)÷3=11이므로 소수 34째 자리 숫자는 반복되는 숫자 중 셋째인 3입니다.
❸ 합: 7+3=10, 차: 7−3=4

7 ❶ 115 m=0.115 km이므로 기차가 터널을 완전히 통과하기 위해 가야 할 거리는
2.845+0.115=2.96 (km)입니다.
❷ (1분 동안 기차가 가는 거리)
=402÷120=3.35 (km)
❸ (기차가 터널을 완전히 통과하는 데 걸리는 시간)
=2.96÷3.35=0.88… ⇨ 0.9분

8 ❶ 반올림하여 소수 첫째 자리까지 나타내면 5.5가 되는 수의 범위는 5.45 이상 5.55 미만입니다.
❷ 43.□2÷7.9=5.45, 43.□2÷7.9=5.55에서
43.□2는 5.45×7.9=43.055 이상
5.55×7.9=43.845 미만인 수입니다.
❸ □ 안에 들어갈 수 있는 수는 1, 2, 3, 4, 5, 6, 7, 8이므로 가장 큰 수는 8입니다.

실전 적용하기

11~14쪽

1 4.36	**2** 3	**3** 14.48 cm
4 (위부터) 2, 3, 1, 7, 2, 1, 7, 2		
5 56도막, 1.9 m	**6** 1.2 m	**7** 7.35
8 118개	**9** 8.4 kg	**10** 185	**11** 42초
12 4		

1 ❶ 9.5×㉠=41.42, ㉠=41.42÷9.5
❷ ㉠=41.42÷9.5=4.36

2 ❶ 2.4÷1.76=1.3636…이므로 몫의 소수 첫째 자리부터 숫자 3, 6이 반복됩니다.
❷ 몫의 소수 51째 자리 숫자는 홀수째 자리 숫자인 3입니다.

3 ❶ 다른 대각선의 길이를 □ cm라 하면
(마름모의 넓이)=□×5÷2=36.2 (cm²)입니다.
❷ □=36.2×2÷5=72.4÷5=14.48

4

$$\begin{array}{r} ㉠.4 \\ 4.㉡\overline{)\,1\,0.3\,2} \\ 8\;6 \\ \hline ㉢\;㉣\;㉤ \\ ㉥\;㉦\;㉧ \\ \hline 0 \end{array}$$

❶ 1032−860=㉢㉣㉤, ㉢㉣㉤=172
⇨ ㉢=1, ㉣=7, ㉤=2
❷ 172−㉥㉦㉧=0 ⇨ ㉥=1, ㉦=7, ㉧=2
❸ 4㉡×4=172, 4㉡=172÷4=43 ⇨ ㉡=3
❹ 43×㉠=86, ㉠=86÷43=2 ⇨ ㉠=2

5 ❶ 393.9÷7=56…1.9
❷ 7 m짜리 끈은 56도막이 되고, 남는 끈은 1.9 m입니다.

6 ❶ (삼각형 ㄱㄴㄷ의 넓이)=2×0.96÷2=0.96 (m²)
❷ 1.6×(선분 ㄱㄴ)÷2=0.96,
1.6×(선분 ㄱㄴ)=1.92,
(선분 ㄱㄴ)=1.92÷1.6=1.2 (m)

7 ❶ 어떤 수를 □라 하면 □÷8.4=4.2입니다.
❷ □÷8.4=4.2, □=4.2×8.4=35.28
❸ 바르게 계산한 값은 35.28÷4.8=7.35입니다.

8 ❶ (가로등 사이의 간격 수)=957÷16.5=58(군데)
❷ (도로 한쪽에 세운 가로등의 수)=58+1=59(개)
❸ (도로 양쪽에 세운 가로등의 수)=59×2=118(개)

9 ❶ 121.6÷13=9…4.6
❷ 고구마 121.6 kg을 한 명에게 13 kg씩 나누어 주면 9명에게 나누어 줄 수 있고, 남는 고구마는 4.6 kg입니다.
❸ 남김없이 모두 나누어 주려면 고구마는 적어도
13−4.6=8.4 (kg) 더 필요합니다.

10 ❶ 9.7÷3.6=2.6944…
❷ 소수 셋째 자리부터 숫자 4가 반복되므로 몫을 소수 44째 자리까지 구하면 4는 44−2=42(번) 나옵니다.
❸ 2+6+9+4×42=185

11 ❶ 75 m=0.075 km이므로 기차가 터널을 완전히 통과하기 위해 가야 할 거리는
2.375+0.075=2.45 (km)입니다.
❷ (1분 동안 기차가 가는 거리)=210÷60=3.5 (km)
❸ (기차가 터널을 완전히 통과하는 데 걸리는 시간)
=2.45÷3.5=0.7(분) ⇨ 42초

12 ❶ 반올림하여 일의 자리까지 나타내면 8이 되는 수의 범위는 7.5 이상 8.5 미만입니다.
❷ □.12÷0.5=7.5, □.12÷0.5=8.5에서
□.12는 7.5×0.5=3.75 이상 8.5×0.5=4.25 미만인 수입니다.
❸ □ 안에 들어갈 수 있는 수는 4입니다.

유형 변형하기

15~17쪽

1 5개   **2** 20개
3 2가지
4 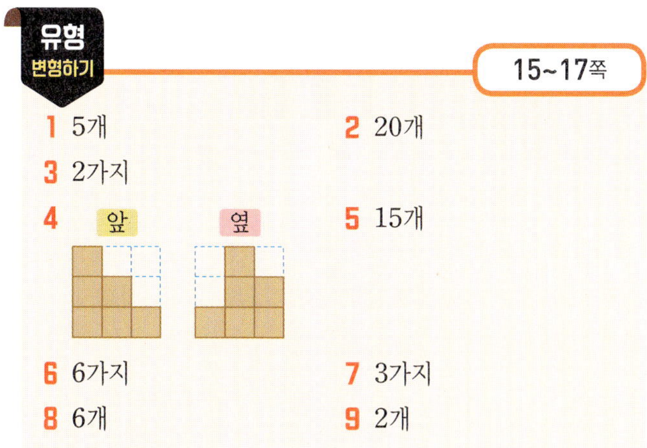
5 15개
6 6가지   **7** 3가지
8 6개   **9** 2개

1 ❶ (3층에 쌓인 쌓기나무의 개수)
　　＝(3 이상인 수가 쓰여있는 칸 수)＝3개
❷ (4층에 쌓인 쌓기나무의 개수)
　＝(4 이상인 수가 쓰여있는 칸 수)＝2개
❸ (3층 이상에 쌓인 쌓기나무의 개수)
　＝(3층에 쌓인 쌓기나무의 개수)
　　＋(4층에 쌓인 쌓기나무의 개수)
　＝3＋2＝5(개)

2 ❶ (정육면체 모양의 쌓기나무의 개수)
　＝3×3×3＝27(개)
❷ 위에서 본 모양에 수를 쓰면 다음과 같습니다.
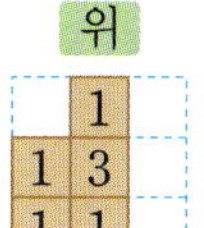
　⇨ (남은 쌓기나무의 개수)
　　　＝1＋1＋3＋1＋1＝7(개)
❸ (빼낸 쌓기나무의 개수)＝27－7＝20(개)

3 ❶ 주어진 모양에 쌓기나무 1개를 더 붙여서 만들 수 있는
서로 다른 모양:
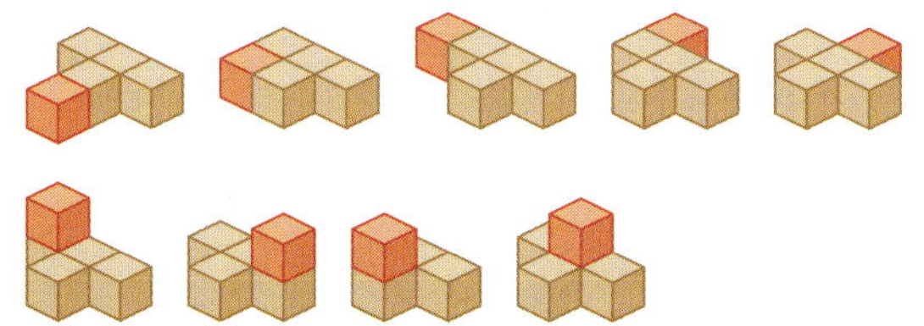
❷ ❶에서 만든 모양 중 구멍이 있는 상자에 넣을 수 있는
서로 다른 모양:　⇨ 2가지

4 ❶ 3층: 2개, 2층: 3개, 1층: 11－2－3＝6(개)이므로
뒤쪽에 보이지 않는 쌓기나무는 없습니다.

2 ❷ 〈빼내기 전〉　　〈빼낸 후〉

❸ ❷를 보고 빨간색 쌓기나무 3개를 빼낸 후의 앞과 옆에
서 본 모양을 그립니다.

5 ❶ 가장 작은 정육면체 모양을 만들려면 한 모서리에 쌓기
나무를 3개씩 놓아야 합니다.
(가장 작은 정육면체 모양의 쌓기나무의 개수)
　＝3×3×3＝27(개)
❷ (주어진 모양의 쌓기나무의 개수)＝5＋4＋3＝12(개)
❸ (더 필요한 쌓기나무의 개수)＝27－12＝15(개)

6 ❶ 1층에 쌓은 쌓기나무의 개수: 4개
❷ 2층 이상에 쌓은 쌓기나무의 개수는 2개이고 모두 2층
에 쌓거나 2층에 1개, 3층에 1개를 쌓아야 합니다.
❸ • 모두 2층에 쌓은 모양:

• 2층에 1개, 3층에 1개를 쌓은 모양:
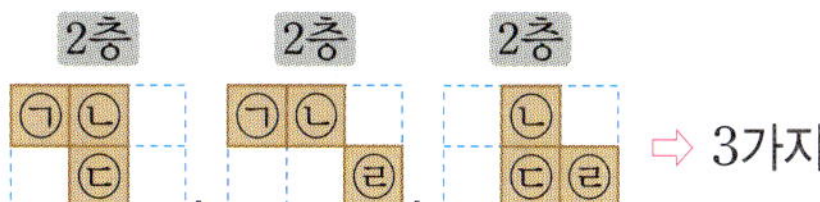
⇨ 만들 수 있는 서로 다른 모양은 모두 6가지입니다.

7 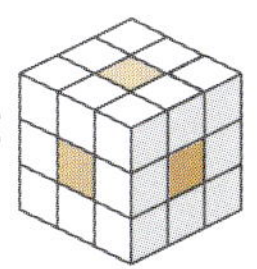
❶ 2층 모양은 3층 모양을 반드시 포함해야
하므로 ㉡에는 반드시 색칠합니다.
❷ 2층 모양은 1층 모양에 포함되므로 ㉠, ㉢,
㉣ 중 두 칸을 더 색칠합니다.
❸ 2층 모양이 될 수 있는 경우:
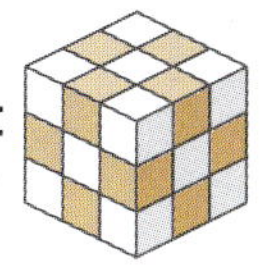
⇨ 3가지

8 ❶ 한 면에 페인트가 칠해진 쌓기나무:

두 면에 페인트가 칠해진 쌓기나무:

❷ (한 면에 페인트가 칠해진 쌓기나무의 개수)
　＝(면의 가운데 있는 쌓기나무의 개수)＝6개
❸ (두 면에 페인트가 칠해진 쌓기나무의 개수)
　＝(모서리의 가운데 있는 쌓기나무의 개수)＝12개
❹ (두 쌓기나무의 개수의 차)＝12－6＝6(개)

9 ➊ 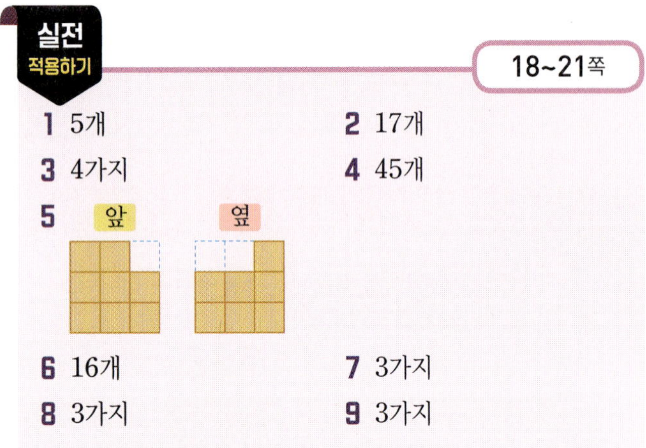

➋ 쌓은 쌓기나무의 개수가 가장 많을 때:
⑦=2, ⑥=2, ⑥=2
⇨ 1+1+2+3+2+2=11(개)

➌ 쌓은 쌓기나무의 개수가 가장 적을 때:
⑦=1, ⑥=2, ⑥=1
⇨ 1+1+1+3+2+1=9(개)

➍ (쌓은 쌓기나무의 개수의 차)=11-9=2(개)

18~21쪽

1 5개	**2** 17개
3 4가지	**4** 45개

5 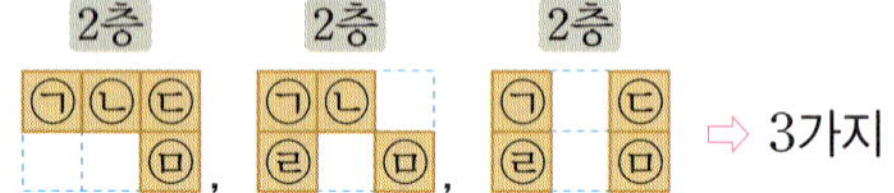

6 16개	**7** 3가지
8 3가지	**9** 3가지

1 ➊ 3층에 쌓인 쌓기나무의 개수는 3 이상인 수가 쓰여있는 칸 수와 같습니다.

➋ (3층에 쌓인 쌓기나무의 개수)
=(3 이상인 수가 쓰여있는 칸 수)=5개

2 ➊ 가장 작은 정육면체 모양을 만들려면 한 모서리에 쌓기나무를 3개씩 놓아야 합니다.
(가장 작은 정육면체 모양의 쌓기나무의 개수)
=3×3×3=27(개)

➋ (주어진 모양의 쌓기나무의 개수)=6+4=10(개)

➌ (더 필요한 쌓기나무의 개수)=27-10=17(개)

3 ➊

➋ 만들 수 있는 서로 다른 모양은 모두 4가지입니다.

4 ➊ (정육면체 모양의 쌓기나무의 개수)
=4×4×4=64(개)

➋ (오른쪽 모양의 쌓기나무의 개수)
=10+6+2+1=19(개)

➌ (빼낸 쌓기나무의 개수)=64-19=45(개)

---

5 ➊ 3층: 1개, 2층: 2개, 1층: 9-2-1=6(개)이므로 뒤쪽에 보이지 않는 쌓기나무는 없습니다.

➋ ⟨더 쌓기 전⟩　　　　⟨더 쌓은 후⟩

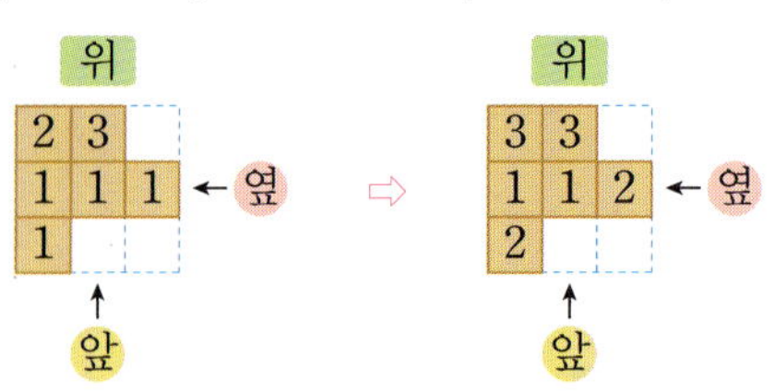

➌ ➋를 보고 빨간색 쌓기나무 3개 위에 쌓기나무를 1개씩 더 쌓은 후의 앞과 옆에서 본 모양을 그립니다.

6 ➊ 한 면에 페인트가 칠해진 쌓기나무:

➋ (한 면에 페인트가 칠해진 쌓기나무의 개수)
=(면의 가운데 있는 쌓기나무의 개수)
=4×2+2×4=16(개)

7 ➊ 2층 모양은 3층 모양을 반드시 포함해야 하므로 ⑦, ⑩에는 반드시 색칠합니다.

➋ 2층 모양은 1층 모양에 포함되므로 ⑥, ⑥, ⑧ 중 두 칸을 더 색칠합니다.

➌ 2층 모양이 될 수 있는 경우:

⇨ 3가지

8 ➊ 1층에 쌓은 쌓기나무의 개수: 3개

➋ 2층 이상에 쌓은 쌓기나무의 개수는 3개이고 각 층에 쌓은 쌓기나무의 개수가 서로 다르므로 2층에 2개, 3층에 1개를 쌓아야 합니다.

➌ 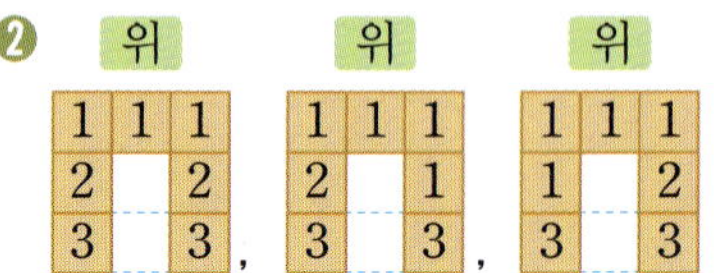　⇨ 3가지

9 ➊ 위에서 본 모양에 확실한 자리부터 수를 채워보면 오른쪽과 같습니다.

➋

➌ 만들 수 있는 모양은 모두 3가지입니다.

유형 변형하기 22~23쪽

1 5개 **2** 12 cm
3 36개 **4** 1600원
5 예 40 : 27 **6** 10개
7 1200만 원 **8** 오후 1시 6분

1 ❶ $\frac{2}{5}$: 0.72를 간단한 자연수의 비로 나타내면

$$\frac{2}{5} : 0.72 = 0.4 : 0.72 = 40 : 72 = 5 : 9$$

❷ $5 : 9 = 10 : 18 = 15 : 27 = 20 : 36 = 25 : 45$
$= 30 : 54 = \cdots$

❸ ❷에서 후항이 50보다 작은 비는 5 : 9, 10 : 18,
15 : 27, 20 : 36, 25 : 45로 모두 5개

2 ❶ 두 삼각형 ㉠과 ㉡의 높이가 서로 같고 밑변의 길이의
비가 6 : 5이므로 넓이의 비도 6 : 5

❷ (삼각형 ㉠의 넓이) $= 121 \times \frac{6}{6+5} = 121 \times \frac{6}{11}$
$= 66 \, (\text{cm}^2)$

❸ 삼각형 ㉠의 높이를 $\square$ cm라 하면 $11 \times \square \div 2 = 66$,
$11 \times \square = 132$, $\square = 12$
➡ 두 삼각형의 높이는 12 cm입니다.

3 ❶ ㉮와 ㉯의 회전수의 비는
(㉮의 회전수) : (㉯의 회전수)
$= 16 : 20 = (16 \div 4) : (20 \div 4) = 4 : 5$이므로
㉮와 ㉯의 톱니 수의 비는 5 : 4

❷ 톱니바퀴 ㉯의 톱니를 $\square$개라 하고 비례식을 세우면
$5 : 4 = 45 : \square$

❸ $5 \times \square = 4 \times 45$, $5 \times \square = 180$, $\square = 36$
➡ 톱니바퀴 ㉯의 톱니는 36개입니다.

4 ❶ (콜라 수) $= 30 \times \frac{3}{3+2} = 30 \times \frac{3}{5} = 18$(캔)

(사이다 수) $= 30 \times \frac{2}{3+2} = 30 \times \frac{2}{5} = 12$(캔)

❷ (콜라 한 캔 값) $= (8 \times \square)$원,
(사이다 한 캔 값) $= (7 \times \square)$원이라 하면

❸ (콜라 한 캔 값)×(콜라 수)+(사이다 한 캔 값)×(사이
다 수)=45600이므로
$(8 \times \square) \times 18 + (7 \times \square) \times 12 = 45600$,
$144 \times \square + 84 \times \square = 45600$,
$228 \times \square = 45600$, $\square = 200$

❹ (콜라 한 캔 값) $= 8 \times \square = 8 \times 200 = 1600$(원)

5 ❶ 30 %를 분수로 나타내면 $\frac{30}{100} = \frac{3}{10}$

겹쳐진 부분의 넓이를 이용하여 곱셈식을 만들면
(원 ㉮의 넓이) $\times \frac{3}{10} =$ (사각형 ㉯의 넓이) $\times \frac{4}{9}$

❷ 곱셈식을 비례식으로 나타내면
(원 ㉮의 넓이) : (사각형 ㉯의 넓이) $= \frac{4}{9} : \frac{3}{10}$

❸ 간단한 자연수의 비로 나타내면
(원 ㉮의 넓이) : (사각형 ㉯의 넓이) $= \frac{4}{9} : \frac{3}{10} = 40 : 27$

6 ❶ 초록색 구슬을 더 넣은 후

(노란색 구슬의 수) $= 48 \times \frac{1}{1+2} = 48 \times \frac{1}{3} = 16$(개)

(초록색 구슬의 수) $= 48 \times \frac{2}{1+2} = 48 \times \frac{2}{3} = 32$(개)

❷ 노란색 구슬 수는 변하지 않았으므로
처음에 있었던 노란색 구슬은 16개이고
처음에 있었던 초록색 구슬 수를 $\square$개라 하고 비례식을
세우면 $8 : 11 = 16 : \square$,
$8 \times \square = 11 \times 16$, $8 \times \square = 176$, $\square = 22$
➡ 처음에 있었던 초록색 구슬: 22개

❸ (더 넣은 초록색 구슬 수) $= 32 - 22 = 10$(개)

7 ❶ 두 회사가 투자한 금액을 간단한 자연수의 비로 나타내
면 (A 회사) : (B 회사) = 6000만 : 2000만 = 3 : 1

❷ 전체 이익금을 $\square$만 원이라 하면

$$\square \times \frac{3}{3+1} = 900,$$

$$\square = 900 \div \frac{3}{3+1} = 900 \div \frac{3}{4} = 900 \times \frac{4}{3} = 1200$$

➡ 두 회사가 얻은 전체 이익금: 1200만 원

8 ❶ 오늘 오전 10시부터 다음 날 오후 1시까지는 27시간
❷ 27시간 동안 빨라진 시간을 $\square$분이라 하고 비례식을 세
우면 $72 : 16 = 27 : \square$
❸ $72 \times \square = 16 \times 27$, $72 \times \square = 432$, $\square = 6$
❹ 다음 날 오후 1시에 이 시계가 가리키는 시각:
오후 1시 + 6분 = 오후 1시 6분

1 15 : 10		**2** 21바퀴	
3 130 cm^2		**4** 6장	
5 21만 원		**6** 27 cm	
7 91 cm^2		**8** 오후 6시 34분 30초	
9 60 cm^2		**10** 75만 원	

1 ❶ 24 : 16을 간단한 자연수의 비로 나타내면
　24 : 16=(24÷8) : (16÷8)=3 : 2
❷ 3 : 2=6 : 4=9 : 6=12 : 8=15 : 10=18 : 12=…
❸ ❷에서 전항과 후항의 합이 25인 비는 15 : 10

2 ❶ (㉮의 톱니 수) : (㉯의 톱니 수)
　=14 : 30=(14÷2) : (30÷2)=7 : 15이므로
　㉮와 ㉯의 회전수의 비는 15 : 7
❷ 톱니바퀴 ㉮가 45바퀴 도는 동안 톱니바퀴 ㉯가
　□바퀴 돈다고 하고 비례식을 세우면 15 : 7=45 : □
❸ 15×□=7×45, 15×□=315, □=21
　⇨ 톱니바퀴 ㉮가 45바퀴 도는 동안 톱니바퀴 ㉯는
　　21바퀴 돌게 됩니다.

3 ❶ 두 평행사변형 ㉠과 ㉡의 높이가 서로 같고 밑변의 길
　이의 비가 17 : 13이므로 넓이의 비도 17 : 13
❷ (평행사변형 ㉡의 넓이)
$$=300\times\frac{13}{17+13}=300\times\frac{13}{30}=130\ (\text{cm}^2)$$

4 ❶ (전체 도화지 수)
　=18+12=30(장)
❷ (준우가 시은이에게 주고 남은 도화지 수)
$$=30\times\frac{2}{2+3}=30\times\frac{2}{5}=12(장)$$
❸ (준우가 시은이에게 준 도화지 수)=18−12=6(장)

5 ❶ 두 사람이 투자한 금액을 간단한 자연수의 비로 나타내면
　(연우) : (세아)=63만 : 49만=9 : 7
❷ (세아가 가지게 되는 이익금)
$$=48\times\frac{7}{9+7}=48\times\frac{7}{16}=21(만\ 원)$$

6 ❶ (밑변의 길이) : (높이)=4 : 9이므로
　(밑변의 길이)=(4×□) cm,
　(높이)=(9×□) cm라 할 수 있습니다.

❷ (밑변의 길이)×(높이)÷2=162이므로
　4×□×9×□÷2=162, 4×□×9×□=324,
　36×□×□=324, □×□=9, □=3
❸ (높이)=9×□=9×3=27 (cm)

7 ❶ 삼각형 ㄱㄴㄹ과 삼각형 ㄱㄹㄷ의 높이가 서로 같고
　밑변의 길이의 비가 7 : 6이므로 넓이의 비도 7 : 6
❷ (삼각형 ㄱㄹㄷ의 넓이)
$$=(삼각형\ ㄱㄴㄹ의\ 넓이)\div\frac{7}{7+6}$$
$$=49\div\frac{7}{13}=49\times\frac{13}{7}=91\ (\text{cm}^2)$$

8 ❶ 오후 3시부터 같은 날 오후 6시 40분까지는
　3시간 40분=220분
❷ 220분 동안 느려진 시간을 □초라 하고 비례식을 세우면
　10 : 15=220 : □
❸ 10×□=15×220, 10×□=3300, □=330
❹ 330초=5분 30초이므로
　오후 6시 40분에 이 시계가 가리키는 시각:
　오후 6시 40분−5분 30초=오후 6시 34분 30초

9 ❶ 겹쳐진 부분의 넓이를 이용하여 곱셈식을 만들면
$$(삼각형\ ㉮의\ 넓이)\times\frac{3}{8}=(사각형\ ㉯의\ 넓이)\times\frac{2}{5}$$
❷ 곱셈식을 비례식으로 나타내면
$$(삼각형\ ㉮의\ 넓이) : (사각형\ ㉯의\ 넓이)=\frac{2}{5} : \frac{3}{8}$$
❸ 간단한 자연수의 비로 나타내면
　(삼각형 ㉮의 넓이) : (사각형 ㉯의 넓이)
$$=\frac{2}{5} : \frac{3}{8}=16 : 15$$
❹ 사각형 ㉯의 넓이를 □ cm^{2}라 하고 비례식을 세우면
　16 : 15=64 : □,
　16×□=15×64, 16×□=960, □=60
　⇨ 사각형 ㉯의 넓이는 60 cm^{2}입니다.

10 ❶ 두 사람이 투자한 금액을 간단한 자연수의 비로 나타내면
　(재하) : (규림)=25만 : 15만=5 : 3
❷ (재하가 가지게 되는 이익금)
$$=8\times\frac{5}{5+3}=8\times\frac{5}{8}=5(만\ 원)$$
❸ 15÷5=3(배)이므로 이익금이 3배가 되려면 투자금도
　3배로 늘려야 합니다.
　⇨ 재하는 25×3=75(만 원)을 투자해야 합니다.

5 원의 넓이

1 $192\ \mathrm{cm}^2$	**2** $117.8\ \mathrm{cm}$
3 $9\ \mathrm{m}\ 61\ \mathrm{cm}$	**4** $73.68\ \mathrm{cm}$
5 $22.6\ \mathrm{cm}$	**6** $220.5\ \mathrm{cm}^2$
7 $823.04\ \mathrm{cm}^2$	**8** $4\ \mathrm{cm}$

1 ❶ (㉠의 지름)$=45\div3=15\ (\mathrm{cm})$
  (㉢의 지름)$=6.5\times2=13\ (\mathrm{cm})$
❷ 지름으로 원의 크기를 비교하면
  ㉡의 지름$(=16\ \mathrm{cm})>$㉠의 지름$(=15\ \mathrm{cm})$
  $>$㉢의 지름$(=13\ \mathrm{cm})$이므로
  가장 큰 원은 ㉡입니다.
❸ (㉡의 반지름)$=16\div2=8\ (\mathrm{cm})$이므로
  (㉡의 넓이)$=8\times8\times3=192\ (\mathrm{cm}^2)$

2 ❶ 가장 큰 원의 지름은 가장 작은 원의 지름의 4배이므로
  가장 큰 원의 원주는 가장 작은 원의 원주의 4배입니다.
❷ (가장 큰 원의 원주)$=29.45\times4=117.8\ (\mathrm{cm})$

3 ❶ (반지름이 $16\ \mathrm{cm}$인 굴렁쇠의 원주)
  $=16\times2\times3.1=99.2\ (\mathrm{cm})$,
  (반지름이 $16\ \mathrm{cm}$인 굴렁쇠가 4바퀴 굴러간 거리)
  $=99.2\times4=396.8\ (\mathrm{cm})$
❷ (반지름이 $13\ \mathrm{cm}$인 굴렁쇠의 원주)
  $=13\times2\times3.1=80.6\ (\mathrm{cm})$,
  (반지름이 $13\ \mathrm{cm}$인 굴렁쇠가 7바퀴 굴러간 거리)
  $=80.6\times7=564.2\ (\mathrm{cm})$
❸ (두 굴렁쇠가 굴러간 거리)
  $=396.8+564.2=961\ (\mathrm{cm})$
  ⇨ $961\ \mathrm{cm}=9\ \mathrm{m}\ 61\ \mathrm{cm}$

4 ❶ (곡선 부분의 길이)$=$(원주)
  $=6\times2\times3.14=37.68\ (\mathrm{cm})$
❷ (직선 부분의 길이)$=$(원의 지름의 3배)
  $=6\times2\times3=36\ (\mathrm{cm})$
❸ (빨간색 선의 길이)$=37.68+36=73.68\ (\mathrm{cm})$

5 ❶ (직선 부분의 길이)$=$(큰 원의 반지름)$=4\ \mathrm{cm}$
❷ (곡선 부분의 길이)
  $=$(반지름이 $4\ \mathrm{cm}$인 원의 원주)$\times\dfrac{1}{2}$
  $+$(지름이 $4\ \mathrm{cm}$인 원의 원주)$\times\dfrac{1}{2}$
  $=4\times2\times3.1\times\dfrac{1}{2}+4\times3.1\times\dfrac{1}{2}$
  $=12.4+6.2=18.6\ (\mathrm{cm})$
❸ (색칠한 부분의 둘레)$=4+18.6=22.6\ (\mathrm{cm})$

6 ❶ 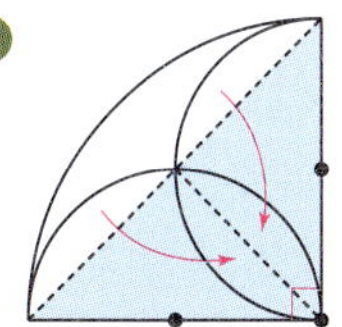
❷ (색칠한 부분의 넓이)$=$(직각삼각형의 넓이)
  $=21\times21\div2=220.5\ (\mathrm{cm}^2)$

7 ❶ (직사각형의 가로)$=8\times6=48\ (\mathrm{cm})$
  (직사각형의 세로)$=8\times4=32\ (\mathrm{cm})$
❷ 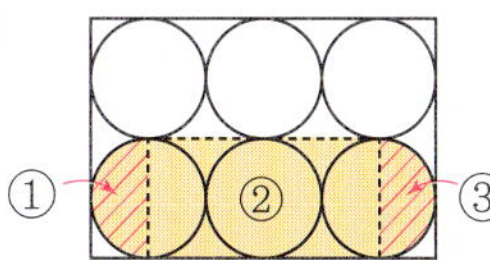

  (색칠한 부분의 넓이)
  $=$(①의 넓이)$+$(③의 넓이)$+$(②의 넓이)
  $=$(반지름이 $8\ \mathrm{cm}$인 원의 넓이)$+$(②의 넓이)
  $=8\times8\times3.14+32\times16=200.96+512$
  $=712.96\ (\mathrm{cm}^2)$
❸ (색칠하지 않은 부분의 넓이)
  $=48\times32-712.96=1536-712.96$
  $=823.04\ (\mathrm{cm}^2)$

8 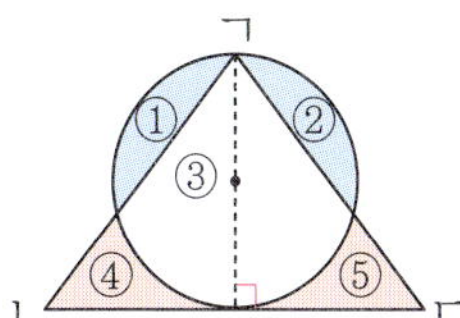

❶ (원의 넓이)
  $=$(①의 넓이)$+$(②의 넓이)$+$(③의 넓이)
  $=$(④의 넓이)$+$(⑤의 넓이)$+$(③의 넓이)
  $=$(삼각형의 넓이)
❷ 원의 반지름을 $\square\ \mathrm{cm}$라 하면
  (삼각형의 넓이)$=12.4\times\square\times2\div2$
  $=12.4\times\square\ (\mathrm{cm}^2)$,
  (원의 넓이)$=(\square\times\square\times3.1)\ \mathrm{cm}^2$
❸ $12.4\times\square=\square\times\square\times3.1,\ \square=4$
  ⇨ (반지름)$=4\ \mathrm{cm}$

1 ⓒ		**2** 36 cm	
3 690.8 cm		**4** 450 cm^2	
5 18 cm		**6** 674.24 cm^2	
7 80.25 cm		**8** 6 cm	
9 5바퀴			

1 ❶ (ⓐ의 지름)$=27.9\div3.1=9$ (cm),
　　(ⓒ의 지름)$=4.7\times2=9.4$ (cm)
　❷ 지름으로 원의 크기를 비교하면
　　ⓒ의 지름$(=9.4$ cm$)>$ⓑ의 지름$(=9.3$ cm$)$
　　$>$ⓐ의 지름$(=9$ cm$)$이므로 가장 큰 원은 ⓒ입니다.

2 ❶ 큰 바퀴의 지름은 작은 바퀴의 지름의 2.5배이므로 큰
　　바퀴의 원주는 작은 바퀴의 원주의 2.5배입니다.
　❷ (작은 바퀴의 원주)$=90\div2.5=36$ (cm)

3 ❶ (쟁반의 원주)
　　$=$(쟁반의 반지름)$\times2\times$(원주율)
　　$=10\times2\times3.14=62.8$ (cm)
　❷ (굴러간 거리)$=62.8\times11=690.8$ (cm)

4 ❶ 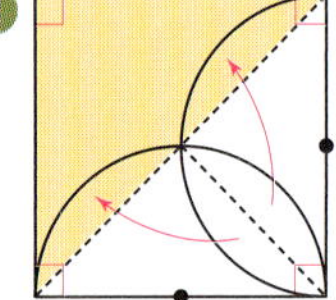
　❷ (색칠한 부분의 넓이)
　　$=$(직각삼각형의 넓이)$=30\times30\div2=450$ (cm^2)

5 ❶ 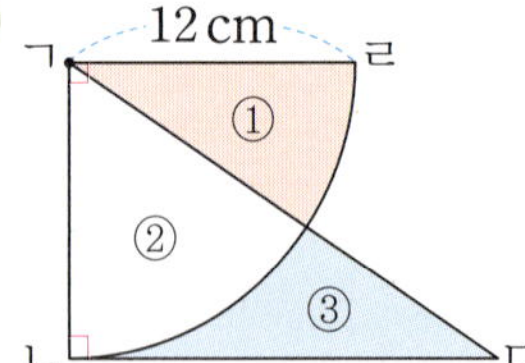

　　(직각삼각형의 넓이)$=$(②의 넓이)$+$(③의 넓이)
　　　　　　　　　　$=$(②의 넓이)$+$(①의 넓이)
　　　　　　　　　　$=$(원의 넓이)$\times\dfrac{1}{4}$
　❷ (원의 넓이)$\times\dfrac{1}{4}=12\times12\times3\times\dfrac{1}{4}=108$ (cm^2)
　❸ (선분 ㄴㄷ)$=108\times2\div12=18$ (cm)

6 ❶ (직사각형의 가로)$=14\times8=112$ (cm),
　　(직사각형의 세로)$=14\times2=28$ (cm)
　❷ (색칠하지 않은 부분의 넓이)
　　$=$(반지름이 14 cm인 원의 넓이)$\times4$
　　$=14\times14\times3.14\times4$
　　$=2461.76$ (cm^2)
　❸ (색칠한 부분의 넓이)$=112\times28-2461.76$
　　　　　　　　　　　$=3136-2461.76$
　　　　　　　　　　　$=674.24$ (cm^2)

7 ❶ (직선 부분의 길이의 합)$=25+8+8=41$ (cm)
　❷ (큰 원의 지름)$=8\times2=16$ (cm)
　　(작은 원의 지름)$=25-16=9$ (cm)이므로
　　(곡선 부분의 길이)
　　$=$(지름이 9 cm인 원의 원주)$\times\dfrac{1}{2}$
　　　$+$(지름이 16 cm인 원의 원주)$\times\dfrac{1}{2}$
　　$=9\times3.14\times\dfrac{1}{2}+16\times3.14\times\dfrac{1}{2}$
　　$=14.13+25.12=39.25$ (cm)
　❸ (색칠한 부분의 둘레)$=41+39.25=80.25$ (cm)

8 ❶ 원의 지름을 □ cm라 하면
　　(곡선 부분의 길이)$=$(원주)$=(□\times3)$ cm
　❷ (직선 부분의 길이)$=$(원의 지름의 4배)$=(□\times4)$ cm
　❸ (빨간색 선의 길이)$=□\times3+□\times4$
　　　　　　　　　　$=□\times7=42$ (cm)
　❹ $□=42\div7=6$ ⇨ (원의 지름)$=6$ cm

9 ❶ (지름이 25 cm인 굴렁쇠의 원주)
　　$=25\times3=75$ (cm),
　　(지름이 25 cm인 굴렁쇠가 6바퀴 굴러간 거리)
　　$=75\times6=450$ (cm)
　❷ 10 m 80 cm$=1080$ cm이므로
　　(지름이 42 cm인 굴렁쇠가 굴러간 거리)
　　$=1080-450=630$ (cm)
　❸ (지름이 42 cm인 굴렁쇠의 원주)
　　$=42\times3=126$ (cm),
　　(지름이 42 cm인 굴렁쇠가 굴러간 바퀴 수)
　　$=630\div126=5$(바퀴)

6 원기둥, 원뿔, 구

35~36쪽

1 ㉠　　**2** 42 cm
3 18 cm　　**4** 3 cm
5 12 cm　　**6** 70 cm^2
7 165 cm

1 ❶ ㉡: 원기둥을 회전축을 품은 평면으로 자른 모양은 사각형이고 원뿔을 회전축을 품은 평면으로 자른 모양은 삼각형입니다.
　　㉢: 원뿔은 밑면이 있지만, 구는 밑면이 없습니다.
　❷ 입체도형에 대한 설명으로 옳은 것은 ㉠입니다.

2 ❶ (원기둥의 높이)=16 cm이므로
　　(밑면의 둘레)×4=200−16×2=168 (cm)
　❷ (밑면의 둘레)=168÷4=42 (cm)

3 ❶ (삼각기둥의 옆면의 넓이의 합)
　　=(18+14+22)×12=648 (cm^2)
　　⇨ (원기둥의 옆면의 넓이)=648 cm^2
　❷ (원기둥의 밑면의 둘레)=12×3=36 (cm)
　❸ (원기둥의 높이)=648÷36=18 (cm)

4 ❶ (한 바퀴 굴렸을 때 칠해진 부분의 넓이)
　　=1782÷11=162 (cm^2)
　❷ (롤러의 밑면의 둘레)=162÷9=18 (cm)
　❸ (롤러의 밑면의 반지름)=18÷3÷2=3 (cm)

5 ❶ 원기둥을 옆에서 본 모양을 그리면 다음과 같은 직사각형 모양입니다.

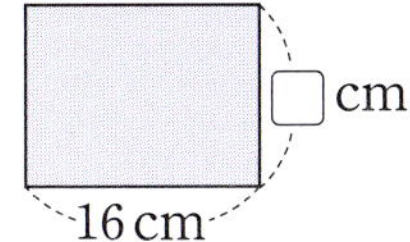

　❷ (직사각형의 넓이)=16×□=192 (cm^2)이므로
　　□=192÷16=12
　　⇨ (직사각형의 세로)=12 cm
　❸ (원기둥의 높이)=(직사각형의 세로)=12 cm

6 ❶ 가: (사용한 포장지의 가로)
　　=10×3.1+10×4=71 (cm),
　　(사용한 포장지의 세로)=7 cm
　　⇨ (사용한 포장지의 넓이)=71×7=497 (cm^2)
　❷ 나: (사용한 포장지의 가로)
　　=10×3.1+10×3=61 (cm),
　　(사용한 포장지의 세로)=7 cm
　　⇨ (사용한 포장지의 넓이)=61×7=427 (cm^2)
　❸ 497＞427이므로
　　(사용한 포장지의 넓이의 차)
　　=497−427=70 (cm^2)

7 ❶ 돌리기 전의 평면도형은 다음과 같습니다.

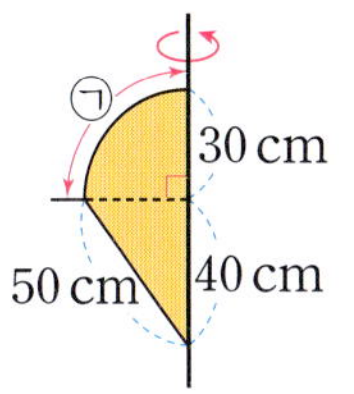

　❷ (평면도형의 둘레)
　　=㉠+50+40+30
　　=㉠+120 (cm)
　❸ ㉠=(반지름이 30 cm인 원의 원주)×$\frac{1}{4}$
　　=30×2×3×$\frac{1}{4}$=45 (cm)이므로
　　(평면도형의 둘레)=45+120=165 (cm)

37~40쪽

1 ㉡　　**2** 130 cm
3 4바퀴　　**4** 254.34 cm^2
5 511.2 cm^2　　**6** 6 cm
7 204 cm　　**8** 64.26 cm^2

1 ❶ 원기둥의 특징: ㉡
　　구의 특징: ㉠, ㉢
　❷ 원기둥과 구의 공통점: ㉣

2 ❶ (밑면의 둘레)=25 cm,

  (원기둥의 높이)=15 cm

❷ (원기둥의 전개도의 둘레)

  $=25\times4+15\times2$

  $=100+30=130$ (cm)

3 ❶ (롤러의 밑면의 둘레)$=5\times2\times3.1=31$ (cm)

❷ (롤러의 옆면의 넓이)$=31\times17=527$ (cm²)

❸ 한 바퀴 굴렸을 때 칠해진 부분의 넓이가 527 cm²

이므로 롤러를 적어도 $2108\div527=4$(바퀴) 굴렸습

니다.

4 ❶ 구를 앞에서 본 모양을 그리면 다음과 같은 원 모양입

니다.

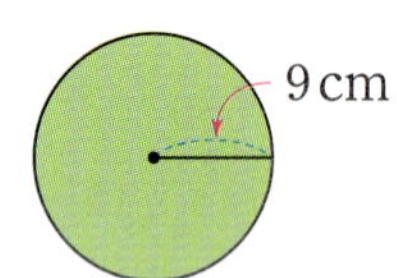

❷ (원의 넓이)$=9\times9\times3.14$

  $=254.34$ (cm²)

5 ❶ (사용한 포장지의 가로)

  $=$(과자 상자의 밑면의 둘레)

   $+$(과자 상자의 밑면의 지름)$\times4$

  $=6\times2\times3.1+6\times2\times4=85.2$ (cm)

❷ (사용한 포장지의 세로)$=6$ cm

❸ (사용한 포장지의 넓이)$=85.2\times6=511.2$ (cm²)

6 ❶ (정육면체의 겉넓이)$=4\times4\times6=96$ (cm²)

  ⇨ (원기둥의 모든 면의 넓이의 합)$=96$ cm²

❷ (원기둥의 밑면의 넓이)$=2\times2\times3=12$ (cm²)

❸ (원기둥의 옆면의 넓이)

  $=96-12\times2=72$ (cm²)

❹ (원기둥의 밑면의 둘레)$=2\times2\times3=12$ (cm),

  (원기둥의 높이)$=72\div12=6$ (cm)

7 ❶ 돌리기 전의 평면도형은 다음과 같습니다.

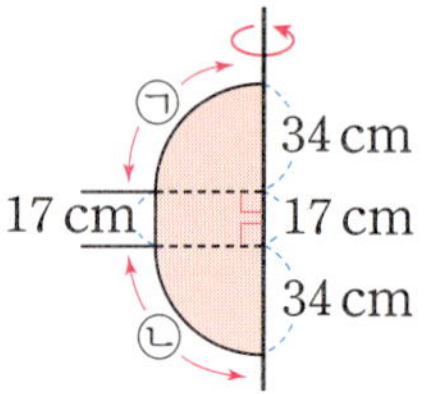

❷ (평면도형의 둘레)

  $=㉠+17+㉡+34+17+34$

  $=㉠+㉡+102$ (cm)

❸ $㉠+㉡$

  $=$(반지름이 34 cm인 원의 원주)$\times\dfrac{1}{2}$

  $=34\times2\times3\times\dfrac{1}{2}=102$ (cm)이므로

  (평면도형의 둘레)$=102+102=204$ (cm)

8 ❶ 입체도형을 앞에서 본 모양을 그리면 다음과 같습니다.

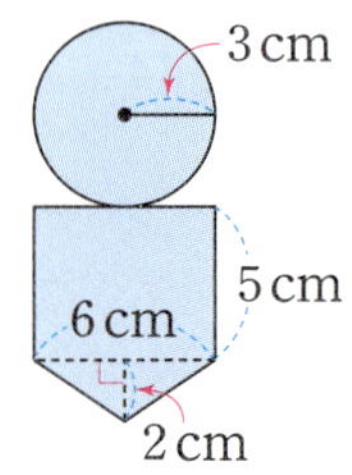

❷ (앞에서 본 모양의 넓이)

  $=$(원의 넓이)$+$(사각형의 넓이)$+$(삼각형의 넓이)

  $=3\times3\times3.14+6\times5+6\times2\div2$

  $=28.26+30+6$

  $=64.26$ (cm²)

정답은
이안에
있어!

천재교육

교육과 IT가 만나
새로운 미래를 만들어갑니다

Big Data

Edutech

빅데이터, AI, 에듀테크 저마다 기술을 말합니다.
40여 년의 교육 노하우에 IT기술을 접목한 최첨단 에듀테크!

기술이 공부의 흥미를 끌어올리고
빅데이터와 결합해 새로운 교육의 미래를 만들어 갑니다.
다음 세대의 미래가 눈부시게 빛나길, 천재교육이 함께 합니다.

AI

교육과 IT의 만남